짱

중요한
내신
수학(하)

내신!
나눌 시험에
나오는 유형만
공부한다!

이 책의 구성과 특징
Structure

01 출제유형분석

전국 300여개 전국 고등학교와 학력평가의 기출 문제를 분석하여 출제 유형, 난이도, 출제가능성 등을 정리하였습니다. 각문항은 유형 및 난이도에 따라 「짱 쉬운 내신 교재」 또는 「짱 중요한 내신 교재」에서 집중적으로 학습할 수 있도록 구분하여 수록하고 표시하였습니다.

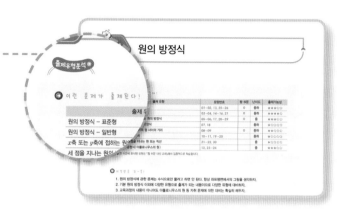

02 핵심개념 살피기

유형별 문제 해결에 필요한 필수 개념, 공식 등을 개념 확인을 통하여 점검할 수 있도록 하였습니다.

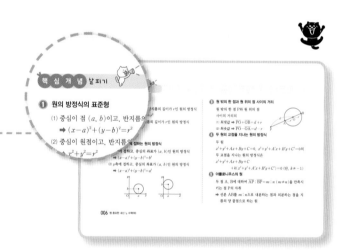

「짱 중요한 내신 수학(하)」

● **학교시험 및 학력평가의 15개의 출제 유형 중 중요한 문제를 완벽 점검한다.**
「짱 중요한 유형」은 학교시험 및 학력평가에 자주 출제되는 15개의 유형 중에서 각 유형의 중요한 문항으로 구성된 교재입니다.

● **유형별 공략법에 대한 자신감을 갖게 한다.**
「기본문제」「기출문제」「예상문제」의 3단계로 유형에 대한 충분한 연습을 통하여 자신감을 갖게 됩니다.

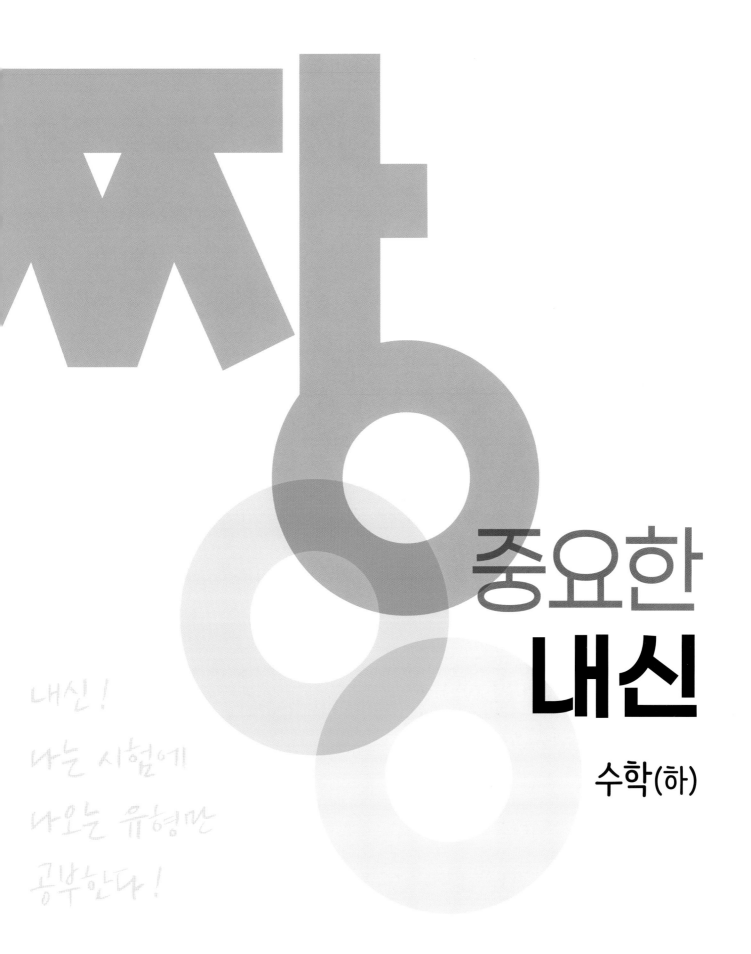

짱

중요한
내신

수학(하)

내신!
나는 시험에
나오는 유형만
공부한다!

내신(학교시험),

내 수준에 맞는 유형별 기출문제로 대비한다!

쉬운 시험문제 유형을 반복학습으로 빠르게~

- 학교시험 60점을 확보할 수 있는 교재이다.
- 90점을 목표로 하는 학생의 기본기를 점검하는 교재이다.

중요한 시험문제 유형을 꼼꼼하게 점검을~

- 학교시험 90점을 확보할 수 있는 교재이다.
- 100점 만점을 목표로 하는 학생의 기본기를 점검하는 교재이다.

중간/기말고사 대비 실전 연습을~

- 전국의 학교시험 문제를 완벽히 분석하여 반영한 교재이다.
- 실전 모의고사 10회, 부록 4회로 구성된 교재이다.

  (실전 – 서술형 포함 23문항으로 구성)

※ **대표저자 :** 이창주(前 한영고, EBS·강남구청 강사, 7차 개정 교과서 집필위원)
※ **연구 및 편집 :** 박상원, 전신영, 김지민, 김세라

03 기본문제 다지기

각 유형의 기본 개념을 적용하여 해결할
수 있는 기본 문제 또는 바로 공식을 적용
하는 연습을 할 수 있는 문제를 제시하였
습니다. 기출 문제 해결의 바탕이 되도록
하였습니다.

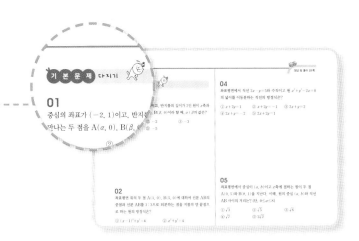

04 기출문제 맛보기

학교시험에 출제되었던 유형과 학력평가
에 출제되었던 문제들 중 해당되는 문제를
제시하여 유형별 문제에 대한 적응력을 기
르고 실제 시험에 대한 두려움을 없앨 수
있도록 하였습니다.

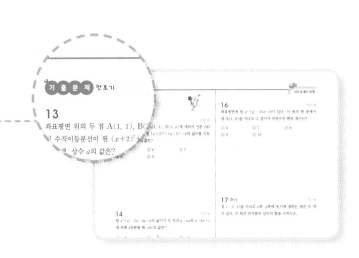

05 예상문제 점검하기

기본문제와 기출문제로 다져진 유형별 공
략법을 기출문제와 유사한 문제로 실전 연
습을 할 수 있도록 하였습니다. 또, 약간
변형된 유형을 제시함으로써 문제 적응력
과 자신감을 기르도록 하였습니다.

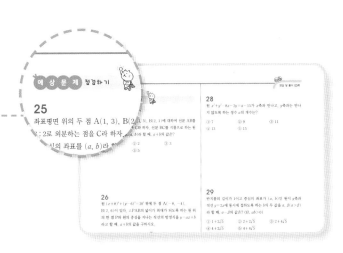

이 책의 차례
Content

유형 **01** 원의 방정식 [30문항] ··· 006

유형 **02** 원과 직선의 위치 관계 [30문항] ································· 012

유형 **03** 평행이동과 대칭이동 [30문항] ································· 018

유형 **04** 집합의 뜻과 연산 [30문항] ·· 024

유형 **05** 집합의 연산과 원소의 개수 [30문항] ·············· 030

유형 **06** 명제와 조건 [30문항] ··· 036

유형 07 명제 사이의 관계 [30문항] ·· 042

유형 08 명제의 증명과 절대부등식 [27문항] ·· 048

유형 09 함수 [30문항] ·· 054

유형 10 합성함수와 역함수 [30문항] ··· 060

유형 11 유리함수 [30문항] ·· 066

유형 12 무리함수 [30문항] ·· 072

유형 13 경우의 수 [30문항] ··· 078

유형 14 순열 [30문항] ··· 084

유형 15 조합 [30문항] ··· 090

01 원의 방정식

출제유형분석

이런 문제가 출제된다!

출제 유형	문항번호	짱 쉬운	난이도	출제가능성
원의 방정식 – 표준형	01~02, 13, 25~26	○	중하	★★★☆☆
원의 방정식 – 일반형	03~04, 14~16, 27	○	중하	★★★★☆
x축 또는 y축에 접하는 원의 방정식	05~06, 17, 28~29	○	중	★★★☆☆
세 점을 지나는 원의 방정식	07, 18		중하	★☆☆☆☆
원 밖의 점과 원 위의 점 사이의 거리	08~09	○	중하	★★☆☆☆
두 원의 위치 관계	10~11, 19~20		중하	★☆☆☆☆
두 원의 교점을 지나는 원 또는 직선	21~22, 30		중	★☆☆☆☆
자취의 방정식(아폴로니우스의 원)	12, 23~24		중	★★★☆☆

● 짱 쉬운에 표시된 유형은 「짱 쉬운 내신 교재」에서 집중적으로 학습합니다.

이것만은 꼬~옥!

1. 원의 방정식에 관한 문제는 수식으로만 풀려고 하면 안 된다. 항상 좌표평면에서의 그림을 생각하자.
2. 기본 원의 방정식 이외에 다양한 유형으로 출제가 되는 내용이므로 다양한 유형에 대비하자.
3. 교육과정의 내용이 아니어도 아폴로니우스의 원 등 자취 문제에 대한 대비는 확실히 해두자.

핵심 개념 살피기

① 원의 방정식의 표준형

(1) 중심이 점 (a, b)이고, 반지름의 길이가 r인 원의 방정식
　➡ $(x-a)^2+(y-b)^2=r^2$

(2) 중심이 원점이고, 반지름의 길이가 r인 원의 방정식
　➡ $x^2+y^2=r^2$

② x축 또는 y축에 접하는 원의 방정식

(1) x축에 접하고, 중심의 좌표가 (a, b)인 원의 방정식
　➡ $(x-a)^2+(y-b)^2=b^2$

(2) y축에 접하고, 중심의 좌표가 (a, b)인 원의 방정식
　➡ $(x-a)^2+(y-b)^2=a^2$

③ 원 밖의 한 점과 원 위의 점 사이의 거리

원 밖의 한 점 P와 원 위의 점 사이의 거리의

(1) 최댓값 ➡ $\overline{PO}+\overline{OB}=d+r$

(2) 최솟값 ➡ $\overline{PO}-\overline{OA}=d-r$

④ 두 원의 교점을 지나는 원의 방정식

두 원
$x^2+y^2+Ax+By+C=0$, $x^2+y^2+A'x+B'y+C'=0$의 두 교점을 지나는 원의 방정식은
$x^2+y^2+Ax+By+C$
　$+k(x^2+y^2+A'x+B'y+C')=0$ (단, $k\neq-1$)

⑤ 아폴로니우스의 원

두 점 A, B에 대하여 $\overline{AP}:\overline{BP}=m:n$ $(m\neq n)$을 만족시키는 점 P의 자취

➡ 선분 AB를 $m:n$으로 내분하는 점과 외분하는 점을 지름의 양 끝점으로 하는 원

01

중심의 좌표가 $(-2, 1)$이고, 반지름의 길이가 2인 원이 x축과 만나는 두 점을 $A(\alpha, 0)$, $B(\beta, 0)$이라 할 때, $\alpha+\beta$의 값은?

① -1
② -2
③ -3
④ -4
⑤ -5

02

좌표평면 위의 두 점 $A(1, 0)$, $B(5, 0)$에 대하여 선분 AB의 중점과 선분 AB를 $1:3$으로 외분하는 점을 지름의 양 끝점으로 하는 원의 방정식은?

① $(x-1)^2+y^2=4$
② $x^2+y^2=4$
③ $(x-1)^2+y^2=2$
④ $x^2+(y-4)^2=16$
⑤ $x^2+(y-1)^2=2$

03

x축에 접하는 원 $x^2+y^2+ax+by+c=0$의 중심의 좌표가 $(-2, 3)$일 때, 세 상수 a, b, c에 대하여 $a-b+c$의 값을 구하시오.

04

좌표평면에서 직선 $2x-y=5$와 수직이고 원 $x^2+y^2-2x=0$의 넓이를 이등분하는 직선의 방정식은?

① $x+2y=1$
② $x+2y=-1$
③ $2x+y=2$
④ $2x+y=-2$
⑤ $2x+2y=1$

05

좌표평면에서 중심이 (a, b)이고 x축에 접하는 원이 두 점 $A(0, 5)$와 $B(8, 1)$을 지난다. 이때, 원의 중심 (a, b)와 직선 AB 사이의 거리는? (단, $0 \le a \le 8$)

① $\sqrt{3}$
② $\sqrt{5}$
③ $\sqrt{6}$
④ $\sqrt{7}$
⑤ $2\sqrt{2}$

06

중심이 $y=x^2+x+1$ 위에 있고, x축과 y축에 동시에 접하는 원의 방정식이 $(x-a)^2+(y-b)^2=c$일 때, $a+b+c$의 값은?

① 1
② 2
③ 3
④ 4
⑤ 5

07

세 점 P(1, 0), Q(4, 0), R(4, 4)를 꼭짓점으로 하는 직각삼각형 PQR의 외접원의 중심의 좌표가 (a, b), 외접원의 반지름의 길이가 r일 때, $a+b-r$의 값은?

① 2   ② 3   ③ 4

④ 5   ⑤ 6

08

좌표평면에서 점 P는 원 $(x-1)^2+y^2=1$ 위를 움직이고, 점 Q는 제2사분면 위의 원 $(x+3)^2+(y-3)^2=r^2$ 위를 움직인다. 선분 PQ의 길이의 최솟값이 2일 때, 상수 r의 값을 구하시오.

09

원 $x^2+y^2-2y-3=0$ 위의 임의의 점 P와 점 Q$(-3, 2)$ 사이의 거리의 최댓값은?

① $\sqrt{10}-2$ ② $\sqrt{10}-1$ ③ $\sqrt{10}$

④ $\sqrt{10}+1$ ⑤ $\sqrt{10}+2$

10

두 원 $x^2+y^2=1$, $(x-a)^2+(y-b)^2=4$가 외접할 때, a^2+b^2의 값은?

① 6   ② 7   ③ 8

④ 9   ⑤ 10

11

원 $x^2+y^2=16$과 원 $(x-a)^2+(y-b)^2=1$이 외접하도록 하는 실수 a, b에 대하여 점 (a, b)가 그리는 도형의 길이는?

① 10π ② 12π ③ 14π

④ 16π ⑤ 18π

12

좌표평면 위의 두 점 A$(-1, 0)$, B$(2, 0)$에서의 거리의 비가 2 : 1인 점을 P라 할 때, 점 P가 나타내는 도형의 방정식은?

① $(x+3)^2+y^2=4$ ② $(x-3)^2+y^2=4$

③ $(x-2)^2+y^2=4$ ④ $x=1$

⑤ $(1, 0)$

기 출 문 제 맛보기

13
교육청 기출

좌표평면 위의 두 점 $A(1, 1)$, $B(3, a)$에 대하여 선분 AB의 수직이등분선이 원 $(x+2)^2+(y-5)^2=4$의 넓이를 이등분할 때, 상수 a의 값은?

① 5 ② 6 ③ 7

④ 8 ⑤ 9

14
교육청 기출

원 $x^2+y^2-2x-4y=0$의 넓이가 두 직선 $y=ax$와 $y=bx+c$에 의해 4등분될 때, abc의 값은?

① -3 ② $-\dfrac{5}{2}$ ③ -2

④ $-\dfrac{3}{2}$ ⑤ -1

15
학교 기출

원 $x^2+y^2-6x+2ky+6k-9=0$의 넓이가 최소일 때, 원의 중심의 좌표는 $(3, a)$이고 반지름의 길이는 r이다. 이때, $a+r$의 값은? (단, k, a, r은 실수)

① -2 ② -1 ③ 0

④ 1 ⑤ 2

16
교육청 기출

좌표평면에 원 $x^2+y^2-10x=0$이 있다. 이 원의 현 중에서 점 $A(1, 0)$을 지나고 그 길이가 자연수인 현의 개수는?

① 6 ② 7 ③ 8

④ 9 ⑤ 10

17 빈출
학교 기출

점 $(-3, 1)$을 지나고 x축, y축에 동시에 접하는 원은 두 개가 있다. 두 원의 반지름의 길이의 합을 구하시오.

18
교육청 기출

A공장에서 서쪽으로 2 km 떨어진 지점에 B공장이 있고, A공장에서 동쪽으로 2 km, 남쪽으로 4 km 떨어진 지점에 C공장이 있다. A, B, C 세 공장으로부터 거리가 같은 지점에 물류창고를 지을 때, 각 공장에서 물류창고까지의 거리(km)는?
(단, 세 공장 A, B, C와 물류창고는 동일 평면 위에 위치하며, 공장 사이의 거리는 직선으로 연결한 평면상의 거리이다.)

① $\sqrt{10}$ ② $\sqrt{11}$ ③ $2\sqrt{3}$

④ $\sqrt{13}$ ⑤ $\sqrt{14}$

19

교육청 기출

원 $(x-2)^2+(y+3)^2=9$와 중심이 $(-1, 1)$이고 반지름의 길이가 r인 원이 있다. 두 원이 서로 만난다고 할 때, r의 최댓값과 최솟값의 합은?

① 6   ② 7   ③ 8

④ 9   ⑤ 10

20

학교 기출

자연수 n에 대하여 두 원 $(x-5)^2+y^2=9$, $(x-n)^2+y^2=1$의 교점의 개수를 $P(n)$이라 하자.
$P(1)+P(2)+P(3)+\cdots+P(10)$의 값을 구하시오.

21

학교 기출

두 원 $x^2+y^2+2x+2ay-6=0$, $x^2+y^2-4y=0$ 중에서 한 원이 다른 원의 둘레를 이등분할 때, 상수 a의 값은?

① -1 ② $-\dfrac{1}{2}$ ③ 0

④ $\dfrac{1}{2}$ ⑤ 1

22

학교 기출

두 원 $x^2+y^2=1$, $x^2+y^2-6x-8y+4=0$의 공통현의 길이는?

① 1   ② $\sqrt{2}$ ③ $\sqrt{3}$

④ 2   ⑤ $\sqrt{5}$

23 빈출

학교 기출

두 점 $A(2, 1)$, $B(-4, -2)$에 대하여 $\overline{AP}:\overline{BP}=2:1$을 만족시키는 점 P가 그리는 도형의 넓이는?

① 5π ② 10π ③ 15π

④ 20π ⑤ 25π

24

학교 기출

점 $A(1, -2)$와 원 $x^2+y^2-2x-4y+1=0$ 위의 점 Q에 대하여 선분 AQ의 중점 P의 자취의 방정식이 $x^2+y^2+ax+by+c=0$일 때, 세 상수 a, b, c에 대하여 $a+b+c$의 값은?

① -5 ② -4 ③ -3

④ -2 ⑤ -1

25

좌표평면 위의 두 점 A$(1, 3)$, B$(2, 1)$에 대하여 선분 AB를 $3 : 2$로 외분하는 점을 C라 하자. 선분 BC를 지름으로 하는 원의 중심의 좌표를 (a, b)라 할 때, $a+b$의 값은?

① 1 ② 2 ③ 3

④ 4 ⑤ 5

26

원 $(x+8)^2+(y-6)^2=10^2$ 위에 두 점 A$(-8, -4)$, B$(2, 6)$이 있다. $\triangle$PAB의 넓이가 최대가 되도록 하는 원 위의 한 점 P와 원의 중심을 지나는 직선의 방정식을 $y=ax+b$ 라고 할 때, $a+b$의 값을 구하시오.

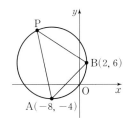

27

원 $x^2+y^2-2x-4y-7=0$의 넓이와 네 직선 $x=-6$, $x=0$, $y=-4$, $y=-2$로 둘러싸인 직사각형의 넓이를 모두 이등분 하는 직선의 방정식은?

① $y=\dfrac{4}{5}x+\dfrac{6}{5}$ ② $y=\dfrac{5}{4}x+\dfrac{3}{4}$ ③ $y=\dfrac{8}{5}x+\dfrac{2}{5}$

④ $y=4x-2$ ⑤ $y=5x-3$

28

원 $x^2+y^2-8x-2y=a-15$가 x축과 만나고, y축과는 만나지 않도록 하는 정수 a의 개수는?

① 7 ② 9 ③ 11

④ 13 ⑤ 15

29

반지름의 길이가 1이고 중심의 좌표가 (a, b)인 원이 y축과 직선 $y=2x$에 동시에 접하도록 하는 b의 두 값을 α, $\beta(\alpha>\beta)$ 라 할 때, $\alpha-\beta$의 값은? (단, $ab>0$)

① $1+2\sqrt{5}$ ② $2+2\sqrt{5}$ ③ $2+4\sqrt{5}$

④ $4+2\sqrt{5}$ ⑤ $4+4\sqrt{5}$

30

두 원 $x^2+y^2+2ay+a^2-4=0$, $x^2+y^2+2x-8=0$의 두 교점을 지나는 직선이 직선 $y=6x-2$와 평행하도록 하는 상수 a의 값은?

① $\dfrac{1}{6}$ ② $\dfrac{1}{3}$ ③ 1

④ 3 ⑤ 6

02 원과 직선의 위치 관계

출제유형분석 ▶

→ 이런 문제가 출제된다!

출제 유형	문항번호	짱 쉬운	난이도	출제가능성
원과 직선의 위치 관계	01~03, 13~15, 25~26	○	중하	★★★★★
원 위의 점과 직선 사이의 거리	04~05, 16~17	○	중	★★☆☆☆
기울기가 주어진 접선의 방정식	06~07	○	중	★★★☆☆
접점이 주어진 접선의 방정식	08, 18	○	중	★★★☆☆
원 밖의 한 점이 주어진 접선의 방정식	09~11, 19~20, 27~28		중상	★★★★★
현의 길이	21~22		중상	★☆☆☆☆
원의 방정식과 직선의 응용	12, 23~24, 29~30		상	★★★★☆

● 짱 쉬운에 표시된 유형은 「짱 쉬운 내신 교재」에서 집중적으로 학습합니다.

→ 이것만은 꼬~옥!

1. 원의 방정식에 대한 문제들은 결국은 반지름의 길이나 기울기에 관한 내용임을 알고 있자.
2. 원 밖의 한 점이 주어진 접선의 방정식에 관한 문제는 까다로운 유형으로의 출제도 많이 되는 내용이다.
3. 원의 방정식과 직선의 응용에 관한 문제는 최고난도 문제로 많이 출제되므로 추가 학습이 필요하다.

핵 심 개 념 살피기

❶ 원과 직선의 위치 관계

(1) 원의 방정식과 직선의 방정식을 연립하여 만든 이차방정식의 판별식을 D라 하면

① $D>0$ ➡ 서로 다른 두 점에서 만난다.

② $D=0$ ➡ 한 점에서 만난다.

③ $D<0$ ➡ 만나지 않는다.

(2) 반지름의 길이가 r인 원의 중심과 직선 사이의 거리를 d라 하면

① $d<r$ ➡ 서로 다른 두 점에서 만난다.

② $d=r$ ➡ 한 점에서 만난다.

③ $d>r$ ➡ 만나지 않는다.

[참고] 현의 길이

반지름의 길이가 r인 원의 중심에서 d만큼 떨어진 현의 길이를 l이라 하면

$$l=2\sqrt{r^2-d^2}$$

❷ 원의 접선의 방정식

(1) 원 $x^2+y^2=r^2$에 접하고, 기울기가 m인 직선의 방정식은

$$y=mx\pm r\sqrt{m^2+1}$$

(2) 원 $x^2+y^2=r^2$ 위의 점 $(x_1,\ y_1)$에서의 접선의 방정식은

$$x_1x+y_1y=r^2$$

❸ 원 밖의 한 점이 주어진 접선의 방정식

원 밖의 한 점 $A(a,\ b)$에서 원에 그은 두 접선의 방정식은 다음과 같은 방법으로 구한다.

① 접점을 $P(x_1,\ y_1)$로 놓는다.

② 점 P에서의 접선의 방정식을 구한다.

③ 다음 두 가지 조건을 써서 $x_1,\ y_1$의 값을 구한다.

(ⅰ) 접선이 점 A를 지난다. (ⅱ) 점 P는 원 위의 점이다.

④ $x_1,\ y_1$의 값을 ②의 방정식에 대입한다.

[참고] 접선의 길이

원 밖의 한 점 P에서 원에 그은 접선의 접점을 Q라 하면

$$\overline{PQ}=\sqrt{\overline{OP}^2-\overline{OQ}^2}$$

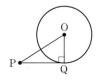

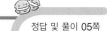

01

원 $(x-2)^2+(y+3)^2=5$와 직선 $y=-x+k$가 서로 다른 두 점에서 만나게 되는 정수 k의 개수를 구하시오.

02

좌표평면에서 원 $x^2+y^2+6x-4y+9=0$에 직선 $y=mx$가 접하도록 상수 m의 값을 정할 때, 모든 m의 값의 합은?

① $-\dfrac{12}{5}$ ② -2 ③ 0

④ 2 ⑤ $\dfrac{12}{5}$

03

오른쪽 그림과 같이
직선 $4x-3y=0$에 접하고 x축과
점 $(3, 0)$에서 접하는 원의 방정식은?

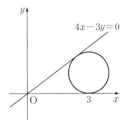

① $x^2+y^2-2x-y-3=0$
② $x^2+y^2-4x-2y+3=0$
③ $x^2+y^2-6x-3y+9=0$
④ $x^2+y^2-8x-4y+15=0$
⑤ $x^2+y^2-10x-5y+21=0$

04

원 $x^2+y^2-4y=0$ 위를 움직이는 점 P가 있다. 점 P에서 직선 $3x+4y+7=0$에 내린 수선의 발을 H라 할 때, 선분 PH의 길이의 최솟값은?

① 1 ② $\sqrt{2}$ ③ $\sqrt{3}$

④ 2 ⑤ $\sqrt{5}$

05

좌표평면 위의 점 $(3, 4)$를 지나는 직선 중에서 원점과의 거리가 최대인 직선을 l이라 하자. 원 $(x-7)^2+(y-5)^2=1$ 위의 점 P와 직선 l 사이의 거리의 최솟값을 m이라 할 때, $10m$의 값을 구하시오.

06

원 $x^2+y^2=5$에 접하고 기울기가 2인 직선의 방정식을 $ax-y+b=0$이라 할 때, a^2+b^2의 값은? (단, a, b는 상수이다.)

① 17 ② 25 ③ 29

④ 34 ⑤ 41

07

직선 $x+\sqrt{3}y+1=0$에 수직이고, 원 $x^2+y^2=1$에 접하는 접선의 방정식은?

① $y=-\sqrt{3}x\pm\sqrt{2}$ ② $y=\dfrac{\sqrt{3}}{3}x\pm\sqrt{2}$

③ $y=\dfrac{\sqrt{3}}{3}x\pm2$ ④ $y=\sqrt{3}x\pm\sqrt{2}$

⑤ $y=\sqrt{3}x\pm2$

08

원 $x^2+y^2=20$ 위의 점 $A(2, 4)$를 지나는 접선과 x축, y축으로 둘러싸인 도형의 넓이는?

① 10   ② 15   ③ 20

④ 25   ⑤ 30

09

점 $(-6, 0)$에서 원 $x^2+y^2=9$에 그은 접선의 방정식이 $y=mx+n$일 때, mn의 값은? (단, m, n은 상수이다.)

① $\dfrac{\sqrt{3}}{3}$ ② 2   ③ 3

④ $2\sqrt{3}$ ⑤ $3\sqrt{3}$

10

원 밖의 한 점 $A(0, a)$에서 원 $x^2+y^2=4$에 그은 두 접선이 직교할 때, 양수 a의 값은?

① $\sqrt{5}$ ② $\sqrt{6}$ ③ $\sqrt{7}$

④ $2\sqrt{2}$ ⑤ 3

11

좌표평면에서 점 $A(2, -4)$와 원 $x^2+y^2=2$ 위의 점 P를 지나는 직선 AP의 기울기의 최댓값은?

① -7 ② -3 ③ -1

④ 1   ⑤ 7

12

점 $A(6, 1)$에서 원 $x^2+y^2-2x-4y+1=0$에 그은 접선의 한 접점을 T라고 한다. $\overline{AT}$의 길이를 a라 할 때, a^2의 값을 구하시오.

13

교육청 기출

직선 $y=\sqrt{3}x+k$가 원 $x^2+y^2-6y-7=0$에 접할 때, 모든 실수 k의 값의 합을 구하시오.

14

교육청 기출

직선 $y=mx+n$이 두 원 $x^2+y^2=9$, $(x+4)^2+y^2=4$에 동시에 접할 때, 상수 m, n에 대하여 $20mn$의 값을 구하시오.

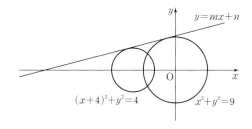

15

교육청 기출

이차함수 $y=x^2$의 그래프 위의 점을 중심으로 하고 y축에 접하는 원 중에서 직선 $y=\sqrt{3}x-2$와 접하는 원은 2개이다. 두 원의 반지름의 길이를 각각 a, b라 할 때, $100ab$의 값을 구하시오.

16

학교 기출

원 $x^2+y^2=3$ 위를 움직이는 점 A와 직선 $y=x-2\sqrt{6}$ 위를 움직이는 서로 다른 두 점 B, C를 꼭짓점으로 하는 정삼각형 ABC의 넓이의 최댓값은?

① $5\sqrt{3}$　　② $6\sqrt{3}$　　③ $7\sqrt{3}$

④ $8\sqrt{3}$　　⑤ $9\sqrt{3}$

17

교육청 기출

좌표평면 위에 원 $C : (x-1)^2+(y-2)^2=4$와 두 점 A$(4, 3)$, B$(1, 7)$이 있다. 원 C 위를 움직이는 점 P에 대하여 삼각형 PAB의 무게중심과 직선 AB 사이의 거리의 최솟값은?

① $\dfrac{1}{15}$　　② $\dfrac{2}{15}$　　③ $\dfrac{1}{5}$

④ $\dfrac{4}{15}$　　⑤ $\dfrac{1}{3}$

18

학교 기출

원 $x^2+y^2=5$ 위의 점 $(-2, 1)$에서의 접선이 원 $x^2+y^2-2ax-6ay+11a^2-12a+15=0$과 서로 다른 두 점에서 만나기 위한 정수 a의 개수는?

① 8　　② 9　　③ 10

④ 11　　⑤ 12

19

학교 기출

$(x-3)^2+(y-1)^2=4$를 만족하는 실수 x, y에 대하여 $\dfrac{y+1}{x+2}$의 최댓값을 α, 최솟값을 β라 할 때, $\alpha+\beta$의 값은?

① $\dfrac{16}{21}$　　　② $\dfrac{17}{21}$　　　③ $\dfrac{6}{7}$

④ $\dfrac{19}{21}$　　　⑤ $\dfrac{20}{21}$

20

교육청 기출

좌표평면에서 중심이 $(1, 1)$이고 반지름의 길이가 1인 원과 직선 $y=mx$ $(m>0)$가 두 점 A, B에서 만난다. 두 점 A, B에서 각각 이 원에 접하는 두 직선이 서로 수직이 되도록 하는 모든 실수 m의 값의 합은?

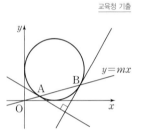

① 2　　　② $\dfrac{5}{2}$　　　③ 3

④ $\dfrac{7}{2}$　　　⑤ 4

21

학교 기출

원 $x^2+y^2=9$와 직선 $y=x+4$가 두 점 A, B에서 만날 때, 선분 AB의 길이는?

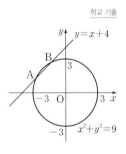

① 2　　　② 3

③ 4　　　④ 5

⑤ 6

22

교육청 기출

그림은 원 $(x+1)^2+(y-3)^2=4$와 직선 $y=mx+2$를 좌표평면 위에 나타낸 것이다. 원과 직선의 두 교점을 각각 A, B라 할 때, 선분 AB의 길이가 $2\sqrt{2}$가 되도록 하는 상수 m의 값을 구하시오. (단, O는 원점이다.)

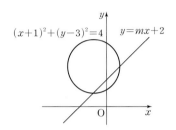

23

교육청 기출

좌표평면에 두 원

$$C_1 : x^2+y^2=1, \quad C_2 : x^2+y^2-8x+6y+21=0$$

이 있다. 그림과 같이 x축 위의 점 P에서 원 C_1에 그은 한 접선의 접점을 Q, 점 P에서 원 C_2에 그은 한 접선의 접점을 R라 하자. $\overline{PQ}=\overline{PR}$일 때, 점 P의 x좌표를 구하시오.

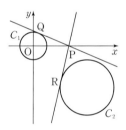

24

학교 기출

두 원 $(x-1)^2+(y-3)^2=4$, $(x-4)^2+(y-1)^2=1$에 대하여 두 원 밖의 점 P에서 두 원에 그은 접선의 길이가 항상 같을 때, 점 P가 나타내는 도형의 방정식을 구하시오.

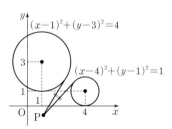

25

이차함수 $y=2x^2$의 그래프와 원 $x^2+(y+1)^2=1$에 동시에 접하는 직선이 $y=ax+b$일 때, a^2+b의 값을 구하시오.

(단, a, b는 상수이고 $b<0$이다.)

26

좌표평면에서 원점을 지나고 기울기가 양수인 직선 l은 원 $x^2+y^2-8x+12=0$과 점 P에서 접한다. 또, 직선 m은 l과 수직이고 점 P를 지난다. 이때, 두 직선 l, m 그리고 x축으로 둘러싸인 부분의 넓이는?

① 2　　　　② 3　　　　③ $2\sqrt{3}$

④ $3\sqrt{2}$　　　⑤ $3\sqrt{3}$

27

점 $(\sqrt{2},\ 2)$에서 원 $x^2+y^2=2$에 그은 두 접선과 x축으로 둘러싸인 부분의 넓이는?

① $2\sqrt{2}$　　　② 4　　　　③ $3\sqrt{2}$

④ 5　　　　⑤ $4\sqrt{2}$

28

좌표평면 위에 원 $(x-1)^2+(y-2)^2=r^2$과 원 밖의 점 A$(5,\ 4)$가 있다. 점 A에서 원에 그은 두 접선이 서로 수직일 때, 반지름의 길이 r의 값은?

① $\sqrt{10}$　　　② $\sqrt{11}$　　　③ $2\sqrt{3}$

④ $\sqrt{13}$　　　⑤ $\sqrt{14}$

29

그림에서 원점을 지나고 기울기가 양수인 직선 $y=ax$가 원 $(x-3)^2+y^2=4$의 둘레를 $1:2$로 분할할 때, a의 값은?

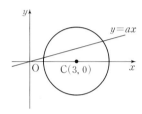

① $\dfrac{1}{2\sqrt{3}}$　　　② $\dfrac{1}{2\sqrt{2}}$

③ $\dfrac{1}{\sqrt{5}}$　　　④ $\dfrac{1}{\sqrt{3}}$

⑤ $\dfrac{1}{\sqrt{2}}$

30

다음 그림과 같이 두 원 $x^2+(y-2)^2=4$, $(x-10)^2+(y+3)^2=9$에 공통내접선을 그을 때, 공통내접선의 기울기 m의 값은? (단, $m\neq0$)

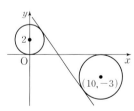

① $-\dfrac{3}{2}$　　　② $-\dfrac{4}{3}$　　　③ -1

④ $-\dfrac{3}{4}$　　　⑤ $-\dfrac{2}{3}$

유형 03 평행이동과 대칭이동

출제유형분석 ▶

이런 문제가 출제된다!

출제 유형	문항번호	짱 쉬운	난이도	출제가능성
점의 평행이동	01, 13~14	○	중하	★★☆☆☆
도형의 평행이동	02~04, 15, 25	○	중	★★★★☆
점의 대칭이동	05~07, 16	○	중	★★★☆☆
도형의 대칭이동	08~09, 17~18, 26	○	중	★★★★☆
도형의 평행이동과 대칭이동	10~11, 19, 27		중	★★★★☆
대칭이동을 이용한 거리의 최솟값	12, 20~21, 28		중	★★★☆☆
직선 $y=ax+b$에 대한 대칭이동	22~23, 29		중상	★★☆☆☆
$f(x, y)=0$으로 표현된 도형의 이동	24, 30		중상	★☆☆☆☆

● 짱 쉬운에 표시된 유형은 「짱 쉬운 내신 교재」에서 집중적으로 학습합니다.

이것만은 꼬~옥!

1. 점의 평행이동과 도형의 평행이동에서 부호가 다르게 사용되는 이유를 이해하고 실수하지 않도록 주의하자.
2. 원의 평행이동은 중심의 좌표, 포물선의 평행이동은 꼭짓점의 좌표를 이용하면 점의 평행이동과 같다.
3. 직선 $y=ax+b$에 대한 대칭이동은 공식을 외우는 것보다 원리를 이해하는 것이 중요하다.

핵심개념 살피기

① 평행이동

(1) 점의 평행이동

점 (x, y)를 x축의 방향으로 a만큼, y축의 방향으로 b만큼 평행이동한 점의 좌표는

$$(x+a, y+b)$$

(2) 도형의 평행이동

방정식 $f(x, y)=0$이 나타내는 도형을 x축의 방향으로 a만큼, y축의 방향으로 b만큼 평행이동한 도형의 방정식은

$$f(x-a, y-b)=0$$

② 대칭이동

(1) 점의 대칭이동

① x축에 대한 대칭이동: $(x, y) \longrightarrow (x, -y)$

② y축에 대한 대칭이동: $(x, y) \longrightarrow (-x, y)$

③ 원점에 대한 대칭이동: $(x, y) \longrightarrow (-x, -y)$

④ 직선 $y=x$에 대한 대칭이동: $(x, y) \longrightarrow (y, x)$

(2) 도형의 대칭이동

방정식 $f(x, y)=0$이 나타내는 도형을

① x축에 대한 대칭이동: $f(x, -y)=0$

② y축에 대한 대칭이동: $f(-x, y)=0$

③ 원점에 대한 대칭이동: $f(-x, -y)=0$

④ 직선 $y=x$에 대한 대칭이동: $f(y, x)=0$

③ 대칭이동을 이용한 거리의 최솟값

좌표평면 위의 두 점 A, B와 직선 l 위의 점 P에 대하여 점 A를 직선 l에 대하여 대칭이동한 점을 A′이라 하면

➡ $\overline{AP}+\overline{BP}=\overline{A'P}+\overline{BP}\geq\overline{A'B}$

➡ $\overline{AP}+\overline{BP}$의 최솟값은 $\overline{A'B}$

④ 직선에 대한 대칭이동

점 P를 직선 l에 대하여 대칭이동한 점 P′을 구할 때는 다음 두 조건을 이용한다.

(1) 선분 PP′의 중점은 직선 l 위에 있다.

(2) (직선 PP′의 기울기)×(직선 l의 기울기)$=-1$

기본문제 다지기

01

점 $(3, 5)$를 평행이동 $(x, y) \longrightarrow (x-1, y+2)$에 의하여 옮길 때, 옮겨진 점과 원점 사이의 거리는?

① $2\sqrt{13}$　　　② $\sqrt{53}$　　　③ $3\sqrt{6}$

④ $2\sqrt{14}$　　　⑤ $\sqrt{57}$

02

직선 $y=2x+3$을 x축의 방향으로 2만큼, y축의 방향으로 k만큼 평행이동하였더니 처음 직선과 일치하였다. k의 값은?

① -4　　　② -2　　　③ 1

④ 2　　　⑤ 4

03

원 $x^2+y^2=4$를 x축의 방향으로 m만큼, y축의 방향으로 2만큼 평행이동하면 직선 $y=x+3$과 접하게 될 때, 양수 m의 값은?

① $2\sqrt{2}+1$　　　② $\sqrt{2}+1$　　　③ $2\sqrt{2}-1$

④ $\sqrt{2}$　　　⑤ $\sqrt{2}-1$

04

원 $x^2+y^2+2x-4y+1=0$을 x축의 방향으로 a만큼, y축의 방향으로 b만큼 평행이동하였더니 원 $x^2+y^2=c$와 일치하였다. 이때, abc의 값은? (단, c는 상수이다.)

① -8　　　② -2　　　③ 4

④ 10　　　⑤ 16

05

점 $(-3, 5)$를 y축에 대하여 대칭이동한 후, x축의 방향으로 3만큼, y축의 방향으로 -1만큼 평행이동한 점의 좌표를 (a, b)라 할 때, $a+b$의 값은?

① 2　　　② 4　　　③ 6

④ 8　　　⑤ 10

06

좌표평면 위의 한 점 $\mathrm{A}(-1, 2)$를 x축의 방향으로 a만큼, y축의 방향으로 b만큼 평행이동한 후 다시 직선 $y=x$에 대하여 대칭이동하였더니 점 A와 일치하였다. 이때, $a-b$의 값은?

① 2　　　② 4　　　③ 6

④ 8　　　⑤ 10

07

점 $P(4, 2)$를 $y=x$에 대하여 대칭이동한 점을 Q라 하고 원점을 O라 할 때, $\triangle POQ$의 넓이는?

① $4\sqrt{2}$ ② 6 ③ $5\sqrt{2}$

④ 8 ⑤ $6\sqrt{2}$

08

직선 $y=2x+2$를 직선 $y=x$에 대하여 대칭이동한 직선을 l_1, 직선 l_1을 x축에 대하여 대칭이동한 직선을 l_2라 할 때, 직선 l_2의 방정식은?

① $x-2y-2=0$ ② $2x+y-2=0$

③ $x+2y-2=0$ ④ $2x+y+2=0$

⑤ $x+2y+2=0$

09

원 $C: x^2+y^2-6x-4y+12=0$을 직선 $y=x$에 대하여 대칭이동한 원을 C'이라 할 때, 두 원 C, C'의 중심 사이의 거리는?

① 1 ② $\sqrt{2}$ ③ $\sqrt{3}$

④ 2 ⑤ $\sqrt{5}$

10

직선 $y=m(x+1)$을 y축의 방향으로 2만큼 평행이동한 다음 x축에 대하여 대칭이동한 직선이 원점을 지난다. 상수 m의 값은?

① -3 ② -2 ③ -1

④ 1 ⑤ 2

11

원 $(x-m)^2+(y-n)^2=4$를 x축의 방향으로 3만큼 평행이동한 후 직선 $y=x$에 대하여 대칭이동하였더니 중심이 $(-2, 4)$인 원이 되었다. 두 상수 m, n에 대하여 $m+n$의 값은?

① -1 ② 0 ③ 1

④ 2 ⑤ 3

12

좌표평면 위의 두 점 $A(-1, 2)$, $B(2, 4)$와 x축 위를 움직이는 점 P에 대하여 $\overline{AP}+\overline{BP}$의 최솟값은?

① 6 ② $2\sqrt{10}$ ③ $3\sqrt{5}$

④ 7 ⑤ $5\sqrt{2}$

13

교육청 기출

두 양수 m, n에 대하여 좌표평면 위의 점 $A(-2, 1)$을 x축의 방향으로 m만큼 평행이동한 점을 B라 하고, 점 B를 y축의 방향으로 n만큼 평행이동한 점을 C라 하자. 세 점 A, B, C를 지나는 원의 중심의 좌표가 $(3, 2)$일 때, mn의 값은?

① 16 　　　　② 18 　　　　③ 20

④ 22 　　　　⑤ 24

14

교육청 기출

그림과 같이 좌표평면에서 세 점 $O(0, 0)$, $A(4, 0)$, $B(0, 3)$을 꼭짓점으로 하는 삼각형 OAB를 평행이동한 도형을 삼각형 O′A′B′이라 하자. 점 A′의 좌표가 $(9, 2)$일 때, 삼각형 O′A′B′에 내접하는 원의 방정식은 $x^2+y^2+ax+by+c=0$이다. $a+b+c$의 값을 구하시오. (단, a, b, c는 상수이다.)

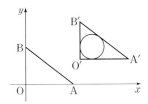

15

교육청 기출

$y=x^2-2$의 그래프를 x축의 방향으로 m만큼 평행이동하면 점 $(-1, 2)$를 지난다. 이때, 평행이동한 포물선의 꼭짓점의 좌표는? (단, $m>0$)

① $(-1, -2)$ 　　② $(0, -2)$ 　　③ $(1, -2)$

④ $(2, -2)$ 　　⑤ $(3, -2)$

16

교육청 기출

좌표평면에서 두 점 $A(4, a)$, $B(2, 1)$을 직선 $y=x$에 대하여 대칭이동한 점을 각각 A′, B′이라 하고, 두 직선 AB, A′B′의 교점을 P라 하자. 두 삼각형 APA′, BPB′의 넓이의 비가 $9:4$일 때, a의 값은? (단, $a>4$)

① 5 　　　　② $\dfrac{11}{2}$ 　　　　③ 6

④ $\dfrac{13}{2}$ 　　　　⑤ 7

17

교육청 기출

직선 $x-2y=9$를 직선 $y=x$에 대하여 대칭이동한 도형이 원 $(x-3)^2+(y+5)^2=k$에 접할 때, 실수 k의 값은?

① 80 　　　　② 83 　　　　③ 85

④ 88 　　　　⑤ 90

18

교육청 기출

원 C_1: $x^2-2x+y^2+4y+4=0$을 직선 $y=x$에 대하여 대칭이동한 원을 C_2라 하자. C_1 위의 임의의 점 P와 C_2 위의 임의의 점 Q에 대하여 두 점 P, Q 사이의 최소 거리는?

① $2\sqrt{3}-2$ 　　② $2\sqrt{3}+2$ 　　③ $3\sqrt{2}-2$

④ $3\sqrt{2}+2$ 　　⑤ $3\sqrt{3}-2$

19
교육청 기출

직선 $y=-\dfrac{1}{2}x-3$을 x축의 방향으로 a만큼 평행이동한 후 직선 $y=x$에 대하여 대칭이동한 직선을 l이라 하자. 직선 l이 원 $(x+1)^2+(y-3)^2=5$와 접하도록 하는 모든 상수 a의 값의 합은?

① 14   ② 15   ③ 16

④ 17   ⑤ 18

20
교육청 기출

좌표평면 위에 직선 $y=x$ 위의 한 점 P가 있다. 점 P에서 점 A(3, 2)와 점 B(5, 3)에 이르는 거리의 합 $\overline{AP}+\overline{BP}$의 값이 최소일 때, 삼각형 ABP의 넓이는?

① 1   ② $\dfrac{3}{2}$ ③ 2

④ $\dfrac{5}{2}$ ⑤ 3

21
학교 기출

오른쪽 그림과 같이 좌표평면 위의 두 점 A(2, 5), B(5, 1)과 직선 $y=-1$ 위를 움직이는 점 P에 대하여 △PAB의 둘레의 길이의 최솟값은?

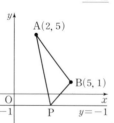

① 13   ② $5+\sqrt{73}$

③ 14   ④ $5+2\sqrt{22}$

⑤ 15

22
학교 기출

점 P(4, 2)를 직선 $x-y+1=0$에 대하여 대칭이동한 점 Q의 좌표는?

① $(-1, 3)$ ② $(-1, 4)$ ③ $(0, 4)$

④ $(0, 5)$ ⑤ $(1, 5)$

23
학교 기출

좌표평면 위의 두 점 A(2, −1), B(4, −1)을 직선 $y=x+1$에 대하여 대칭이동한 점을 각각 C, D라 할 때, 사각형 ABDC의 넓이는?

① 10   ② 12   ③ $8\sqrt{2}$

④ 14   ⑤ $10\sqrt{2}$

24
교육청 기출

좌표평면에서 방정식 $f(x, y)=0$이 나타내는 도형이 그림과 같은 모양일 때, 다음 중 방정식 $f(x+1, 2-y)=0$이 좌표평면에 나타내는 도형은?

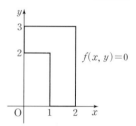

①
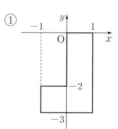

②
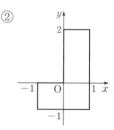

③
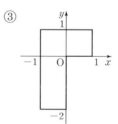

④
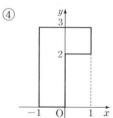

⑤
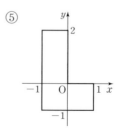

25

좌표평면에서 점 $(1, 4)$를 점 $(-2, a)$로 옮기는 평행이동에 의하여 원 $x^2+y^2+8x-6y+21=0$은 원 $x^2+y^2+bx-18y+c=0$으로 옮겨진다. 세 실수 a, b, c에 대하여 $a+b+c$의 값을 구하시오.

26

평행이동 $f: (x, y) \longrightarrow (x+a, y+b)$에 의하여 직선 $l: 2x-y+2=0$을 이동시켰더니, 그 식은 직선 l을 원점에 대하여 대칭이동한 직선의 방정식과 일치하였다. $2a-b$의 값을 구하시오.

27

원 $(x-4)^2+y^2=9$ 위의 점 P가 있다. 점 P를 x축의 방향으로 -3만큼 평행이동한 후 x축에 대하여 대칭이동한 점을 Q라 하자. 두 점 A$(3, 7)$, B$(9, -1)$에 대하여 삼각형 ABQ의 넓이의 최댓값은?

① 42   ② 44   ③ 46

④ 48   ⑤ 50

28

좌표평면 위의 두 점 A$(7, 4)$, B$(8, 6)$과 직선 $y=x$ 위를 움직이는 점 P에 대하여 $\overline{PA}+\overline{PB}$의 값을 최소가 되게 하는 점 P의 x좌표를 a라 할 때, $5a$의 값을 구하시오.

29

점 A$(2, 0)$과 직선 $x+y=6$ 위의 점 P에 대하여 $\overline{OP}+\overline{PA}$의 최솟값은? (단, O는 원점이다.)

① $4\sqrt{3}$ ② $5\sqrt{2}$ ③ $2\sqrt{13}$

④ $3\sqrt{6}$ ⑤ $2\sqrt{14}$

30

원 $x^2+y^2=4$를 점 $(0, 1)$에 대하여 대칭이동한 원의 방정식이 $f(x, y)=0$일 때, $f(x-\alpha, y-\beta)=0$은 x축, y축에 동시에 접하는 원이 된다. 다음 중 $\alpha+\beta$의 값이 될 수 있는 것은?

① -5 ② -6 ③ 0

④ 1   ⑤ 3

04 집합의 뜻과 연산

이런 문제가 출제된다!

출제 유형	문항번호	짱 쉬운	난이도	출제가능성
집합의 표현과 원소의 개수		○	하	★☆☆☆☆
부분집합	01, 13	○	중하	★★☆☆☆
집합과 원소, 집합과 집합 사이의 포함 관계	02, 14, 25	○	중	★★★☆☆
서로 같은 집합	03~04, 15	○	중하	★★☆☆☆
교집합과 합집합	05~07, 16	○	중하	★★★☆☆
여집합과 차집합	08~09, 17~18, 26	○	중	★★★★☆
세 집합 사이의 포함 관계	19, 27		중	★★☆☆☆
조건을 만족하는 부분집합의 개수	10~11, 20~22, 28~29		중상	★★★★☆
$A \subset X \subset B$를 만족시키는 부분집합의 개수	12, 23~24, 30		중	★★☆☆☆

● 짱 쉬운에 표시된 유형은 「짱 쉬운 내신 교재」에서 집중적으로 학습합니다.

이것만은 꼬~옥!

1. 두 집합 A, B에 대하여 (1) $A \subset B$, $B \subset A$이면 $A = B$, (2) $A \cap B = \varnothing$이면 서로소임을 이해하고 기억하자.
2. 부분집합의 개수 공식을 이용하는 문제는 교육과정은 아니지만 많이 출제되는 내용이다.
3. $A \subset X \subset B$를 만족시키는 집합의 개수에 관한 문제는 먼저 문제를 확실히 이해하는 것이 중요하다.

핵심개념 살피기

① 서로 같은 집합

(1) 두 집합 A, B의 원소가 같을 때, A와 B는 서로 같다고 하며 이것을
$$A = B$$
와 같이 나타낸다.

(2) $A = B \iff A \subset B$이고 $B \subset A$

② 교집합과 합집합

두 집합 A, B에 대하여

(1) 교집합: $A \cap B = \{x \,|\, x \in A$ 그리고 $x \in B\}$

(2) 합집합: $A \cup B = \{x \,|\, x \in A$ 또는 $x \in B\}$

③ 서로소

두 집합 A, B 사이에 공통인 원소가 하나도 없을 때, 즉
$$A \cap B = \varnothing$$
일 때, 집합 A와 집합 B는 서로소라고 한다.

④ 여집합과 차집합

전체집합 U와 두 부분집합 A, B에 대하여

(1) 여집합: $A^C = \{x \,|\, x \in U$ 그리고 $x \notin A\}$

(2) 차집합: $A - B = \{x \,|\, x \in A$ 그리고 $x \notin B\}$

⑤ 부분집합의 개수

원소의 개수가 n인 집합에 대하여

(1) 부분집합의 개수 ➡ 2^n

(2) 특정한 원소 m개를 포함하는 (또는 포함하지 않는) 부분집합의 개수 ➡ 2^{n-m}

(3) 진부분집합의 개수 ➡ $2^n - 1$

⑥ $A \subset X \subset B$를 만족시키는 집합 X의 개수

$A \subset X \subset B$를 만족시키는 집합 X의 개수는 집합 B의 부분집합 중 집합 A의 모든 원소를 반드시 원소로 갖는 집합의 개수이다.

01

두 집합

$$A=\{6, a, a+1\}, B=\{3, 4, 6\}$$

에 대하여 $A\subset B$일 때, 상수 a의 값을 구하시오.

02

집합 $A=\{x \,|\, x$는 10 이하의 소수$\}$라 할 때, 다음 중 옳은 것은?

① $2\notin A$　　　② $9\in A$　　　③ $\{3, 7\}\in A$

④ $\{\varnothing\}\subset A$　　　⑤ $\{5\}\subset A$

03

두 집합 $A=\{1, a, 6\}, B=\{1, 5, b^2+1\}$에 대하여 $A\subset B$이고 $B\subset A$일 때, a^2+b^2의 값을 구하시오.

04

두 집합 $A=\{1, a+1, a^2\}, B=\{3, 4, a^2-3\}$에 대하여 $A=B$일 때, 상수 a의 값은?

① -2　　　② -1　　　③ 0

④ 1　　　⑤ 2

05

두 집합 $A=\{1, 2, a\}, B=\{b, 3, 5\}$에 대하여 $A\cap B=\{2, 3\}$일 때, 집합 $A\cup B$의 모든 원소의 합을 구하시오.

(단, a, b는 상수이다.)

06

서로소인 두 집합 A, B에 대하여 $A=\{x \,|\, x^2-6x+8=0\}$이고, $A\cup B=\{2, 4, 6, 8, 10\}$일 때, 집합 B의 모든 원소의 합은?

① 21　　　② 22　　　③ 23

④ 24　　　⑤ 25

07
집합 $A=\{1,\ 2,\ 3,\ 4,\ 5,\ 6\}$에 대하여 집합 $\{1,\ 2\}$와 서로소인 부분집합의 개수를 구하시오.

08
전체집합 $U=\{x\,|\,x$는 9 이하의 자연수$\}$의 두 부분집합
$$A=\{3,\ 6,\ 7\},\ B=\{a-4,\ 8,\ 9\}$$
에 대하여 집합 $A\cap B^C=\{6,\ 7\}$이다. 자연수 a의 값을 구하시오.

09
전체집합 $U=\{x\,|\,x$는 10 이하의 자연수$\}$의 두 부분집합
$A=\{1,\ 2,\ 3,\ 6\},\ B=\{1,\ 3,\ 5,\ 7,\ 9\}$에 대하여 집합 B^C-A^C
의 모든 원소의 합은?

① 8　　　　　② 9　　　　　③ 10

④ 11　　　　　⑤ 12

10
집합 $A=\{1,\ 2,\ 3,\ 4,\ 5\}$의 부분집합 중에서 두 원소 1, 2 중 어느 것도 포함하지 않는 집합의 개수는?

① 2　　　　　② 4　　　　　③ 8

④ 16　　　　　⑤ 32

11
집합 $A=\{x\,|\,x$는 9 이하의 홀수$\}$의 부분집합 중에서 다음 조건을 만족하는 집합 X의 개수는?

(가) $1\in X,\ 5\in X$
(나) $3\notin X$

① 2　　　　　② 4　　　　　③ 6

④ 8　　　　　⑤ 10

12
두 집합 $A=\{1,\ 2\},\ B=\{1,\ 2,\ 3,\ 4,\ 5\}$에 대하여 $A\subset X\subset B$를 만족시키는 모든 집합 X의 개수는?

① 1　　　　　② 2　　　　　③ 4

④ 8　　　　　⑤ 16

13

학교 기출

세 집합

$$A=\{x|-1\leq x<5\},$$
$$B=\{x||x-2|<4\},$$
$$C=\{x|p<x\leq q\}$$

가 있다. $A\subset C\subset B$가 성립하도록 하는 두 정수 p, q에 대하여 $p+q$의 값은?

① 1　　　　　② 2　　　　　③ 3
④ 4　　　　　⑤ 5

16

교육청 기출

자연수 n에 대하여 집합 A_n을

$$A_n=\{x|x는 n과 서로소인 자연수\}$$

라고 할 때, 〈보기〉 중 옳은 것을 모두 고르면?

――┤ 보 기 ├――
ㄱ. $A_2=A_4$　　　　　　　ㄴ. $A_3=A_6$
ㄷ. $A_6=A_3\cap A_4$

① ㄱ　　　　　② ㄴ　　　　　③ ㄷ
④ ㄱ, ㄷ　　　　⑤ ㄱ, ㄴ, ㄷ

14

학교 기출

집합 $A=\{0, \varnothing, \{\varnothing\}\}$에 대하여 〈보기〉 중 옳은 것의 개수는?

――┤ 보 기 ├――
ㄱ. $\varnothing\in A$　　　　　　ㄴ. $\{\varnothing\}\in A$
ㄷ. $\{\varnothing\}\subset A$　　　　　ㄹ. $\{\{\varnothing\}\}\subset A$
ㅁ. $\{0, \varnothing\}\subset A$　　　ㅂ. $\{0, \{\varnothing\}\}\subset A$

① 2　　　　　② 3　　　　　③ 4
④ 5　　　　　⑤ 6

17

학교 기출

전체집합 $U=\{x|x는 9 이하의 자연수\}$의 두 부분집합 A, B에 대하여

$$A\cap B=\{1, 2\},\ A-B=\{6, 7\},\ A^C\cap B^C=\{8, 9\}$$

를 만족시키는 집합 B의 모든 원소의 합을 구하시오.

15

교육청 기출

두 집합 $A=\{a+2, a^2-2\}$, $B=\{2, 6-a\}$에 대하여 $A=B$일 때, a의 값은?

① -2　　　　② -1　　　　③ 0
④ 1　　　　　⑤ 2

18

교육청 기출

실수 전체의 집합 R의 두 부분집합

$$A=\{x|x^2-x-12\leq 0\},\ B=\{x|x<a 또는 x>b\}$$

가 다음 조건을 만족시킨다.

(가) $A\cup B=R$
(나) $A-B=\{x|-3\leq x\leq 1\}$

두 상수 a, b에 대하여 $b-a$의 값을 구하시오.

19

오른쪽 벤다이어그램의 어두운 부분을
바르게 나타낸 것은?

① $(B \cup C) - A$

② $A \cup (B - C)$

③ $(A \cap B) \cup (A \cap C)$

④ $(A - B) \cup (A \cap C)$

⑤ $(A \cup B) - (A - C)$

20

집합 $A = \{1, 2, 3, 4, 5\}$의 부분집합 중에서 홀수인 원소를
1개 포함하는 집합의 개수는?

① 4   ② 8   ③ 12

④ 16   ⑤ 20

21

전체집합 $U = \{1, 2, 3, 4, 5, 6\}$의 부분집합 A에 대하여

$\{1, 2, 3\} \cap A = \varnothing$

을 만족시키는 모든 집합 A의 개수를 구하시오.

22

전체집합 $U = \{1, 2, 3, 4, 5, 6, 7\}$의 두 부분집합 A, B에
대하여

$A - B = \{1, 2\}$, $B - A = \{5, 6, 7\}$

을 만족시키는 모든 집합 A의 개수를 구하시오.

23

전체집합 $U = \{x \,|\, x$는 자연수$\}$의 두 부분집합 A, B에 대하
여 $A = \{x \,|\, x$는 4의 약수$\}$, $B = \{x \,|\, x$는 12의 약수$\}$일 때,
$A \subset X \subset B$를 만족시키는 집합 X의 개수는?

① 2   ② 4   ③ 8

④ 16   ⑤ 32

24

두 집합

$A = \{2, 3, 4, 5, 6\}$, $B = \{5, 6, 7, 8\}$

에 대하여 $(A - B) \subset X \subset (A \cup B)$를 만족시키는 집합 X의
개수를 구하시오.

25

집합 $A=\{1,\ 2,\ \{1\}\}$에 대하여 $P(A)=\{X|X{\subset}A\}$라 정의할 때, 다음 중 집합 $P(A)$의 원소인 것의 개수는?

$$\varnothing,\ \{1\},\ \{2\},\ \{1,\ 2\},\ \{\{1\}\},\ \{1,\ \{1\}\},\ A$$

① 3　　　　　② 4　　　　　③ 5
④ 6　　　　　⑤ 7

26

전체집합 $U=\{x|x$는 8 이하의 자연수$\}$의 두 부분집합 A, B에 대하여
$$A-B=\{1,\ 3\},\ (A{\cup}B)^C=\{2,\ 4,\ 6\}$$
일 때, 집합 B의 모든 원소의 합은?

① 12　　　　　② 14　　　　　③ 16
④ 18　　　　　⑤ 20

27

전체집합 U의 세 부분집합 A, B, C에 대하여 집합 $(A-C){\cup}(A^c{\cap}B)$를 벤다이어그램으로 바르게 나타낸 것은?

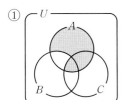 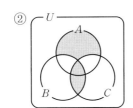

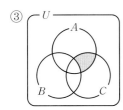 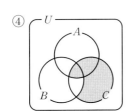

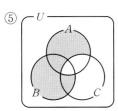

28

$U=\{1,\ 2,\ 3,\ 4,\ 5\}$일 때, $\{2,\ 3\}{\cap}A{\neq}\varnothing$을 만족시키는 U의 부분집합 A의 개수를 구하시오.

29

두 집합
$$A=\{x|x$는 100 이하의 자연수$\},$$
$$B=\{x|x$는 10과 서로소인 자연수$\}$$
에 대하여 다음 조건을 만족시키는 집합 X의 개수는?

㈎ $X{\subset}A$, $X{\neq}\varnothing$
㈏ $X{\cap}B=\varnothing$
㈐ 집합 X의 모든 원소는 6과 서로소이다.

① 15　　　　　② 31　　　　　③ 63
④ 127　　　　　⑤ 255

30

두 집합 $A=\{1,\ 2,\ 3,\ 6\}$, $B=\{2,\ 3,\ 4,\ 5,\ 6\}$에 대하여 다음을 만족시키는 집합 X의 개수를 구하시오.

$$(A{\cap}B){\subset}X{\subset}(A{\cup}B)$$

집합의 연산과 원소의 개수

→ 이런 문제가 출제된다!

출제 유형	문항번호	짱 쉬운	난이도	출제가능성
차집합의 성질과 드모르간의 법칙	01, 13	○	중	★★★☆☆
대칭차집합	02, 14	○	중	★★☆☆☆
집합의 연산법칙과 성질	03, 15	○	중	★★★☆☆
집합의 연산과 포함 관계	04, 16, 25	○	중하	★★★★★
집합의 연산과 부분집합의 개수	05~06, 17~18, 26		상	★★★★★
두 집합의 연산과 원소의 개수	07~08	○	중하	★★★★☆
약수, 배수의 집합	09~10		중	★★☆☆☆
세 집합의 연산과 원소의 개수	11, 19, 27		중	★★★☆☆
원소의 개수의 최댓값과 최솟값	20~22, 28~29		상	★★★★☆
집합의 원소의 합에 관한 문제	12, 23~24, 30		상	★★☆☆☆

● 짱 쉬운에 표시된 유형은 「짱 쉬운 내신 교재」에서 집중적으로 학습합니다.

→ 이것만은 꼬~옥!

1. 대칭차집합은 여러 가지 방법으로 표현이 가능하므로 다 기억하고 벤다이어그램으로 이해하도록 하자.
   $(A-B) \cup (B-A) = (A \cup B) - (A \cap B) = (A \cap B^c) \cup (B \cap A^c) = (A \cup B) \cap (A \cap B)^c$
2. 두 집합의 연산과 원소의 개수 문제는 공식을 이용해도 되지만 벤다이어그램에 원소의 개수를 적어보는 방법도 유용하다.
3. 다양하고 까다로운 부분집합의 개수 문제가 많이 출제되는데, 잘 파악해 보면 대부분 $A \subset X \subset B$ 꼴을 만족하는 집합 X를 구하는 유형이다.

핵 심 개 념 살 피 기

① 집합의 연산의 성질과 드모르간의 법칙

전체집합 U의 두 부분집합 A, B에 대하여

(1) 집합의 연산의 성질

① $A - B = A \cap B^c$ ② $A - A = \varnothing$, $A - \varnothing = A$

③ $A - B \neq B - A$ ④ $A \cup A^c = U$, $A \cap A^c = \varnothing$

⑤ $(A^c)^c = A$ ⑥ $U^c = \varnothing$, $\varnothing^c = U$

⑦ $A \subset B$이면 $B^c \subset A^c$ ⑧ $U - A = A^c$

⑨ $A - B = A \cap B^c$

[참고] 대칭차집합

➡ $(A-B) \cup (B-A) = (A \cup B) - (A \cap B)$

(2) 드모르간의 법칙

$(A \cup B)^c = A^c \cap B^c$, $(A \cap B)^c = A^c \cup B^c$

② 집합의 연산과 포함 관계

전체집합 U의 두 부분집합 A, B에 대하여

$A \subset B \Longleftrightarrow A \cup B = B \Longleftrightarrow A \cap B = A \Longleftrightarrow A - B = \varnothing$
$\Longleftrightarrow A \cap B^c = \varnothing \Longleftrightarrow B^c \subset A^c \Longleftrightarrow B^c - A^c = \varnothing$

③ 합집합의 원소의 개수

두 유한집합 A, B에 대하여

$n(A \cup B) = n(A) + n(B) - n(A \cap B)$

특히, $A \cap B = \varnothing$이면 $n(A \cup B) = n(A) + n(B)$

④ 여집합, 차집합의 원소의 개수

전체집합 U의 두 부분집합 A, B가 유한집합일 때

(1) $n(A^c) = n(U) - n(A)$, $n((A \cup B)^c) = n(U) - n(A \cup B)$

(2) $n(A - B) = n(A) - n(A \cap B) = n(A \cup B) - n(B)$

기 본 문 제 다지기

01

전체집합 $U=\{1,\ 2,\ 3,\ 4,\ 5\}$의 두 부분집합 $A=\{3,\ 4,\ 5\}$, $B=\{1,\ 2,\ 4\}$에 대하여 집합 $(A^C\cap B)^C\cap B$는?

① $\varnothing$ ② $\{1\}$ ③ $\{2\}$

④ $\{4\}$ ⑤ $\{1,\ 4\}$

02

전체집합 $U=\{1,\ 2,\ 3,\ \cdots,\ 10\}$의 두 부분집합 A, B에 대하여

$$A=\{x\,|\,x는 \text{ 짝수}\},\ B=\{x\,|\,x는 \text{ 소수}\}$$

일 때, 집합 $(A-B)\cup(B-A)$의 모든 원소의 합은?

① 23   ② 28   ③ 33

④ 38   ⑤ 43

03

전체집합 U의 두 부분집합 A, B에 대하여 $(A\cap B)\cup(A^C\cup B)^C$을 간단히 한 것은?

① A ② B ③ $\varnothing$

④ U ⑤ A^C

04

전체집합 U의 두 부분집합 A, B가 $A\cap B^C=\varnothing$을 만족할 때, 다음 중 항상 성립하는 것은?

① $A\subset B$ ② $A^C\subset B^C$

③ $A\cap B=B$ ④ $A\cup B=A$

⑤ $A\cup B^C=U$

05

전체집합 $U=\{x\,|\,x는 \text{ 10 이하의 자연수}\}$의 두 부분집합 A, B에 대하여

$$A-B=\{2,\ 3\},\ B-A=\{1,\ 4\},\ (A\cup B)^C=\{6,\ 7,\ 8\}$$

을 만족시키는 집합 A의 모든 부분집합의 개수를 구하시오.

06 빈출

두 집합 $A=\{1,\ 2,\ 3,\ 4,\ 5\}$, $B=\{3,\ 4,\ 5,\ 6\}$에 대하여 $A\cap X=X$, $(A-B)\cup X=X$를 동시에 만족시키는 집합 X의 개수를 구하시오.

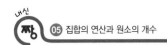

07 ✸빈출

전체집합 U의 두 부분집합 A, B에 대하여
$n(U)=60$, $n(A)=37$, $n(A\cap B)=22$, $n(A^C\cap B^C)=5$
일 때, $n(B)$의 값은?

① 37   ② 40   ③ 42

④ 45   ⑤ 47

08

100명의 학생에게 농구와 축구의 선호도를 조사하였더니 농구를 좋아하는 학생이 57명, 축구를 좋아하는 학생이 66명, 농구와 축구를 모두 좋아하지 않는 학생이 21명이었다. 축구만 좋아하는 학생 수를 구하시오.

09 ✸빈출

100 이하의 자연수 중에서 자연수 k의 배수의 집합을 A_k로 나타낼 때, 집합 $A_2\cap(A_3\cup A_5)$의 원소의 개수는?

① 21   ② 23   ③ 25

④ 27   ⑤ 29

10

전체집합 $U=\{1,\ 2,\ 3,\ \cdots,\ 100\}$의 부분집합 A_n에 대하여
$$A_n=\{x\,|\,x는\ n의\ 배수\}\ (n=1,\ 2,\ 3,\ \cdots)$$
라 할 때, 집합 $A_3\cap(A_4\cup A_6)-A_8$의 원소의 개수는?

① 4   ② 6   ③ 8

④ 10   ⑤ 12

11

세 집합 A, B, C에 대하여 $A\cap B=\varnothing$이고
$$n(A)=5,\ n(B)=4,\ n(C)=3,$$
$$n(A\cup C)=7,\ n(B\cup C)=5$$
일 때, $n(A\cup B\cup C)$의 값을 구하시오.

12

전체집합 $U=\{1,\ 2,\ 3,\ 4,\ 5\}$의 두 부분집합 A, B가 다음 조건을 만족시킨다. 집합 A의 원소의 합을 a, 집합 B의 원소의 합을 b라 할 때, ab의 최댓값은?

> (가) $A\cup B=U$
> (나) $A\cap B=\{1,\ 2,\ 3\}$

① 100   ② 110   ③ 120

④ 130   ⑤ 140

13

학교 기출

실수 전체 집합의 두 부분집합 $A=\{3,\ a+1\}$,
$B=\{a+2,\ a+3\}$에 대하여
$$\{A-(B-A)\}\cap B^C=\{2\}$$
일 때, 집합 B의 모든 원소의 합은?

① 1   ② 3   ③ 5

④ 7   ⑤ 9

14

학교 기출

전체집합 U의 두 부분집합 A, B에 대하여
$$A=\{x\,|\,x는\ 16의\ 약수\},$$
$$(A\cup B)\cap(A^C\cup B^C)=\{4,\ 8,\ 12,\ 24\}$$
일 때, 집합 B의 모든 원소의 합은?

① 43   ② 46   ③ 49

④ 52   ⑤ 55

15

학교 기출

전체집합 U의 세 부분집합 A, B, C에 대하여 〈보기〉에서 옳은 것만을 있는 대로 고른 것은?

┤ 보 기 ├
ㄱ. $(A-B)^C\cap A=A\cap B$
ㄴ. $A-(B\cap C)=(A-B)\cup(A-C)$
ㄷ. $(A-B)\cup(A\cap C)=A-(B-C)$

① ㄱ   ② ㄱ, ㄴ   ③ ㄴ, ㄷ

④ ㄱ, ㄷ   ⑤ ㄱ, ㄴ, ㄷ

16

학교 기출

전체집합 U의 두 부분집합 A, B에 대하여
$\{(A\cap B)\cup(A-B)\}\cap B=A$가 성립할 때, 다음 중 옳은 것은?

① $A\subset B$ ② $B\subset A$

③ $A\cap B=\varnothing$ ④ $A\cup B=U$

⑤ $A=B$ 또는 $B=\varnothing$

17

교육청 기출

전체집합 $U=\{1,\ 2,\ 3,\ 4,\ 5,\ 6,\ 7,\ 8\}$의 두 부분집합
$A=\{1,\ 2\}$, $B=\{3,\ 4,\ 5\}$에 대하여
$$X\cup A=X,\ X\cap B^C=X$$
를 만족시키는 U의 모든 부분집합 X의 개수를 구하시오.

18

학교 기출

전체집합 $U=\{a,\ b,\ c,\ d\}$의 두 부분집합 A, B에 대하여
$A\cap B^C=\{a\}$를 만족하는 모든 순서쌍 $(A,\ B)$의 개수는?

① 21   ② 24   ③ 27

④ 30   ⑤ 33

19 ⭐빈출

교육청 기출

어느 고등학교의 2학년 학생 212명을 대상으로 문학 체험, 역사 체험, 과학 체험의 신청자 수를 조사한 결과 다음과 같은 사실을 알게 되었다.

> ㈎ 문학 체험을 신청한 학생은 80명, 역사 체험을 신청한 학생은 90명이다.
> ㈏ 문학 체험과 역사 체험을 모두 신청한 학생은 45명이다.
> ㈐ 세 가지 체험 중 어느 것도 신청하지 않은 학생은 12명이다.

과학 체험만 신청한 학생의 수를 구하시오.

20

학교 기출

전체집합 U의 두 부분집합 A, B에 대하여

$$n(U)=30,\ n(A)=15,\ n(B)=22$$

일 때, $n(A \cap B)$의 최솟값은?

① 5   ② 7   ③ 9

④ 11   ⑤ 13

21

학교 기출

학생 수가 50인 어느 학급에서 좋아하는 과목을 조사하였더니 국어를 좋아하는 학생이 30명, 과학을 좋아하는 학생이 36명이었다. 국어와 과학을 모두 좋아하는 학생 수의 최댓값을 M, 최솟값을 m이라 할 때, $M+m$의 값을 구하시오.

22

교육청 기출

세 집합 A, B, C에 대하여

$$n(A)=14,\ n(B)=16,\ n(C)=19,$$
$$n(A \cap B)=10,\ n(A \cap B \cap C)=5$$

일 때, $n(C-(A \cup B))$의 최솟값을 구하시오.

(단, $n(X)$는 집합 X의 원소의 개수이다.)

23

교육청 기출

집합 $A=\{1,\ 2,\ 3,\ 4,\ 5,\ 6,\ 7\}$의 공집합이 아닌 부분집합 X에 대하여 집합 X의 모든 원소의 합을 $S(X)$라 하자.
집합 X가 다음 조건을 만족시킬 때, $S(X)$의 최댓값은?

> ㈎ $X \cap \{1,\ 2,\ 3\} = \{2\}$
> ㈏ $S(X)$의 값은 홀수이다.

① 11   ② 13   ③ 15

④ 17   ⑤ 19

24

교육청 기출

전체집합 $U=\{1,\ 2,\ 3,\ 4,\ 5,\ 6,\ 7,\ 8\}$의 두 부분집합 A, B가 다음 조건을 만족시킨다.

> ㈎ $A \cap B = \{3,\ 5\}$
> ㈏ $A^c \cap B^c = \{1,\ 7\}$

집합 X의 모든 원소의 합을 $S(X)$라 할 때, $S(A)=2S(B)$가 되도록 하는 두 집합 A, B에 대하여 $S(A)$의 값을 구하시오.

25

전체집합 U의 두 부분집합 A, B에 대하여 $A \subset B$일 때, 다음 중 집합 $\{(A-B) \cup B^C\} \cap A^C$과 같은 집합은?

① $\varnothing$ ② A ③ B

④ A^C ⑤ B^C

26

두 집합 $A=\{1, 2, 3, 4, 5\}$, $B=\{1, 3, 5, 9\}$에 대하여

$$(A-B) \cap C = \varnothing, \quad A \cap C = C$$

를 만족시키는 집합 C의 개수를 구하시오.

27

세 편의 영화 A, B, C 중 적어도 한 편을 관람한 100명의 학생이 있다. 이 중에서 A영화를 관람한 학생이 52명, B영화를 관람한 학생이 63명, C영화를 관람한 학생이 56명이고, 세 영화를 모두 관람한 학생은 13명이었다. 세 편의 영화 중에서 한 편만 관람한 학생 수는?

① 38   ② 39   ③ 40

④ 41   ⑤ 42

28

회원이 100명인 어느 동호회에서 전체 회의를 열기로 하였다. 모든 회원에게 미리 참석 가능 여부를 물었더니 참석할 수 있다고 응답한 회원이 67명, 모르겠다고 응답한 회원이 33명이었다. 그런데 실제로 전체 회의에 참석한 회원은 50명이었다. 이때, 참석할 수 있다고 응답한 회원 중에서 참석하지 않은 회원의 수를 p, 모르겠다고 응답한 회원 중에서 참석하지 않은 회원의 수를 q라 할 때, $p-q$의 최댓값과 최솟값의 합은?

① 32   ② 34   ③ 36

④ 38   ⑤ 40

29

어느 한 학급의 학생 35명을 대상으로 선택 과목 A, B, C를 신청한 학생 수를 조사하였다. A 또는 B를 신청한 학생이 27명, B 또는 C를 신청한 학생이 25명, C 또는 A를 신청한 학생이 30명이었다. 어느 한 과목도 신청하지 않은 학생이 3명이었을 때, 세 과목을 모두 신청한 학생 수의 최댓값을 구하시오.

30

집합 $S=\{1, 2, 3, 4, 5, 6, 7, 8\}$에 대하여

$$X \subset S, \quad n(X) \geq 2$$

를 만족하는 집합 X의 최대인 원소와 최소인 원소의 합을 $s(X)$라 하자. 예를 들면 $X=\{1, 2, 3\}$일 때, $s(X)=1+3=4$이다. 이때 $s(X)=9$를 만족하는 집합 X의 개수를 구하시오. (단, $n(X)$는 집합 X의 원소의 개수이다.)

06 명제와 조건

이런 문제가 출제된다!

출제 유형	문항번호	짱 쉬운	난이도	출제가능성
명제와 조건의 뜻과 부정		○	하	★☆☆☆☆
조건과 진리집합	01~02	○	중하	★★☆☆☆
명제의 참, 거짓		○	중하	★★☆☆☆
'모든', '어떤'을 포함한 명제	03~05, 13~15, 25		중상	★★★★★
'모든', '어떤'을 포함한 명제의 부정	06, 16~17, 26		중상	★★★☆☆
명제 $p \longrightarrow q$의 참, 거짓	07~09, 18~20, 27~28		중	★★★★☆
명제와 집합 사이의 관계	10~12, 21~24, 29~30		중상	★★★☆☆

● 짱 쉬운에 표시된 유형은 「짱 쉬운 내신 교재」에서 집중적으로 학습합니다.

이것만은 꼬~옥!

1. 명제와 조건의 뜻을 정확히 이해하여 혼동하지 않아야 한다. 또한, 각각의 부정도 같은 의미가 아니므로 확실히 구분하여 이해하자.
2. '모든', '어떤'을 포함한 명제에 관한 문제는 실수하는 경우가 많으므로 신중하게 문제에 접근하자.
3. 조건이 부등식으로 주어진 경우는 두 조건에 해당하는 진리집합을 수직선에 나타내어 포함 관계를 조사한다.

핵심 개념 살피기

① 명제와 조건의 부정

(1) 명제의 부정

명제 p에 대하여

① p의 부정 ➡ $\sim p$ (p가 아니다.)

② p: 참 ➡ $\sim p$: 거짓

③ $\sim(\sim p)=p$

(2) 조건의 부정

① '$x>a$'의 부정 ➡ '$x \leq a$'

② '$x=a$'의 부정 ➡ '$x \neq a$'

③ '또는'의 부정 ➡ '그리고'

④ '그리고'의 부정 ➡ '또는'

② 진리집합

두 조건 p, q의 진리집합을 각각 P, Q라 할 때,

(1) $\sim p$의 진리집합 ➡ P^C

(2) 'p 또는 q'의 진리집합 ➡ $P \cup Q$

(3) 'p 그리고 q'의 진리집합 ➡ $P \cap Q$

③ '모든', '어떤'을 포함한 명제

(1) '모든 x에 대하여 $p(x)$이다.'가 참이면 전체집합의 원소 중 한 개도 빠짐없이 $p(x)$를 만족시킨다.

(2) '어떤 x에 대하여 $p(x)$이다.'가 참이면 전체집합의 원소 중 한 개 이상이 $p(x)$를 만족시킨다.

(3) '모든 x에 대하여 $p(x)$이다.'의 부정은

'어떤 x에 대하여 $\sim p(x)$이다.'

(4) '어떤 x에 대하여 $p(x)$이다.'의 부정은

'모든 x에 대하여 $\sim p(x)$이다.'

④ 명제 $p \longrightarrow q$

두 조건 p, q의 진리집합을 각각 P, Q라 할 때

(1) $P \subset Q$이면 $p \longrightarrow q$는 참   (2) $P \not\subset Q$이면 $p \longrightarrow q$는 거짓

⑤ 명제와 집합의 관계

두 조건 p, q의 진리집합을 각각 P, Q라 할 때

(1) 명제 $p \longrightarrow q$가 참 ➡ $P \subset Q$

(2) $P \subset Q$ ➡ 명제 $p \longrightarrow q$가 참

01

정수 x에 대한 조건

$p: x(x-11) \geq 0$

에 대하여 조건 $\sim p$의 진리집합의 원소의 개수는?

① 6   ② 7   ③ 8
④ 9   ⑤ 10

02

두 조건

$p: x^2 - 5x + 6 = 0$, $q: x$는 8의 약수

의 진리집합을 각각 P, Q라 할 때, 집합 $P \cup Q$의 모든 원소의 합은?

① 12   ② 14   ③ 16
④ 18   ⑤ 20

03

다음 중 거짓인 명제는?

① 어떤 소수는 짝수이다.
② 모든 실수 x에 대하여 $x^2 \geq 0$이다.
③ 어떤 실수 x에 대하여 $x^2 + x = 0$이다.
④ 모든 실수 x에 대하여 $|x| > 0$이다.
⑤ 어떤 양의 실수 x에 대하여 $x^2 < x$이다.

04

자연수 a에 대한 조건

'모든 양의 실수 x에 대하여 $x - a + 4 > 0$이다.'

가 참인 명제가 되도록 하는 a의 개수는?

① 1   ② 2   ③ 3
④ 4   ⑤ 5

05

전체집합 $U = \{2, 3, 4\}$에 대한 조건

'어떤 x에 대하여 $x^2 \geq a$이다.'

가 참이 되도록 하는 실수 a의 최댓값을 구하시오.

06

다음 〈보기〉에서 명제의 부정이 참인 명제만을 있는 대로 고른 것은?

┤ 보 기 ├

ㄱ. $4 \in \{x \mid x$는 30의 약수$\}$
ㄴ. $\sqrt{3}$은 무리수이다.
ㄷ. 어떤 실수 x에 대하여 $x^2 < 0$이다.
ㄹ. 어떤 삼각형은 내각의 크기의 합이 $180°$이다.

① ㄱ, ㄴ   ② ㄷ, ㄹ   ③ ㄱ, ㄷ
④ ㄴ, ㄹ   ⑤ ㄱ, ㄷ, ㄹ

07

실수 x에 대하여 두 조건 p, q가 다음과 같다.

$$p: (x+2)(x-4) \neq 0,$$
$$q: -2 \leq x \leq 4$$

다음 중 참인 명제는?

① $p \longrightarrow q$ ② $\sim p \longrightarrow \sim q$ ③ $q \longrightarrow \sim p$

④ $q \longrightarrow p$ ⑤ $\sim p \longrightarrow q$

08

두 조건

$$p: x-a=2, \quad q: (x+4)(x-2)(x-5)=0$$

에 대하여 명제 $p \longrightarrow q$가 참이기 위한 정수 a의 최댓값을 구하시오.

09

두 조건 $p: |x-a|<2$, $q: -3<x<5$에 대하여 명제 $p \longrightarrow q$가 참이 되도록 하는 모든 정수 a의 값의 합은?

① 1   ② 2   ③ 3

④ 4   ⑤ 5

10

전체집합 U에 대하여 두 조건 p, q의 진리집합을 각각 P, Q라 하자. 두 집합 P, Q가 $P \cap Q = Q$를 만족할 때, 다음 명제 중에서 항상 참인 명제는?

① $p \longrightarrow q$ ② $\sim p \longrightarrow \sim q$

③ $\sim p \longrightarrow q$ ④ $q \longrightarrow \sim p$

⑤ $\sim q \longrightarrow \sim p$

11

전체집합 U에 대하여 두 조건 p, q의 진리집합을 각각 P, Q라 하자. 명제 $q \longrightarrow \sim p$가 참일 때, 다음 중 항상 옳은 것은?

① $P \subset Q$ ② $Q \subset P$ ③ $P^C \subset Q$

④ $P \cap Q = \varnothing$ ⑤ $P \cup Q = U$

12

두 조건 p, q의 진리집합을 각각 P, Q라 하고,

$$P=\{1, 3\}, \quad Q=\{2, 2a-1, a^2-3\}$$

일 때, 명제 $p \longrightarrow q$가 참이기 위한 자연수 a의 값은?

① -2 ② -1 ③ 0

④ 1   ⑤ 2

13  빈출

교육청 기출

명제 '$k-1 \leq x \leq k+3$인 어떤 실수 x에 대하여 $0 \leq x \leq 2$이다.'가 참이 되게 하는 정수 k의 개수는?

① 4   ② 5   ③ 6

④ 7   ⑤ 8

14 빈출

학교 기출

다음 두 명제가 모두 참이 되도록 하는 실수 a의 값의 범위는?

> (가) $x>0$인 어떤 실수 x에 대하여 $x<-a^2+4$이다.
> (나) $x<0$인 모든 실수 x에 대하여 $(x-3)(x-a) \geq 0$이다.

① $0 \leq a < 2$ ② $0 < a < 2$

③ $-2 < a \leq 0$ ④ $-2 \leq a \leq 0$

⑤ $-2 \leq a \leq 2$

15

학교 기출

명제 '어떤 실수 x에 대하여 $x^2-2kx+6k<0$이다.'는 거짓이고, 명제 '$x<0$인 모든 실수 x에 대하여 $(x-1)(x-k+1) \geq 0$이다.'는 참일 때, 실수 k의 값의 범위는?

① $0 < k < 6$ ② $0 \leq k \leq 6$

③ $1 < k < 6$ ④ $1 < k \leq 6$

⑤ $1 \leq k \leq 6$

16 빈출

학교 기출

다음 중 부정이 거짓인 명제는?

① 어떤 직각사각형은 마름모이다.

② 어떤 삼각형은 내각의 크기의 합이 $360°$이다.

③ 어떤 자연수 x에 대하여 $x^2 \leq 0$이다.

④ 모든 실수 x에 대하여 $x^2+x \geq 0$이다.

⑤ 모든 자연수 x에 대하여 $\sqrt{x}$는 무리수이다.

17

교육청 기출

실수 전체의 집합에 대하여 명제

'어떤 실수 x에 대하여 $x^2-18x+k<0$'

의 부정이 참이 되도록 하는 상수 k의 최솟값을 구하시오.

18 빈출

교육청 기출

실수 x에 대한 세 조건

$p: |x|>4$,

$q: x^2-9 \leq 0$,

$r: x \leq 3$

에 대하여 〈보기〉에서 참인 명제만을 있는 대로 고른 것은?

> ┤ 보 기 ├
>
> ㄱ. $q \longrightarrow r$ ㄴ. $p \longrightarrow \sim q$
>
> ㄷ. $r \longrightarrow \sim p$

① ㄱ   ② ㄱ, ㄴ   ③ ㄱ, ㄷ

④ ㄴ, ㄷ   ⑤ ㄱ, ㄴ, ㄷ

19

교육청 기출

실수 x에 대한 세 조건

$p: x(x-3) \leq 0$

$q: x>4$

$r: |x-1| \leq 2$

에 대하여 〈보기〉에서 참인 명제만을 있는 대로 고른 것은?

┤보 기├

ㄱ. $p \longrightarrow q$ ㄴ. $p \longrightarrow r$

ㄷ. $r \longrightarrow \sim q$

① ㄱ ② ㄴ ③ ㄷ

④ ㄴ, ㄷ ⑤ ㄱ, ㄴ, ㄷ

20 ⭐빈출

교육청 기출

세 조건 p, q, r가

$p: x>4,$

$q: x>5-a,$

$r: (x-a)(x+a)>0$

일 때, 명제 $p \longrightarrow q$와 명제 $q \longrightarrow r$가 모두 참이 되도록 하는 실수 a의 최댓값과 최솟값의 합은?

① 3 ② $\dfrac{7}{2}$ ③ 4

④ $\dfrac{9}{2}$ ⑤ 5

21

학교 기출

전체집합 U에 대하여 두 조건 p, q의 진리집합을 각각 P, Q라 하자. 명제 $p \longrightarrow \sim q$가 참일 때, 다음 중 집합

$\{(P \cap Q) \cup (P \cap Q^C)\} \cap Q^C$과 같은 집합은?

① ∅ ② U ③ P

④ Q ⑤ Q^C

22

교육청 기출

두 조건 p, q의 진리집합을 각각 P, Q라 하고

$P=\{x|(x+4)(x-5) \leq 0\},$

$Q=\{x||x|>a\}$

일 때, 명제 $\sim p \longrightarrow q$가 참이기 위한 자연수 a의 개수는?

① 1 ② 2 ③ 3

④ 4 ⑤ 5

23

학교 기출

두 조건 p, q의 진리집합을 각각

$P=\{x|0 \leq x \leq a\}$, $Q=\left\{x \middle| 1-\dfrac{a}{2} \leq x \leq 5\right\}$

일 때, 명제 $p \longrightarrow q$가 참이 되도록 하는 자연수 a의 개수는?

① 1 ② 2 ③ 3

④ 4 ⑤ 5

24

교육청 기출

전체집합 U가 실수 전체의 집합일 때, 실수 x에 대한 두 조건 p, q가

$p: a(x-1)(x-2)<0,$ $q: x>b$

이다. 두 조건 p, q의 진리집합을 각각 P, Q라 할 때, 옳은 것만을 〈보기〉에서 있는 대로 고른 것은? (단, a, b는 실수이다.)

┤보 기├

ㄱ. $a=0$일 때, $P=\emptyset$이다.

ㄴ. $a>0$, $b=0$일 때, $P \subset Q$이다.

ㄷ. $a<0$, $b=3$일 때, 명제 '$\sim p$이면 q이다.'는 참이다.

① ㄱ ② ㄱ, ㄴ ③ ㄱ, ㄷ

④ ㄴ, ㄷ ⑤ ㄱ, ㄴ, ㄷ

25

집합 $U=\{1,\ 2,\ 4,\ 8\}$의 공집합이 아닌 부분집합 P에 대하여 명제 '집합 P의 어떤 원소 x에 대하여 x는 4의 배수이다.' 가 참이 되도록 하는 집합 P의 개수는?

① 11 ② 12 ③ 13

④ 14 ⑤ 15

26

명제 '모든 실수 x에 대하여 $x^2+6x-a\geq0$이다.'의 부정이 거짓일 때, 상수 a의 최댓값은?

① -9 ② -3 ③ 0

④ 3 ⑤ 9

27

전체집합 $U=\{x\,|\,x$는 10 이하의 자연수$\}$에 대하여 두 조건 p, q의 진리집합을 각각 P, Q라 하자. 조건 p가

p: x는 소수이다.

일 때, 명제 $\sim p \longrightarrow q$가 참이 되게 하는 집합 Q의 개수를 구하시오.

28

x가 실수이고, 세 조건

p: $-2\leq x\leq2$ 또는 $x\geq3$,

q: $a\leq x\leq1$,

r: $x\geq b$

에 대하여 두 명제 $q \longrightarrow p$, $p \longrightarrow r$가 참일 때, a의 최솟값과 b의 최댓값의 곱을 구하시오.

29

전체집합 U의 공집합이 아닌 세 부분집합 P, Q, R를 각각 세 조건 p, q, r의 진리집합이라 하자.

$P\cap Q=P$, $R^C\cup Q=U$일 때, 참인 명제만을 〈보기〉에서 있는 대로 고른 것은?

┤ 보 기 ├

ㄱ. $p \longrightarrow q$ ㄴ. $r \longrightarrow q$ ㄷ. $p \longrightarrow \sim r$

① ㄱ ② ㄷ ③ ㄱ, ㄴ

④ ㄴ, ㄷ ⑤ ㄱ, ㄴ, ㄷ

30

전체집합 $U=\{x\,|\,x$는 8 이하의 자연수$\}$에 대하여 조건 p: $x^2\leq2x+8$의 진리집합을 P, 두 조건 q, r의 진리집합을 각각 Q, R라 하자. 두 명제 $p \longrightarrow q$와 $\sim p \longrightarrow r$가 모두 참일 때, 두 집합 Q, R의 순서쌍 $(Q,\ R)$의 개수를 구하시오.

07 명제 사이의 관계

출제유형분석 ▶

→ 이런 문제가 출제된다!

출제 유형	문항번호	짱 쉬운	난이도	출제가능성
명제의 역과 참이 되기 위한 조건	01	○	중하	★☆☆☆☆
명제의 대우와 참이 되기 위한 조건	02~03	○	중	★★★★☆
삼단논법	04, 13	○	중하	★☆☆☆☆
삼단논법과 진리집합	05, 14~16, 25~26	○	중	★★★★☆
충분조건과 필요조건	06~07	○	중하	★★★★☆
필요충분조건	08, 17~18	○	중	★★★☆☆
충분조건과 필요조건이 되는 상수 구하기	09~10, 19~21, 27	○	중	★★★★★
충분조건, 필요조건과 진리집합	11, 22~23, 28~29	○	중	★★★☆☆
충분조건, 필요조건과 삼단논법	12, 24, 30	○	중	★☆☆☆☆

● 짱 쉬운에 표시된 유형은 「짱 쉬운 내신 교재」에서 집중적으로 학습합니다.

→ 이것만은 꼬~옥!

1. 명제가 참(또는 거짓)이면 대우가 참(또는 거짓)이고, 대우가 참(또는 거짓)이면 명제가 참(또는 거짓)인 성질을 문제에 잘 적용하자.
2. 충분조건과 필요조건에 관한 문제는 진리집합의 포함 관계를 이용하는 것도 좋은 방법이다.
3. 복잡한 논리 관계의 문제는 화살표 사이의 관계와 집합의 포함 관계를 잘 이용해야 한다.

핵심개념 살피기

① **명제의 역과 대우**

(1) 명제의 역과 대우

　명제 $p \longrightarrow q$에 대하여

　① 역: $q \longrightarrow p$ 　　② 대우: $\sim q \longrightarrow \sim p$

(2) 명제의 대우의 참과 거짓

　① 명제 $p \longrightarrow q$가 참이면 그 대우 $\sim q \longrightarrow \sim p$도 참이다.

　② 명제 $p \longrightarrow q$가 거짓이면 그 대우 $\sim q \longrightarrow \sim p$도 거짓이다.

② **삼단논법**

세 조건 p, q, r에 대하여 '$p \Longrightarrow q$이고 $q \Longrightarrow r$'이면 '$p \Longrightarrow r$'이다. 즉, 세 조건 p, q, r의 진리집합을 각각 P, Q, R라 할 때, '$P \subset Q$이고 $Q \subset R$'이면 '$P \subset R$'이다.

[참고] 주어진 명제를 이용하여 논리적 참, 거짓을 확인하는 문제는 주어진 명제의 '대우', '삼단논법' 등을 이용하여 해결한다.

③ **충분조건과 필요조건**

(1) 충분조건과 필요조건

　명제 $p \longrightarrow q$가 참일 때, 즉 $p \Longrightarrow q$일 때

　p는 q이기 위한 충분조건, q는 p이기 위한 필요조건

(2) 필요충분조건

　$p \Longrightarrow q$이고 $q \Longrightarrow p$일 때, 이것을 기호로 $p \Longleftrightarrow q$와 같이 나타내고 p는 q이기 위한 필요충분조건이라고 한다.

④ **충분조건, 필요조건과 진리집합**

두 조건 p, q의 진리집합을 각각 P, Q라 할 때,

(1) p는 q이기 위한 충분조건: $p \Longrightarrow q$이면 $P \subset Q$

(2) p는 q이기 위한 필요조건: $q \Longrightarrow p$이면 $Q \subset P$

(3) p는 q이기 위한 필요충분조건: $p \Longleftrightarrow q$이면 $P = Q$

01

두 조건 p, q가 각각 다음과 같을 때, 명제 $p \longrightarrow q$의 역이 참이 되게 하는 정수 n의 개수는?

$$p: -1 \leq x < 4, \ q: |x-n| \leq 1$$

① 1   ② 2   ③ 3
④ 4   ⑤ 5

02

a, b가 실수일 때, 다음 중 역과 대우가 모두 참인 명제는?

① $ab < 0$이면 $a^2 + b^2 > 0$이다.
② $ab > 0$이면 $a > 0$이고 $b > 0$이다.
③ $ab \neq 8$이면 $a \neq 2$ 또는 $b \neq 4$이다.
④ $a > 1$이고 $b > 1$이면 $a + b > 2$이다.
⑤ $|a| + |b| = 0$이면 $a^2 + b^2 = 0$이다.

03

명제 '$x^2 + ax + 2 \neq 0$이면 $x \neq 1$이다.'가 참일 때, 상수 a의 값은?

① -3 ② -1 ③ 0
④ 1   ⑤ 2

04

세 조건 p, q, r에 대하여 두 명제 $p \longrightarrow \sim q$와 $r \longrightarrow q$가 모두 참일 때, 다음 명제 중 항상 참인 것은?

① $r \longrightarrow \sim p$ ② $p \longrightarrow r$ ③ $q \longrightarrow p$
④ $q \longrightarrow \sim r$ ⑤ $\sim r \longrightarrow p$

05

전체집합 U에서 세 조건 p, q, r의 진리집합을 각각 P, Q, R라 할 때, 세 집합 P, Q, R 사이의 포함 관계가 오른쪽 그림과 같다. 다음 중 항상 참인 명제는?

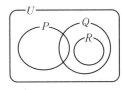

① $q \longrightarrow r$
② $p \longrightarrow \sim r$
③ (p이고 q) $\longrightarrow r$
④ (p 또는 r) $\longrightarrow q$
⑤ $\sim q \longrightarrow p$

06

두 조건 p, q에 대하여 p는 q이기 위한 충분조건이지만 필요조건이 아닌 것만을 〈보기〉에서 있는 대로 고른 것은?

(단, a, b는 실수이다.)

┤보 기├
ㄱ. $p: a^2 + b^2 = 0$ $q: a = b$
ㄴ. $p: ab < 0$ $q: a < 0$ 또는 $b < 0$
ㄷ. $p: a^3 - b^3 = 0$ $q: a^2 - b^2 = 0$

① ㄱ   ② ㄷ   ③ ㄱ, ㄴ
④ ㄴ, ㄷ   ⑤ ㄱ, ㄴ, ㄷ

07 ⚝빈출

두 조건 p, q에 대하여 p는 q이기 위한 충분조건이지만 필요조건이 아닌 것만을 〈보기〉에서 있는 대로 고른 것은?

(단, a, b는 실수이다.)

보 기
ㄱ. $p: ab>0$ $q: \|a+b\|=\|a\|+\|b\|$
ㄴ. $p: a+b\geq2$ $q: a\geq1$ 또는 $b\geq1$
ㄷ. $p: \|a+b\|=\|a-b\|$ $q: a^2+ab+b^2\leq0$

① ㄱ   ② ㄷ   ③ ㄱ, ㄴ
④ ㄴ, ㄷ   ⑤ ㄱ, ㄴ, ㄷ

08

전체집합 U의 세 부분집합 A, B, C에 대하여 ☐ 안에 알맞은 것을 차례대로 나열한 것은?

㈎ $A\cap B=\varnothing$인 것은 $A-B=A$이기 위한 ☐ 조건이다.
㈏ $A=B$는 $A\cap B=A$이기 위한 ☐ 조건이다.
㈐ $A\cap C=B\cap C$인 것은 $A=B$이기 위한 ☐ 조건이다.

① 충분, 필요, 필요충분
② 필요, 충분, 필요충분
③ 필요, 필요충분, 충분
④ 필요충분, 충분, 필요
⑤ 필요충분, 필요, 충분

09

$|x|\leq a$가 $3x-7<x-1$이기 위한 충분조건이 되는 실수 a의 값의 범위는? (단, $a\geq0$)

① $0\leq a<1$ ② $0\leq a<3$ ③ $0\leq a\leq3$
④ $a>3$ ⑤ $a>6$

10

두 조건 $p: x<a$, $q: -1<x<3$에 대하여 p가 q이기 위한 필요조건일 때, 실수 a의 최솟값을 구하시오.

11

전체집합 U에 대하여 세 조건 p, q, r의 진리집합을 각각 P, Q, R라 할 때, 세 집합 P, Q, R 사이에 오른쪽 그림과 같은 관계가 성립한다. 다음 중 항상 옳은 것은?

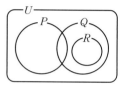

① p는 r이기 위한 충분조건이다.
② $\sim p$는 r이기 위한 필요조건이다.
③ r는 $\sim q$이기 위한 충분조건이다.
④ p는 $\sim r$이기 위한 필요조건이다.
⑤ $\sim r$는 p이기 위한 필요충분조건이다.

12

두 조건 p, q에 대하여 $\sim p$가 q이기 위한 충분조건일 때, 다음 명제 중 반드시 참인 것은?

① $p \longrightarrow q$ ② $q \longrightarrow p$ ③ $\sim q \longrightarrow p$
④ $p \longrightarrow \sim q$ ⑤ $\sim q \longrightarrow \sim p$

13 빈출

학교 기출

두 명제 $\sim q \longrightarrow \sim p$와 $q \longrightarrow \sim r$가 모두 참일 때, 다음 명제 중에서 항상 참이라고 할 수 <u>없는</u> 것은?

① $p \longrightarrow \sim r$ ② $r \longrightarrow \sim q$ ③ $\sim p \longrightarrow r$

④ $p \longrightarrow q$ ⑤ $r \longrightarrow \sim p$

14

학교 기출

두 명제 $\sim p \longrightarrow q$와 $p \longrightarrow \sim r$가 참이고, 전체집합 U에 대하여 세 조건 p, q, r의 진리집합을 각각 P, Q, R라 할 때, 다음 중 항상 옳은 것은?

① $P \subset R$ ② $P^C \subset R$ ③ $Q \subset P^C$

④ $Q \subset R^C$ ⑤ $R \subset Q$

15 빈출

학교 기출

전체집합 U에 대하여 세 조건 p, q, r의 진리집합을 각각 P, Q, R라 하자. 두 명제 $p \longrightarrow r$와 $q \longrightarrow r$가 모두 참일 때, 항상 옳은 것을 〈보기〉에서 있는 대로 고른 것은?

┤ 보 기 ├

ㄱ. $P \cap Q = \varnothing$ ㄴ. $P \cap R = P$

ㄷ. $(P^C \cap Q^C) \subset R^C$

① ㄱ ② ㄴ ③ ㄷ

④ ㄱ, ㄴ ⑤ ㄱ, ㄴ, ㄷ

16

교육청 기출

전체집합 U의 공집합이 아닌 세 부분집합 P, Q, R가 각각 세 조건 p, q, r의 진리집합이고, 세 명제 $p \longrightarrow q$, $\sim p \longrightarrow q$, $\sim r \longrightarrow p$가 모두 참일 때, 옳은 것만을 〈보기〉에서 있는 대로 고른 것은?

┤ 보 기 ├

ㄱ. $P^C \subset Q$ ㄴ. $R - P^C = \varnothing$

ㄷ. $R^C \cup P^C \subset Q$

① ㄱ ② ㄴ ③ ㄱ, ㄷ

④ ㄴ, ㄷ ⑤ ㄱ, ㄴ, ㄷ

17

교육청 기출

두 실수 a, b에 대하여 세 조건 p, q, r는

p: $|a| + |b| = 0$,

q: $a^2 - 2ab + b^2 = 0$,

r: $|a+b| = |a-b|$

이다. 옳은 것만을 〈보기〉에서 있는 대로 고른 것은?

┤ 보 기 ├

ㄱ. p는 q이기 위한 충분조건이다.

ㄴ. $\sim p$는 $\sim r$이기 위한 필요조건이다.

ㄷ. q이고 r는 p이기 위한 필요충분조건이다.

① ㄱ ② ㄷ ③ ㄱ, ㄴ

④ ㄴ, ㄷ ⑤ ㄱ, ㄴ, ㄷ

18

교육청 기출

양의 실수 a와 b에 대하여 집합 A와 B를 다음과 같이 정의한다.

$A = \{x \mid (x-a)(x+a) \le 0\}$,

$B = \{x \mid |x-1| \le b\}$

이때, $A \cap B = \varnothing$이기 위한 필요충분조건은?

① $a - b < 1$ ② $a - b > 1$ ③ $a + b = 1$

④ $a + b < 1$ ⑤ $a + b > 1$

19 빈출
교육청 기출

실수 x에 대한 두 조건

$$p: -3 < x-a \leq 3,$$
$$q: -1 \leq 2x-5 < 19$$

에 대하여 p는 q이기 위한 충분조건이 되는 모든 정수 a의 합을 구하시오.

20
학교 기출

$a \leq x \leq 5$는 $2 \leq x \leq 3$이기 위한 필요조건이고, $b \leq x \leq 2$는 $-2 \leq x \leq 2$이기 위한 충분조건일 때, a의 최댓값과 b의 최솟값의 합은?

① -2 ② -1 ③ 0
④ 1 ⑤ 2

21
교육청 기출

실수 x에 대하여 세 조건 p, q, r가

$$p: 0 < x \leq 7,$$
$$q: -1 \leq x \leq a,$$
$$r: x \geq b$$

이다. p는 q이기 위한 충분조건이고, r는 q이기 위한 필요조건일 때, $a-b$의 최솟값을 구하시오.

22 빈출
학교 기출

전체집합 U에 대하여 세 조건 p, q, r의 진리집합을 각각 P, Q, R라 하자. q는 p이기 위한 필요조건, q는 r이기 위한 충분조건, r는 p이기 위한 충분조건일 때, 다음 중 항상 옳은 것은?

① $P \subset Q^C$ ② $R \subset Q^C$ ③ $P \cap Q = \varnothing$
④ $Q \cap R = P$ ⑤ $P - Q = R^C$

23
학교 기출

두 조건 p, q의 진리집합을 각각

$$P = \{x \mid |x-a| < 1\}, \quad Q = \{x \mid 0 \leq x \leq 10\}$$

이라 하자. p가 q이기 위한 충분조건이 되는 a의 값의 범위를 $\alpha \leq a \leq \beta$라 할 때, $\alpha + \beta$의 값은?

① 6 ② 7 ③ 8
④ 9 ⑤ 10

24
학교 기출

세 조건 p, q, r에 대하여 q는 $\sim p$이기 위한 충분조건, q는 r이기 위한 필요조건일 때, 다음 명제 중 항상 참인 것은?

① $p \longrightarrow q$ ② $q \longrightarrow p$ ③ $q \longrightarrow r$
④ $r \longrightarrow \sim p$ ⑤ $\sim q \longrightarrow r$

25

전체집합 U의 세 부분집합 P, Q, R가 각각 세 조건 p, q, r의 진리집합이고, 두 명제 $p \longrightarrow q$와 $q \longrightarrow r$가 모두 참일 때, 다음 〈보기〉 중 옳은 것을 있는 대로 고른 것은?

| 보 기 |
ㄱ. $P \subset R$ ㄴ. $(P \cup Q) \subset R^C$
ㄷ. $(P^C \cap R^C) \subset Q^C$

① ㄱ   ② ㄱ, ㄴ   ③ ㄱ, ㄷ
④ ㄴ, ㄷ   ⑤ ㄱ, ㄴ, ㄷ

26

전체집합 U에 대하여 세 조건 p, q, r의 진리집합을 각각 P, Q, R라 하면 $P \cap Q = Q$, $Q \cup R = Q$인 관계가 성립한다. 다음 중 반드시 참인 명제가 <u>아닌</u> 것은?

① $q \longrightarrow p$ ② $r \longrightarrow p$ ③ $r \longrightarrow q$
④ $\sim p \longrightarrow \sim r$ ⑤ $\sim r \longrightarrow \sim p$

27

실수 x에 대한 두 조건

p: $|x-1| \leq 3$,

q: $|x| \leq a$

에 대하여 p가 q이기 위한 충분조건이 되도록 하는 자연수 a의 최솟값은?

① 1   ② 2   ③ 3
④ 4   ⑤ 5

28

두 조건 p, q의 진리집합을 각각

$$P = \{x \mid x \geq a\},$$
$$Q = \{x \mid -3 \leq x \leq 0 \ \text{또는} \ x \geq 2\}$$

라 하자. p가 q이기 위한 필요조건일 때, 실수 a의 최댓값은?

① -3 ② -2 ③ -1
④ 1   ⑤ 2

29

세 조건 p, q, r의 진리집합을 각각 P, Q, R라 하자. p는 $\sim r$이기 위한 충분조건이고, q는 r이기 위한 필요조건일 때, 다음 〈보기〉 중 항상 옳은 것을 있는 대로 고른 것은?

| 보 기 |
ㄱ. $P \cap Q = \varnothing$ ㄴ. $P \cap R = \varnothing$
ㄷ. $Q \cap R = R$

① ㄱ   ② ㄱ, ㄴ   ③ ㄱ, ㄷ
④ ㄴ, ㄷ   ⑤ ㄱ, ㄴ, ㄷ

30

세 조건 p, q, r에 대하여 p는 $\sim r$이기 위한 충분조건, r는 q이기 위한 필요조건일 때, 다음 명제 중 항상 참인 것은?

① $p \longrightarrow q$ ② $q \longrightarrow p$ ③ $p \longrightarrow \sim q$
④ $\sim q \longrightarrow p$ ⑤ $q \longrightarrow \sim r$

08 명제의 증명과 절대부등식

출제유형분석 ▶

이런 문제가 출제된다!

출제 유형	문항번호	짱 쉬운	난이도	출제가능성
대우를 이용하는 명제의 증명	01, 09~10, 22	○	중	★★★☆☆
귀류법을 이용하는 명제의 증명	02, 11, 23	○	중	★★★☆☆
기본적인 절대부등식	03, 12	○	중하	★★★☆☆
절대부등식의 증명	04, 13~14, 24	○	중	★★★☆☆
산술평균과 기하평균의 관계 응용	05~07, 15~17, 25~26	○	중	★★★★☆
코시–슈바르츠의 부등식의 응용	08, 18~19		중상	★★☆☆☆
절대부등식의 활용	20~21, 27		상	★★☆☆☆

● 짱 쉬운에 표시된 유형은 「짱 쉬운 내신 교재」에서 집중적으로 학습합니다.

이것만은 꼬~옥!

1. 증명 과정에서 □ 채우기 문제가 많이 출제되지만 교과에서 다루는 증명들은 서술형으로 출제가 많이 된다.
2. 교과서나 참고서에서 다루는 절대부등식이 많지 않으므로 가능하면 공부한 모든 절대부등식을 기억하도록 하자.
3. 산술평균과 기하평균의 관계, 코시–슈바르츠의 부등식을 이용하는 유형은 다양한 난이도로 출제된다.

핵심개념 살피기

① 대우를 이용하는 증명

명제 $p \longrightarrow q$가 참임을 증명할 때, 그 명제의 대우 $\sim q \longrightarrow \sim p$가 참임을 보여도 된다.

$\sim q \longrightarrow \sim p$: 참 ➡ $p \longrightarrow q$: 참

② 귀류법

명제 p가 참임을 증명할 때, 명제의 부정 $\sim p$가 거짓임을 보여도 된다.

$\sim p$: 거짓 ➡ p: 참

③ 부등식의 기본 성질

임의의 세 실수 a, b, c에 대하여

① $a>b$, $b>c$이면 $a>c$

② $a>b$이면 $a+c>b+c$, $a-c>b-c$

③ $a>b$, $c>0$이면 $ac>bc$, $\dfrac{a}{c}>\dfrac{b}{c}$

④ $a>b$, $c<0$이면 $ac<bc$, $\dfrac{a}{c}<\dfrac{b}{c}$

④ 기본적인 절대부등식

세 실수 a, b, c에 대하여

(1) $a^2+2ab+b^2\geq0$ (단, 등호는 $a+b=0$일 때 성립한다.)

(2) $a^2-2ab+b^2\geq0$ (단, 등호는 $a-b=0$일 때 성립한다.)

(3) $a^2+b^2+c^2-ab-bc-ca\geq0$

(단, 등호는 $a=b=c$일 때 성립한다.)

(4) $|a|+|b|\geq|a+b|$, $|a|-|b|\leq|a-b|$

(단, 등호는 $ab\geq0$일 때 성립한다.)

⑤ 산술평균과 기하평균

$a>0$, $b>0$일 때

$\dfrac{a+b}{2}\geq\sqrt{ab}$ (단, 등호는 $a=b$일 때 성립한다.)

⑥ 코시–슈바르츠의 부등식

a, b, x, y가 실수일 때,

$(a^2+b^2)(x^2+y^2)\geq(ax+by)^2$

$\left(\text{단, 등호는 } \dfrac{x}{a}=\dfrac{y}{b}\text{일 때 성립한다.}\right)$

01

다음은 명제 '자연수 n에 대하여 n^2이 3의 배수이면 n도 3의 배수이다.'가 참임을 대우를 이용하여 증명하는 과정이다.

┤ 증 명 ├

주어진 명제의 대우는

'자연수 n이 3의 배수가 아니면 n^2도 3의 배수가 아니다.'

이다. n이 3의 배수가 아니면 $n=$ (가) 또는 $n=3k-1$ (k는 자연수)로 놓을 수 있다.

(ⅰ) $n=$ (가) 일 때, $n^2=3($ (나) $)+1$

(ⅱ) $n=3k-1$일 때, $n^2=3($ (다) $)+1$

즉, n^2은 3으로 나누면 나머지가 1인 자연수가 되므로 n이 3의 배수가 아니면 n^2도 3의 배수가 아니다.

따라서 주어진 명제의 대우가 참이므로 주어진 명제도 참이다.

위의 과정에서 (가), (나), (다)에 알맞은 식을 각각 $f(k)$, $g(k)$, $h(k)$라 할 때, $f(1)+g(2)+h(3)$의 값은?

① 26   ② 27   ③ 28

④ 29   ⑤ 30

02 빈출

다음은 명제 '$\sqrt{2}$는 유리수가 아니다.'가 참임을 귀류법을 이용하여 증명한 것이다.

┤ 증 명 ├

$\sqrt{2}$가 (가) 라 가정하면

$\sqrt{2}=\dfrac{n}{m}$ (단, m, n은 서로소인 자연수이다.)   …… ㉠

㉠의 양변을 제곱하면

$2=\dfrac{n^2}{m^2}$이므로 $n^2=2m^2$ …… ㉡

여기서 (나) 이 짝수이므로 n도 짝수이다.

$n=2k$ (k는 자연수)로 나타낼 수 있으므로

㉡에 대입하면

$(2k)^2=2m^2$, 즉 $m^2=2k^2$

여기서 m^2이 짝수이므로 m도 짝수이다.

즉, m, n이 모두 짝수이므로

m, n이 (다) 라는 가정에 모순이다.

따라서 $\sqrt{2}$는 유리수가 아니다.

위의 증명에서 (가), (나), (다)에 알맞은 것을 써넣으시오.

03

임의의 세 실수 a, b, c에 대하여 항상 성립하는 부등식만을 〈보기〉에서 있는 대로 고른 것은?

┤ 보 기 ├

ㄱ. $a^2+b^2 \geq ab$

ㄴ. $\dfrac{a+b}{2} \geq \sqrt{ab}$

ㄷ. $3(a^2+b^2+c^2) \geq (a+b+c)^2$

① ㄱ   ② ㄴ   ③ ㄱ, ㄴ

④ ㄱ, ㄷ   ⑤ ㄱ, ㄴ, ㄷ

04 빈출

다음은 임의의 두 실수 a, b에 대하여 부등식 $|a+b| \leq |a|+|b|$를 증명한 것이다.

┤ 증 명 ├

$(|a+b|)^2-(|a|+|b|)^2=2($ (가) $) \leq 0$

$\therefore (|a+b|)^2 \leq (|a|+|b|)^2$

그런데 $|a+b|$ (나) 0, $|a|+|b|$ (다) 0이므로

$|a+b| \leq |a|+|b|$ (단, 등호는 (라) 일 때 성립한다.)

위의 증명에서 (가), (나), (다), (라)에 알맞은 것을 써넣으시오.

05

$x>1$일 때, $2x+\dfrac{2}{x-1}$의 최솟값은?

① 5   ② 6   ③ 7

④ 8   ⑤ 9

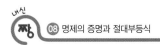

06

$a>0$, $b>0$일 때, $(a+2b)\left(\dfrac{2}{a}+\dfrac{1}{b}\right)$의 최솟값은?

① 8   ② 7   ③ 6

④ 5   ⑤ 4

07

$a>0$, $b>0$이고 $4a+b=20$일 때, ab의 최댓값은?

① 2   ② 5   ③ 10

④ 20   ⑤ 25

08

네 실수 a, b, x, y에 대하여 $a^2+b^2=4$, $x^2+y^2=9$일 때, $ax+by$의 최댓값과 최솟값을 구하시오.

기 출 문 제 맛보기

09

학교 기출

다음은 명제 '두 자연수 a, b에 대하여 a^2+b^2이 홀수이면 ab는 짝수이다.'를 대우를 이용하여 증명한 것이다.

┤ 증 명 ├

주어진 명제의 대우는

'두 자연수 a, b에 대하여 ab가 홀수이면 a^2+b^2이 ⟨가⟩ 이다.'

ab가 홀수이면 a, b는 모두 ⟨나⟩ 이므로

$a=2m+1$, $b=2n+1$ (m, n은 0 또는 자연수)로 놓으면

$$a^2+b^2=(2m+1)^2+(2n+1)^2$$
$$=2(2m^2+2n^2+2m+2n+1)$$

이때, $2m^2+2n^2+2m+2n+1$은 자연수이므로 a^2+b^2은 ⟨다⟩ 이다.

따라서 주어진 명제의 대우가 참이므로 주어진 명제도 참이다.

위의 증명에서 ⟨가⟩, ⟨나⟩, ⟨다⟩에 알맞은 것을 순서대로 적은 것은?

① 홀수, 홀수, 홀수   ② 홀수, 짝수, 홀수

③ 짝수, 홀수, 홀수   ④ 짝수, 홀수, 짝수

⑤ 짝수, 짝수, 짝수

10

학교 기출

대우를 이용하여 다음 명제를 증명하시오.

자연수 n에 대하여 n^2이 짝수이면 n도 짝수이다.

11
학교 기출

귀류법을 이용하여 다음 명제를 증명하시오.

> 두 유리수 a, b에 대하여 $a+b\sqrt{2}=0$이면 $a=b=0$이다.

12
학교 기출

다음 〈보기〉의 부등식 중 항상 성립하는 것을 있는 대로 고른 것은? (단, a, b, x, y는 실수이다.)

> **보기**
>
> ㄱ. $a^2-ab+b^2 \geq 0$
> ㄴ. $(a^2+b^2)(x^2+y^2) \geq (ax+by)^2$
> ㄷ. $|a|+|b| \geq |a+b|$

① ㄱ   ② ㄱ, ㄴ   ③ ㄱ, ㄷ

④ ㄴ, ㄷ   ⑤ ㄱ, ㄴ, ㄷ

13
학교 기출

a, b가 실수일 때, 부등식 $a^2+b^2 \geq ab$가 성립함을 증명하시오. 또 등호는 $a=b=0$일 때에만 성립함을 보이시오.

14
학교 기출

다음은 네 실수 a, b, c, d에 대하여
$$(a^2+c^2)(b^2+d^2) \geq (ab+cd)^2$$
인 관계가 성립함을 증명한 것이다.

> **증명**
>
> $(a^2+c^2)(b^2+d^2)=(\boxed{\text{(가)}})^2+(\boxed{\text{(나)}})^2$
> 이고 a, b, c, d는 실수이므로
> $(\boxed{\text{(나)}})^2 \geq 0$
> $\therefore (a^2+c^2)(b^2+d^2) \geq (ab+cd)^2$
> 이때, 등호는 $\boxed{\text{(다)}}$일 때 성립한다.

위의 증명에서 (가), (나), (다)에 알맞은 것을 순서대로 적은 것은?

① $ab-cd$, $ad+cd$, $ad=-bc$

② $ab+cd$, $ab-cd$, $ad=bc$

③ $ab+cd$, $ad-bc$, $ad=bc$

④ $ad-bc$, $ab+cd$, $ad=-cd$

⑤ $ad+bc$, $ad-bc$, $ad=bc$

15
교육청 기출

$x>0$, $y>0$일 때, $\left(4x+\dfrac{1}{y}\right)\left(\dfrac{1}{x}+16y\right)$의 최솟값은?

① 34   ② 36   ③ 38

④ 40   ⑤ 42

16
학교 기출

$a>0$, $b>0$이고 $x=a+\dfrac{1}{b}$, $y=b+\dfrac{1}{a}$이라 할 때, x^2+y^2의 최솟값은?

① 4   ② 5   ③ 6

④ 7   ⑤ 8

17 교육청 기출

두 실수 x, y에 대하여 $xy>0$, $x+y=3$일 때, $\dfrac{1}{x}+\dfrac{1}{y}$의 최솟값은?

① 1   ② $\dfrac{4}{3}$ ③ $\dfrac{5}{3}$

④ 2   ⑤ $\dfrac{7}{3}$

18 빈출   학교 기출

$x^2+y^2=6$을 만족시키는 두 실수 x, y에 대하여 $3x+2y$의 최댓값을 M이라 할 때, M^2의 값은?

① 74   ② 76   ③ 78

④ 80   ⑤ 82

19 학교 기출

두 실수 x, y에 대하여 $x^2+y^2=32$일 때, $\dfrac{x}{2}+\dfrac{y}{4}$의 최댓값을 M, 최솟값을 m이라 하자. $M-m$의 값은?

① $2\sqrt{5}$ ② $4\sqrt{5}$ ③ $2\sqrt{15}$

④ $2\sqrt{10}$ ⑤ $4\sqrt{10}$

20 학교 기출

어떤 농부가 일정한 길이의 철망을 가지고 오른쪽 그림과 같이 네 개의 작은 직사각형으로 이루어진 가축우리를 만들려고 한다. 우리의 바깥쪽 직사각형의 가로, 세로의 길이 중 짧은 것이 70 m일 때, 우리 전체의 넓이가 최대라고 한다. 농부가 사용한 철망의 길이는?

① 600 m   ② 650 m   ③ 700 m

④ 750 m   ⑤ 800 m

21 교육청 기출

그림과 같이 $\overline{AB}=2$, $\overline{AC}=3$, $A=30°$인 삼각형 ABC의 변 BC 위의 점 P에서 두 직선 AB, AC 위에 내린 수선의 발을 각각 M, N이라 하자. $\dfrac{\overline{AB}}{\overline{PM}}+\dfrac{\overline{AC}}{\overline{PN}}$의 최솟값이 $\dfrac{q}{p}$일 때, $p+q$의 값을 구하시오. (단, p와 q는 서로소인 자연수이다.)

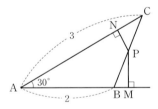

22

대우를 이용하여 다음 명제를 증명하시오.

> 두 실수 a, b에 대하여 $a^2+b^2=0$이면 $a=0$이고 $b=0$이다.

23

다음은 명제 '두 자연수 m, n에 대하여 $m+n$이 홀수이면 m 또는 n이 홀수이다.'가 참임을 귀류법을 이용하여 증명한 것이다.

> ─┤ 증명 ├─
>
> m, n을 모두 [(가)]라고 가정하면
> $m=2k$, $n=2l$ (k, l은 자연수)
> 로 나타낼 수 있다.
> 이때, $m+n=2(k+l)$이므로 $m+n$은 [(나)]이다.
> 이것은 $m+n$이 [(다)]라는 가정에 모순이다.
> 따라서 주어진 명제는 참이다.

위의 증명에서 ㈎, ㈏, ㈐에 알맞은 것을 순서대로 적은 것은?

① 홀수, 홀수, 홀수　　　② 홀수, 짝수, 홀수
③ 짝수, 홀수, 홀수　　　④ 짝수, 홀수, 짝수
⑤ 짝수, 짝수, 홀수

24

a, b가 실수일 때, 다음 부등식이 성립함을 증명하시오.

$$|a-b| \geq |a| - |b|$$

25

$a>0$, $b>0$, $c>0$일 때, $(a+b+c)\left(\dfrac{1}{a}+\dfrac{1}{b}+\dfrac{1}{c}\right)$의 최솟값은?

① 3　　　　　② 6　　　　　③ 9
④ 12　　　　⑤ 15

26

두 양수 a, b에 대하여 $a^2-6a+\dfrac{a}{b}+\dfrac{9b}{a}$가 $a=m$, $b=n$일 때 최솟값을 갖는다. 이때, $m+n$의 값은?

① 1　　　　　② 2　　　　　③ 3
④ 4　　　　　⑤ 5

27

오른쪽 그림과 같이 넓이가 2π인 원의 내부에 임의의 점 P가 있다. 이 점 P를 지나는 현에 의해 만들어지는 두 도형의 넓이를 각각 S_1, S_2라 할 때, $4S_1{}^2+S_2{}^2$의 최솟값을 구하시오. (단, $S_1 \leq S_2$이다.)

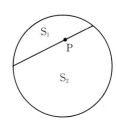

09 함수

출제유형분석 ▶

➡ 이런 문제가 출제된다!

출제 유형	문항번호	짱 쉬운	난이도	출제가능성
함수의 뜻과 그래프	01	○	하	★★☆☆☆
함숫값과 정의역, 치역	02~03	○	중하	★★★☆☆
조건으로 표현된 함수의 해석	04, 13~15, 25~26		상	★★★☆☆
서로 같은 함수	05, 16, 27	○	중	★★★★☆
일대일함수	06, 17	○	중	★☆☆☆☆
일대일대응	07~08, 18~20, 28	○	중상	★★★★★
항등함수와 상수함수	09~10, 21	○	중	★★★☆☆
함수의 개수	11~12, 22~24, 29~30		상	★★★★★

● 짱 쉬운에 표시된 유형은 「짱 쉬운 내신 교재」에서 집중적으로 학습합니다.

➡ 이것만은 꼬~옥!

1. '서로 같은 함수'와 '일대일대응'의 문항이 많이 출제되므로 각 유형별로 풀이법을 확실히 학습해두자.
2. '조건으로 표현된 함수의 해석'유형은 다양한 방법으로 까다롭게 출제되는 유형이다.
3. '함수의 개수'를 구하는 유형에서 어려운 난이도로 출제가 많이 되고 있으므로 다양한 문제를 많이 풀어봐야 한다.

핵심개념 살피기

① 서로 같은 함수

두 함수 f, g가 서로 같은 함수이면

(1) 두 함수 f, g의 정의역과 공역이 각각 같다.

(2) 정의역의 모든 원소 x에 대하여 $f(x)=g(x)$이다.

② 여러 가지 함수

(1) 일대일함수

함수 $f: X \longrightarrow Y$에서 정의역 X의 임의의 두 원소 x_1, x_2에 대하여

$$x_1 \neq x_2 \text{이면 } f(x_1) \neq f(x_2)$$

일 때, 함수 f를 X에서 Y로의 일대일함수라고 한다.

(2) 일대일대응

함수 $f: X \longrightarrow Y$가 두 조건

① 치역과 공역이 같다.

② 일대일함수이다.

를 모두 만족할 때, 함수 f를 X에서 Y로의 일대일대응이라고 한다.

(3) 항등함수

정의역 X의 각 원소에 자기 자신이 대응하는 함수, 즉 $f: X \longrightarrow X$, $f(x)=x\,(x \in X)$를 항등함수라고 한다.

(4) 상수함수

정의역 X의 모든 원소 x가 공역 Y의 한 원소에만 대응할 때, 즉 $f: X \longrightarrow Y$, $f(x)=c\,(c \in Y$, c는 상수$)$를 상수함수라고 한다.

③ 함수의 개수

두 집합 X, Y의 원소의 개수가 각각 m, n일 때,

(1) X에서 Y로의 함수의 개수 ➡ n^m

(2) X에서 Y로의 일대일함수의 개수

➡ $n(n-1)(n-2) \times \cdots \times (n-m+1)$ (단, $n \geq m$)

(3) X에서 Y로의 일대일대응의 개수

➡ $n(n-1)(n-2) \times \cdots \times 2 \times 1$ (단, $n=m$)

(4) X에서 Y로의 상수함수의 개수 ➡ n

 기 본 문 제 다지기

01

두 집합 $X=\{-1,\ 0,\ 1\}$, $Y=\{-1,\ 0,\ 1,\ 2\}$에 대하여 다음 중 X에서 Y로의 함수가 <u>아닌</u> 것은?

① $f(x)=x+1$ ② $f(x)=x^2-1$

③ $f(x)=x^3$ ④ $f(x)=(x+1)^2-1$

⑤ $f(x)=2|x|$

02

정의역이 $A=\{x|-1\leq x\leq 3\}$인 함수 $f(x)=ax+b$의 치역이 $B=\{x|1\leq x\leq 9\}$일 때, 두 상수 a, b에 대하여 $a+b$의 값은? (단, $a>0$)

① 1   ② 2   ③ 3

④ 4   ⑤ 5

03

음이 아닌 정수 전체의 집합에서 함수 f를 다음과 같이 정의한다.

$$f(x)=\begin{cases} x+1 & (0\leq x\leq 4) \\ f(x-4) & (x>4) \end{cases}$$

$f(3)+f(27)$의 값을 구하시오.

04

실수 전체의 집합 R에서 정의된 함수 f가 임의의 두 실수 a, b에 대하여

$$f(a+b)=f(a)+f(b)+3$$

을 만족시킬 때, $f(3)+f(-3)$의 값은?

① -6 ② -3 ③ 0

④ 3   ⑤ 6

05

집합 $X=\{-1,\ 2\}$를 정의역으로 하는 두 함수 $f(x)=x^2+ax+3$, $g(x)=-2x+b$에 대하여 $f=g$일 때, $f(1)+g(2)$의 값은? (단, a, b는 상수이다.)

① 1   ② 2   ③ 3

④ 4   ⑤ 5

06

집합 $S=\{x|x\geq 4\}$에 대하여 S에서 S로의 함수 $f(x)=3x-4a$가 다음 조건을 만족시킨다고 할 때, 실수 a의 값의 범위를 구하시오.

함수 $f:X\longrightarrow Y$에서 정의역 X의 임의의 두 원소 x_1, x_2에 대하여 $x_1\neq x_2$이면 $f(x_1)\neq f(x_2)$이다.

07

두 집합 $X=\{x|-1\leq x\leq 1\}$, $Y=\{y|2\leq y\leq a\}$에 대하여 X에서 Y로의 함수 $f(x)=x+b$가 일대일대응일 때, $a+b$의 값은? (단, a, b는 상수이다.)

① 6   ② 7   ③ 8

④ 9   ⑤ 10

08

집합 $X=\{x|x\geq k\}$에 대하여 X에서 X로의 함수 $f(x)=x^2-2x-4$가 일대일대응일 때, 상수 k의 값은?

① 1   ② 2   ③ 3

④ 4   ⑤ 5

09

실수 전체의 집합에서 정의된 두 함수 f, g에 대하여 $f(x)$는 항등함수이고, $g(x)$는 상수함수이다. $f(1)+g(1)=100$일 때, $f(2)+g(2)$의 값은?

① 99   ② 100   ③ 101

④ 200   ⑤ 201

10

세 상수 a, b, c에 대하여 집합 $X=\{a, b, c\}$를 정의역으로 하는 X에서 X로의 함수

$$f(x)=\begin{cases} -3 & (x<-2) \\ 2x-1 & (-2\leq x<1) \\ 2 & (x\geq 1) \end{cases}$$

가 항등함수일 때, $a+b+c$의 값은?

① -2 ② -1 ③ 0

④ 1   ⑤ 2

11

집합 $X=\{1, 2, 3, 4\}$에 대하여 X에서 X로의 함수 중에서 일대일대응의 개수를 a, 상수함수의 개수를 b, 항등함수의 개수를 c라 할 때, $a+b+c$의 값은?

① 29   ② 31   ③ 33

④ 35   ⑤ 37

12

두 집합 $X=\{1, 3, 5, 7\}$, $Y=\{2, 4, 6\}$에 대하여 X에서 Y로의 함수 중에서 $f(1)=2$, $f(3)=4$를 만족시키는 함수 f의 개수는?

① 4   ② 8   ③ 9

④ 16   ⑤ 46

13

학교 기출

실수 전체의 집합 R에 대하여 함수 $f : R \longrightarrow R$가 다음 조건을 만족시킨다. $f(70)$의 값은?

> (가) $f(4)=12$
> (나) 집합 R의 모든 원소 x에 대하여
> $$f(x+2)=\frac{f(x)-1}{f(x)+1}$$
> 이다.

① -12
② $-\dfrac{13}{11}$
③ $-\dfrac{1}{12}$
④ $\dfrac{11}{13}$
⑤ 12

14

교육청 기출

양의 실수 전체의 집합에서 정의된 함수 $f(x)$가 다음 조건을 만족시킬 때, $f(2015)$의 값을 구하시오.

> (가) $f(x)=1-|x-2|$ $(1 \le x \le 3)$
> (나) 모든 양의 실수 x에 대하여 $f(3x)=3f(x)$이다.

15

학교 기출

실수 전체의 집합 R에서 정의된 함수 $f : R \longrightarrow R$가 임의의 두 실수 a, b에 대하여 $f(a+b)=f(a)+f(b)+1$을 만족할 때, 〈보기〉에서 옳은 것을 있는 대로 고르시오.

> ┤ 보 기 ├
> ㄱ. $f(0)=-1$
> ㄴ. $f(x)+f(-x)=0$
> ㄷ. $f(2)=k$이면 $f(1)=2(k+1)$이다.

16

학교 기출

공집합이 아닌 집합 X를 정의역으로 하는 두 함수 $f(x)=2|x|$, $g(x)=x^2+1$에 대하여 $f(x)=g(x)$가 성립하도록 하는 모든 집합 X의 개수는?

① 1
② 3
③ 5
④ 7
⑤ 9

17

교육청 기출

두 집합 $X=\{0, 1, 2\}$, $Y=\{1, 2, 3, 4\}$에 대하여 두 함수 $f : X \longrightarrow Y$, $g : X \longrightarrow Y$를
$$f(x)=2x^2-4x+3, \quad g(x)=a|x-1|+b$$
라 하자. $f(x)=g(x)$가 성립하도록 하는 두 상수 a, b에 대하여 $2a-b$의 값은?

① -3
② -1
③ 1
④ 3
⑤ 5

18

학교 기출

함수 $f(x)=\begin{cases} x^2-4x+5 & (x \ge a) \\ mx-m-1 & (x \le a) \end{cases}$ 이 일대일대응일 때, 실수 a의 최솟값과 그때의 m에 대하여 am의 값은?

① 4
② 6
③ 8
④ 10
⑤ 12

19 학교 기출

두 집합

$$X=\{x\,|\,x^2-9\le0\},\ Y=\{y\,|\,y^2-14y+13\le0\}$$

에 대하여 함수 $f:X\longrightarrow Y$가 다음 조건을 만족시킬 때, $f(1)$의 값은? (단, a, b는 상수이다.)

> (가) 함수 $f(x)=ax+b$는 일대일대응이다.
> (나) 집합 X의 임의의 두 원소 x_1, x_2에 대하여 $x_1<x_2$이면 $f(x_1)<f(x_2)$이다.

① 6 　　　　 ② 7 　　　　 ③ 8
④ 9 　　　　 ⑤ 10

20 ✷빈출 학교 기출

실수 전체의 집합에서 정의된 함수 $f(x)=ax+|x-1|+2$가 일대일대응이 되도록 하는 상수 a의 값의 범위는?

① $a<-2$ 또는 $a>1$ 　　　 ② $a<-1$ 또는 $a>1$
③ $-2<a<2$ 　　　 ④ $-1\le a\le1$
⑤ $a\ge1$

21 ✷빈출 학교 기출

집합 $X=\{2,\,3,\,6\}$에 대하여 X에서 X로의 세 함수 f, g, h는 각각 일대일대응, 항등함수, 상수함수이고, $f(2)=g(3)=h(6)$, $f(2)\times f(3)=f(6)$일 때, $f(3)\times g(2)\times h(3)$의 값은?

① 12 　　　　 ② 18 　　　　 ③ 24
④ 36 　　　　 ⑤ 54

22 학교 기출

두 집합 $A=\{1,\,2,\,3,\,4,\,5\}$, $B=\{6,\,7,\,8,\,9,\,10\}$에 대하여 A에서 B로의 함수 f 중에서 다음 조건을 만족시키는 함수 f의 개수는?

> (가) $f(1)<f(3)<f(5)$
> (나) $f(4)-f(2)\ge2$

① 30 　　　　 ② 60 　　　　 ③ 90
④ 120 　　　　 ⑤ 150

23 학교 기출

집합 $A=\{1,\,2,\,3,\,4,\,5,\,6\}$에 대하여 A에서 A로의 함수 중에서 다음 조건을 만족시키는 함수 f의 개수는?

> (가) 함수 f는 일대일대응이다.
> (나) 정의역 A의 한 원소 n에 대하여 $f(n+1)-f(n)=5$

① 24 　　　　 ② 48 　　　　 ③ 72
④ 96 　　　　 ⑤ 120

24 교육청 기출

집합 $A=\{-2,\,-1,\,0,\,1,\,2\}$에 대하여 다음 두 조건을 모두 만족하는 함수 f의 개수를 구하시오.

> (가) 함수 f는 A에서 A로의 함수이다.
> (나) A의 모든 원소 x에 대하여 $f(-x)=-f(x)$이다.

25

집합 $X=\{1, 2, 3, 4, 5, 6, 7\}$에 대하여 함수 $f : X \longrightarrow X$가 다음 조건을 만족시킨다. 이때, 집합 X의 두 원소 x_1, x_2에 대하여 $f(x_1)=f(x_2)=n$을 만족하는 자연수 n의 값은?

> ㈎ 함수 f의 치역의 원소의 개수는 6이다.
>
> ㈏ $f(1)+f(2)+f(3)+f(4)+f(5)+f(6)+f(7)=33$
>
> ㈐ 함수 f의 치역의 원소 중 최댓값과 최솟값의 차는 5이다.

① 2   ② 3   ③ 4

④ 5   ⑤ 6

26

실수 전체 집합에서 정의된 두 함수 f, g가

$$f(x)=\begin{cases} 1-x & (x\text{는 유리수}) \\ x & (x\text{는 무리수}) \end{cases},$$

$$g(x)=f(x)+f(1-x)$$

일 때, 다음 〈보기〉에서 옳은 것만을 있는 대로 고른 것은?

> **| 보 기 |**
>
> ㄱ. $f(0)=g(0)$
>
> ㄴ. 함수 g의 치역의 원소의 개수는 1이다.
>
> ㄷ. 임의의 두 실수 x, y에 대하여 $g(x+y)=g(x)+g(y)$가 성립한다.

① ㄱ   ② ㄴ   ③ ㄱ, ㄴ

④ ㄱ, ㄷ   ⑤ ㄱ, ㄴ, ㄷ

27

두 집합 $X=\{-1, 0, 1\}$, $Y=\{0, 1, 2\}$에 대하여 X에서 Y로의 두 함수 f, g를 $f(x)=x^3+a$, $g(x)=ax+b$라 하자. $f=g$가 되도록 하는 두 상수 a, b에 대하여 ab의 값을 구하시오.

28

두 집합 $X=\{x|x\geq 2\}$, $Y=\{y|y\geq 3\}$에 대하여 X에서 Y로의 함수 $f(x)=x^2-x+k$가 일대일대응일 때, 상수 k의 값은?

① 1   ② 2   ③ 3

④ 4   ⑤ 5

29

두 집합 $A=\{-2, -1, 0, 1, 2\}$,

$B=\{-5, -4, -3, -2, -1, 0, 1, 3, 5, 7, 9\}$에 대하여 함수 $f : A \longrightarrow B$가 일대일함수이고 집합 A의 임의의 두 원소 x, y에 대하여 다음 조건을 만족할 때, 함수 f의 개수는?

> ㈎ $x\in A$, $y\in A$, $xy\in A$일 때, $f(xy)=f(x)f(y)$
>
> ㈏ $x<y$이면 $f(x)<f(y)$이다.

① 1   ② 2   ③ 3

④ 4   ⑤ 5

30

집합 $X=\{1, 2, 3, 4\}$에 대하여 X에서 X로의 함수 f가 다음 조건을 만족시킨다.

> ㈎ 함수 f는 일대일대응이다.
>
> ㈏ $f(4)=3$
>
> ㈐ $f(1)>f(2)>f(3)$

이때, $f(1)-f(2)-f(3)$의 값은?

① -2 ② -1 ③ 0

④ 1   ⑤ 2

10 합성함수와 역함수

출제유형분석 ▶

➡️ 이런 문제가 출제된다!

출제 유형	문항번호	짱 쉬운	난이도	출제가능성
합성함수의 정의와 성질	01~03, 13	○	중하	★★★★★
합성함수로 표현된 식에 관한 문제	04, 14, 25	○	중	★★☆☆☆
f^n 꼴의 합성함수 및 여러 가지 응용	05, 15, 26		중상	★★★☆☆
합성함수의 그래프	06, 16, 27		상	★★★★☆
역함수의 정의와 성질	07~09	○	중하	★★★★★
역함수 및 조건을 만족하는 함수 구하기	17~19, 28	○	중	★★★★☆
역함수의 존재 조건	20~21, 29		중	★★★☆☆
합성함수와 역함수	10~11, 22	○	중하	★★★★☆
역함수의 그래프	12, 23~24, 30		중상	★★★★☆

● 짱 쉬운에 표시된 유형은 「짱 쉬운 내신 교재」에서 집중적으로 학습합니다.

➡️ 이것만은 꼬~옥!

1. 두 함수를 주고서 다른 함수 $h(x)$를 구하는 유형은 $h(x)$를 치환하여 풀거나 일차식인 경우 $h(x)=ax+b$로 놓는다.
2. f^n 꼴의 합성함수에 관한 문제는 f^2, f^3, f^4, $\cdots$을 계속 구해서 규칙성을 찾는 것이 핵심이다.
3. 까다로운 문제가 많이 출제되는 내용이다. 풀이를 알고 나면 쉽지만 접근부터 힘든 고난도 이해력 문항이 많이 출제된다.

핵심개념 살피기 ▶

① 합성함수의 성질

(1) 교환법칙이 성립하지 않는다. ➡️ $f \circ g \neq g \circ f$

(2) 결합법칙이 성립한다. ➡️ $f \circ (g \circ h) = (f \circ g) \circ h$

② 합성함수의 그래프

함수 $f(x)$에서 x의 값의 범위에 따라 함수식이 다를 경우

➡️ 합성함수 $y=(f \circ g)(x)$의 그래프는 x의 값의 범위를 나누어 $g(x)$의 함수식을 구한 후 $f(g(x))$의 함수식을 구하여 그린다.

③ 역함수 구하기

① 함수 $y=f(x)$가 일대일대응인지 확인한다.

② $y=f(x)$를 x에 대하여 푼다. 즉, $x=f^{-1}(y)$ 꼴로 고친다.

③ $x=f^{-1}(y)$에서 x와 y를 서로 바꾸어 $y=f^{-1}(x)$로 나타낸다.

④ 역함수의 성질

함수 $f:X \longrightarrow Y$가 일대일대응이면 역함수
$f^{-1}:Y \longrightarrow X$가 존재하고
$$f(a)=b \Longleftrightarrow f^{-1}(b)=a \ (a \in X, \ b \in Y)$$

⑤ 합성함수의 역함수

두 함수 $f:X \longrightarrow Y$, $g:Y \longrightarrow Z$가 일대일대응일 때,
$$(g \circ f)^{-1}=f^{-1} \circ g^{-1}$$

⑥ 역함수의 그래프

함수 f와 역함수 f^{-1}에 대하여

(1) 함수 $y=f(x)$의 그래프가 점 (a, b)를 지나면 역함수 $y=f^{-1}(x)$의 그래프는 점 (b, a)를 지난다.

(2) 함수 $y=f(x)$의 그래프와 역함수 $y=f^{-1}(x)$의 그래프는 직선 $y=x$에 대하여 대칭이다.

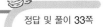

기 본 문 제 다지기

01

두 함수 $f(x)=\dfrac{x+1}{x-3}$, $g(x)=4x+2$에 대하여 $(g \circ f)(1)$
의 값은?

① -2 ② -1 ③ 0

④ 1 ⑤ 2

02

두 함수 $f(x)=-2x+1$, $g(x)=4x+a$에 대하여
$f \circ g = g \circ f$가 항상 성립할 때, 상수 a의 값은?

① -2 ② -1 ③ 0

④ 1 ⑤ 2

03

세 함수 f, g, h에 대하여
$$f(x)=x^2+x-5, \quad (h \circ g)(x)=6x+2$$
일 때, $(h \circ (g \circ f))(3)$의 값은?

① 40 ② 42 ③ 44

④ 46 ⑤ 48

04

두 함수 $f(x)=2x-4$, $g(x)=3x+2$에 대하여 함수 $h(x)$
가 모든 실수 x에 대하여 $(g \circ h)(x)=f(x)$를 만족시킬 때,
$h(6)$의 값은?

① 1 ② 2 ③ 3

④ 4 ⑤ 5

05

집합 $X=\{1, 2, 3\}$에 대하여 함수 $f:X \longrightarrow X$를 다음과 같
이 정의한다.

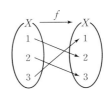

$f^1(x)=f(x)$, $f^{n+1}(x)=f(f^n(x))(n=1, 2, 3, \cdots)$이라
할 때, $f^{100}(1)-f^{200}(3)$의 값은?

① -2 ② -1 ③ 0

④ 1 ⑤ 2

06

집합 $X=\{x \,|\, 0 \leq x \leq 4\}$에 대하여 X에서 X로의 두 함수
$y=f(x)$, $y=g(x)$의 그래프가 그림과 같을 때, 다음 물음에
답하시오.

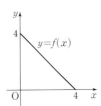 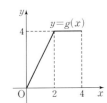

(1) 두 함수 $y=f(x)$, $y=g(x)$의 식을 구하시오.

(2) 합성함수 $(g \circ f)(x)$의 식을 구하시오.

07

실수 전체의 집합에서 정의된 두 함수

$$f(x)=-x+5, \ g(x)=\begin{cases} x+2 & (x \geq 2) \\ 3x-2 & (x<2) \end{cases}$$

에 대하여 $(f \circ g)(4)+f^{-1}(-3)$의 값은?

① 6   ② 7   ③ 8

④ 9   ⑤ 10

08 ✧빈출

함수 $f(x)=ax+b$에 대하여

$$f(2)=-1, \ f^{-1}(4)=-3$$

일 때, $f(3)$의 값은? (단, a, b는 상수이다.)

① -1 ② -2 ③ -3

④ -4 ⑤ -5

09

일차함수 $f(x)$가 $f(2x+1)=4x+7$을 만족시킬 때, $f^{-1}(11)$의 값은?

① 1   ② 2   ③ 3

④ 4   ⑤ 5

10 ✧빈출

두 함수 $f(x)=x-3$, $g(x)=3x-1$에 대하여 $(f \circ (g \circ f))^{-1}(2)$의 값은?

① 1   ② 2   ③ 3

④ 4   ⑤ 5

11

실수 전체의 집합에서 정의된 두 함수

$$f(x)=2x+5, \ g(x)=\begin{cases} 2x & (x \leq 10) \\ x+10 & (x>10) \end{cases}$$

에 대하여 $(g^{-1} \circ f)^{-1}(13)+(g \circ f^{-1})^{-1}(16)$의 값은?

① 29   ② 30   ③ 31

④ 32   ⑤ 33

12

집합 $A=\{x \mid 0 \leq x \leq 1\}$에 대하여 A에서 A로의 함수 $y=f(x)$와 함수 $y=g(x)$의 그래프가 그림과 같을 때, $(f \circ g \circ f^{-1})(d)$의 값은?

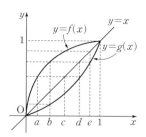

① a ② b ③ c

④ d ⑤ e

정답 및 풀이 34쪽

13

학교 기출

집합 $X=\{2, 4, 6, 8, 10\}$에 대하여 $f : X \longrightarrow X$가

$$f(x)=\begin{cases} 10 & (x=2) \\ x-2 & (x \neq 2) \end{cases}$$

이다. 함수 $g : X \longrightarrow X$가 다음 두 조건을 만족할 때, $g(6)+g(10)$의 값은?

> (가) $g(2)=8$
> (나) $g \circ f = f \circ g$

① 6   ② 7   ③ 8

④ 9   ⑤ 10

14

교육청 기출

함수 $f(x)=x^2-x-6$, $g(x)=x^2-ax+4$일 때, 모든 실수 x에 대하여 $(f \circ g)(x) \geq 0$이 되는 실수 a의 범위는? (단, $f \circ g$는 g와 f의 합성함수이다.)

① $a \leq -1$, $a \geq 1$ ② $-1 \leq a \leq 1$

③ $a \leq -2$, $a \geq 2$ ④ $-2 \leq a \leq 2$

⑤ $-4 \leq a \leq 4$

15

교육청 기출

$0 \leq x \leq 2$에서 함수 $y=f(x)$의 그래프가 오른쪽 그림과 같을 때, $f^{2002}\left(\dfrac{5}{4}\right)$의 값은?

(단, $f^1(x)=f(x)$, $f^2(x)=f(f(x))$, $f^3(x)=f(f^2(x))$, $\cdots$, $f^{n+1}(x)=f(f^n(x))$, n은 자연수이다.)

① 0   ② 1   ③ $\dfrac{3}{2}$

④ $\dfrac{5}{4}$ ⑤ 2

16

학교 기출

집합 $X=\{x \,|\, 0 \leq x \leq 2\}$에 대하여 X에서 X로의 두 함수 $y=f(x)$, $y=g(x)$의 그래프가 그림과 같을 때, 다음 물음에 답하시오.

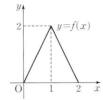 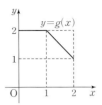

(1) 합성함수 $(g \circ f)(x)$의 식을 구하시오.
(2) 합성함수 $(g \circ f)(x)$의 그래프를 그리시오.

17

학교 기출

실수 전체의 집합에서 정의된 함수 f에 대하여 $f(3x-1)=6x+4$일 때, 함수 $f(x)$의 역함수 $g(x)$는?

① $g(x)=\dfrac{1}{2}x-3$ ② $g(x)=\dfrac{1}{2}x-1$

③ $g(x)=2x-3$ ④ $g(x)=2x-2$

⑤ $g(x)=2x-1$

18

교육청 기출

집합 $X=\{1, 2, 3, 4\}$에 대하여 $f : X \longrightarrow X$가 다음 조건을 만족시킨다.

> (가) 함수 f는 일대일대응이다.
> (나) 집합 X의 모든 원소 a에 대하여 $f(a) \neq a$이다.

$f(1)+f(4)=7$일 때, $f(1)+f^{-1}(1)$의 값은?

① 4   ② 5   ③ 6

④ 7   ⑤ 8

19
교육청 기출

집합 $X=\{1, 2, 3, 4\}$에 대하여 함수 $f: X \longrightarrow X$가 그림과 같다.

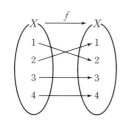

함수 $g: X \longrightarrow X$의 역함수가 존재하고,
$$g(2)=3, \quad g^{-1}(1)=3, \quad (g \circ f)(2)=2$$
일 때, $g^{-1}(4)+(f \circ g)(2)$의 값을 구하시오.

20 ✦빈출
교육청 기출

두 정수 a, b에 대하여 함수
$$f(x)=\begin{cases} a(x-2)^2+b & (x<2) \\ -2x+10 & (x \geq 2) \end{cases}$$
는 실수 전체의 집합에서 정의된 역함수를 갖는다. $a+b$의 최솟값은?

① 1   ② 3   ③ 5
④ 7   ⑤ 9

21
학교 기출

함수 $f(x)=2x+1-a|x-2|$의 역함수가 존재하도록 하는 정수 a의 개수는?

① 1   ② 2   ③ 3
④ 4   ⑤ 5

⑭ 22
학교 기출

함수 $f(x)=x|x|+a$와 그 역함수 $f^{-1}(x)$에 대하여 $f^{-1}(2)=-1$일 때, $(f \circ f)^{-1}(-1)$의 값은?

① $-\sqrt{5}$ ② $-\sqrt{3}$ ③ -1
④ $\sqrt{3}$ ⑤ $\sqrt{5}$

23 ✦빈출
교육청 기출

함수 $f(x)=x^2-2x+2$ $(x \geq 1)$의 역함수를 $f^{-1}(x)$라 할 때, $y=f(x)$와 $y=f^{-1}(x)$의 두 교점 사이의 거리는?

① $\sqrt{6}$ ② $\sqrt{5}$ ③ 2
④ $\sqrt{3}$ ⑤ $\sqrt{2}$

⑭ 24
학교 기출

함수 $f(x)=\dfrac{5}{3}x+3-|x-3|$의 역함수를 $g(x)$라 할 때, 두 함수 $y=f(x)$와 $y=g(x)$의 그래프로 둘러싸인 부분의 넓이를 구하시오.

예 상 문 제 정검하기

25

두 함수

$$f(x)=|x|-4, \ g(x)=\begin{cases} -x^2+4 & (x \geq 0) \\ x^2+4 & (x < 0) \end{cases}$$

에 대하여 $g(f(k))=3$을 만족하는 실수 k의 값을 $\alpha, \beta \, (\alpha > \beta)$ 라 할 때, $\alpha - \beta$의 값을 구하시오.

26

자연수 전체의 집합에서 정의된 함수 $f(x)$가

$$f(x)=\begin{cases} \dfrac{x}{2} & (x \text{는 짝수}) \\ \dfrac{x+1}{2} & (x \text{는 홀수}) \end{cases}$$

이고 $f^1=f$, $f^{n+1}=f^n \circ f$로 정의할 때, $f^n(100)=1$을 만족시키는 자연수 n의 최솟값은?

① 6 　　　② 7 　　　③ 8
④ 9 　　　⑤ 10

27

이차함수 $y=f(x)$의 그래프가 그림과 같다. 방정식 $(f \circ f)(x)=0$의 모든 근의 합은?

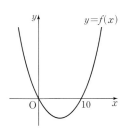

① 4 　　　② 8 　　　③ 12
④ 16 　　　⑤ 20

28

집합 $X=\{1, 2, 3, 4\}$에 대하여 X에서 X로의 함수 f가 다음 조건을 만족시킨다.

> ㈎ f는 일대일대응이다.
> ㈏ $f(1)=2$, $f(1)>f(3)$, $f(4)>f(2)$

$(f \circ f)(2)+f^{-1}(3)$의 값을 구하시오.

29

함수 $f(x)$가 $f(x)=\begin{cases} -x+3 & (x \geq 0) \\ x^2+3 & (x < 0) \end{cases}$ 일 때, 임의의 실수 x에 대하여 $(g \circ f)(x)=x$를 만족시키는 함수 $g(x)$가 존재한다. $(g \circ g)(a)=5$일 때, 상수 a의 값은?

① 7 　　　② 9 　　　③ 11
④ 13 　　　⑤ 15

30

집합 $A=\{1, 2, 3, 4, 5\}$에 대하여 A에서 A로의 두 함수 $f(x)$, $g(x)$가 있다. 두 함수 $y=f(x)$, $y=(f \circ g)(x)$의 그래프가 각각 그림과 같을 때, $g(2)+(g \circ f)^{-1}(1)$의 값은?

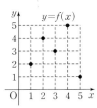
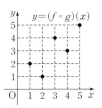

① 6 　　　② 7 　　　③ 8
④ 9 　　　⑤ 10

11 유리함수

이런 문제가 출제된다!

출제 유형	문항번호	짱 쉬운	난이도	출제가능성
유리식		○	하	★☆☆☆☆
유리함수의 그래프	01~04, 13~14	○	중하	★★★★★
유리함수의 그래프의 대칭성	05~06, 25	○	중하	★★★☆☆
유리함수의 그래프의 평행이동	07~08, 15	○	중	★★★☆☆
유리함수의 최대, 최소	09, 16	○	중하	★★★☆☆
유리함수의 그래프와 직선	17~18, 26		중상	★★★☆☆
유리함수의 그래프와 도형의 넓이	19~21, 27~28		상	★★★★☆
유리함수의 합성함수	10, 22, 29		중	★★★☆☆
유리함수의 역함수	11~12, 23~24, 30		중상	★★★★☆

● 짱 쉬운에 표시된 유형은 「짱 쉬운 내신 교재」에서 집중적으로 학습합니다.

이것만은 꼬~옥!

1. 유리함수에 관한 문제는 그래프를 정확히 이해하고 그릴 수 있으면 어렵지 않게 해결할 수 있다.
2. 유리함수에서 어려운 문제는 그래프와 직선에 관한 문제 또는 그래프를 응용한 융합형태의 문제가 출제된다.
3. $f^n(k)$의 값은 $f^1(k)$, $f^2(k)$, $f^3(k)$, …를 차례로 구하여 $f^n(k)$의 값을 추정한다.

핵심 개념 살피기

① 유리함수 $y = \dfrac{k}{x-p} + q \ (k \neq 0)$의 그래프

① 함수 $y = \dfrac{k}{x}$의 그래프를 x축의 방향으로 p만큼, y축의 방향으로 q만큼 평행이동한 것이다.

② 정의역은 $\{x \mid x$는 $x \neq p$인 실수$\}$, 치역은 $\{y \mid y$는 $y \neq q$인 실수$\}$이다.

③ 점 (p, q)에 대하여 대칭인 그래프이다.

④ 점근선은 두 직선 $x = p$, $y = q$이다.

② 유리함수 $y = \dfrac{ax+b}{cx+d} \ (c \neq 0, \ ad \neq bc)$의 그래프

함수 $y = \dfrac{ax+b}{cx+d} \ (c \neq 0, \ ad - bc \neq 0)$를

$y = \dfrac{k}{x-p} + q \ (k \neq 0)$ 꼴로 변형하여 구한다.

[참고] 함수 $y = \dfrac{ax+b}{cx+d} \ (ad - bc \neq 0, \ c \neq 0)$의 점근선

$\Rightarrow x = -\dfrac{d}{c}$, $y = \dfrac{a}{c}$

③ 유리함수의 그래프와 직선

⑴ 함수 $y = f(x)$의 그래프와 직선 $y = g(x)$가 한 점에서 만난다.

$\Rightarrow$ 방정식 $f(x) = g(x)$의 판별식을 D라 하면

$D = 0$

⑵ $y = f(x)$의 그래프를 그리고, 직선 $y = g(x)$가 반드시 지나는 점을 이용한다.

④ 유리함수의 역함수 구하기

유리함수 $y = \dfrac{ax+b}{cx+d} \ (c \neq 0, \ ad - bc \neq 0)$의 역함수는 다음과 같이 구한다.

① x를 y에 대한 식으로 나타낸다.

$\Rightarrow y(cx+d) = ax+b$에서 $x = \dfrac{dy-b}{-cy+a}$

② x와 y를 서로 바꾼다. $\Rightarrow y = \dfrac{dx-b}{-cx+a}$

기 본 문 제 다지기

01

유리함수 $y=\dfrac{2x-3}{x+2}$의 그래프에서 점근선의 방정식이 $x=p$, $y=q$일 때, 두 상수 p, q에 대하여 pq의 값은?

① -4 ② -2 ③ 0

④ 2 ⑤ 4

02

좌표평면에서 곡선 $y=\dfrac{1}{2x-8}+3$과 x축, y축으로 둘러싸인 영역의 내부에 포함되고 x좌표와 y좌표가 모두 자연수인 점의 개수는?

① 3 ② 4 ③ 5

④ 6 ⑤ 7

03

유리함수 $f(x)=\dfrac{1}{x+2}+a$의 그래프의 점근선의 방정식이 $x=b$, $y=3$일 때, 두 상수 a, b에 대하여 $a-b$의 값은?

① 1 ② 2 ③ 3

④ 4 ⑤ 5

04

유리함수 $y=\dfrac{3x+a}{x+b}$의 그래프가 점 $(1, -4)$를 지나고, 직선 $x=2$가 점근선일 때, 두 상수 a, b에 대하여 ab의 값은?

① -2 ② -1 ③ 0

④ 1 ⑤ 2

05

유리함수 $y=\dfrac{-3x+7}{x-2}$의 그래프는 두 직선 $y=ax+b$와 $y=cx+d$에 대하여 각각 대칭일 때, $a+b+c+d$의 값은?

(단, a, b, c, d는 상수이다.)

① -6 ② -3 ③ 0

④ 3 ⑤ 6

06

유리함수 $y=\dfrac{-1}{x+3}$의 그래프에 대한 설명으로 옳은 것만을 〈보기〉에서 있는 대로 고른 것은?

┤ 보 기 ├

ㄱ. x축과 만나지 않는다.

ㄴ. x축에 대하여 대칭이다.

ㄷ. 점 $(-3, 0)$에 대하여 대칭이다.

① ㄱ ② ㄱ, ㄴ ③ ㄴ, ㄷ

④ ㄱ, ㄷ ⑤ ㄱ, ㄴ, ㄷ

07

다음 〈보기〉의 함수 중에서 그 그래프가 평행이동에 의하여 함수 $y=\dfrac{1}{x}$의 그래프와 완전히 겹쳐질 수 있는 것만을 있는 대로 고른 것은?

┤ 보 기 ├

ㄱ. $y=\dfrac{x+1}{x}$ ㄴ. $y=\dfrac{x+1}{x-1}$

ㄷ. $y=\dfrac{-2x-3}{x+1}$ ㄹ. $y=\dfrac{-x-1}{x+2}+1$

① ㄱ, ㄴ ② ㄷ, ㄹ ③ ㄱ, ㄹ
④ ㄴ, ㄷ ⑤ ㄱ, ㄴ, ㄹ

08 ⭐빈출

유리함수 $y=\dfrac{2}{x+3}+1$의 그래프를 x축의 방향으로 m만큼, y축의 방향으로 n만큼 평행이동하면 $y=\dfrac{-2x+6}{x-2}$의 그래프와 일치할 때, $m+n$의 값은?

① -4 ② -2 ③ 2
④ 4 ⑤ 6

09 ⭐빈출

$3\leq x\leq 4$에서 함수 $y=\dfrac{2}{x-2}+k$의 최댓값이 6일 때 최솟값을 구하시오. (단, k는 상수이다.)

10

$x>0$에서 정의된 함수 $f(x)=\dfrac{x}{x+1}$에 대하여 $f^1=f$, $f^{n+1}=f\circ f^n$ ($n=1, 2, 3, \cdots$)으로 정의할 때, $f^5(1)$의 값은?

① $\dfrac{1}{6}$ ② $\dfrac{1}{3}$ ③ $\dfrac{1}{2}$
④ $\dfrac{2}{3}$ ⑤ $\dfrac{5}{6}$

11 ⭐빈출

함수 $f(x)=\dfrac{x-1}{x-2}$의 역함수가 $f^{-1}(x)=\dfrac{ax+b}{x+c}$일 때, 세 상수 a, b, c에 대하여 $a+b+c$의 값은?

① -1 ② 0 ③ 1
④ 2 ⑤ 3

12

유리함수 $f(x)=\dfrac{-3x+a}{x+b}$에 대하여 $y=f(x)$와 $y=f^{-1}(x)$의 그래프가 모두 점 $(2, 1)$을 지날 때, 두 상수 a, b에 대하여 $a+b$의 값을 구하시오.

기 출 문 제 맛보기

13

학교 기출

유리함수 $f(x) = \dfrac{k-3}{x+1} + 3$의 그래프가 모든 사분면을 지나도록 하는 정수 k의 최댓값은?

① -2 ② -1 ③ 0

④ 1 ⑤ 2

14 ⊛빈출

학교 기출

점 $(0, 1)$을 지나는 유리함수 $f(x) = \dfrac{b}{x+a} + c$의 그래프가 그림과 같을 때, $f(a+b+c)$의 값은?

(단, a, b, c는 상수이다.)

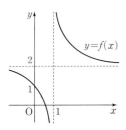

① 1 ② 2 ③ 3

④ 4 ⑤ 5

15

교육청 기출

유리함수 $f(x) = \dfrac{3x+k}{x+4}$의 그래프를 x축의 방향으로 -2만큼, y축의 방향으로 3만큼 평행이동한 곡선을 $y=g(x)$라 하자. 곡선 $y=g(x)$의 두 점근선의 교점이 곡선 $y=f(x)$ 위의 점일 때, 상수 k의 값은?

① -6 ② -3 ③ 0

④ 3 ⑤ 6

16

학교 기출

$a \le x \le -1$일 때, 함수 $y = \dfrac{2x+k}{x-1}$ $(k>-2)$의 최댓값이 $\dfrac{3}{2}$, 최솟값이 1이다. $a+k$의 값을 구하시오. (단, $a<-1$)

17

학교 기출

$2 \le x \le 3$에서 $ax+1 \le \dfrac{x+1}{x-1} \le bx+1$이 항상 성립하도록 하는 두 상수 a, b에 대하여 $b-a$의 최솟값은?

① $-\dfrac{4}{3}$ ② $-\dfrac{2}{3}$ ③ 1

④ $\dfrac{2}{3}$ ⑤ $\dfrac{4}{3}$

18 ⊛빈출

학교 기출

함수 $y = -\dfrac{4x}{x-1}$의 그래프와 직선 $y=kx-1$이 만나지 않도록 하는 정수 k의 개수는?

① 6 ② 7 ③ 8

④ 9 ⑤ 10

19 학교 기출

점 $A(1, 2)$와 함수 $y = \dfrac{2x+2}{x-1}$의 그래프 위의 점 P에 대하여 점 A를 중심으로 하고 점 P를 지나는 원의 넓이의 최솟값은?

① π ② 2π ③ 4π

④ 6π ⑤ 8π

20 교육청 기출

그림과 같이 원점을 지나는 직선 l과 함수 $y = \dfrac{2}{x}$의 그래프가 두 점 P, Q에서 만난다. 점 P를 지나고 x축에 수직인 직선과 점 Q를 지나고 y축에 수직인 직선이 만나는 점을 R라 할 때, 삼각형 PQR의 넓이를 구하시오.

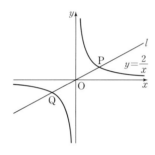

고난도
21 교육청 기출

그림과 같이 유리함수 $y = \dfrac{k}{x}$ $(k>0)$의 그래프가 직선 $y = -x+6$과 두 점 P, Q에서 만난다. 삼각형 OPQ의 넓이가 14일 때, 상수 k의 값은? (단, O는 원점이다.)

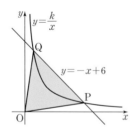

① $\dfrac{32}{9}$ ② $\dfrac{34}{9}$ ③ 4

④ $\dfrac{38}{9}$ ⑤ $\dfrac{40}{9}$

22 학교 기출

함수 $f(x) = \dfrac{x-1}{x+1}$에 대하여
$$f^2 = f \circ f, \quad f^{n+1} = f^n \circ f \ (단, n은 2 이상의 자연수)$$
로 정의할 때, $f^{10}(3) + f^{100}(3)$의 값은?

① $-\dfrac{8}{3}$ ② $-\dfrac{2}{3}$ ③ 0

④ $\dfrac{2}{3}$ ⑤ $\dfrac{8}{3}$

23 학교 기출

두 유리함수 $f(x) = \dfrac{2x+5}{x-3}$, $g(x) = \dfrac{ax+b}{x+c}$에 대하여 $(f \circ g)(x) = x$를 만족시키는 세 상수 a, b, c에 대하여 $a+b+c$의 값은?

① 2 ② 4 ③ 6

④ 8 ⑤ 10

24 학교 기출

함수 $f(x) = \dfrac{bx+4}{ax-1}$의 역함수 $y = f^{-1}(x)$에 대하여 $f^{-1}(2) = 6$, $f^{-1}(7) = 1$일 때, $f\left(\dfrac{1}{3}\right)$의 값은?

(단, a, b는 상수이다.)

① -15 ② -10 ③ -5

④ 10 ⑤ 15

25

유리함수 $y=\dfrac{ax+b}{x+c}$의 그래프는 점 $(1,\ -2)$에 대하여 대칭이고, 점 $(2,\ -4)$를 지난다. 세 상수 a, b, c에 대하여 $a+b+c$의 값은?

① -5 ② -3 ③ -1

④ 1 ⑤ 3

26

함수 $y=\dfrac{|x|}{x+1}$가 $y=mx-1$과 만나지 않도록 하는 정수 m의 최솟값은?

① -1 ② -2 ③ -3

④ -4 ⑤ -5

27 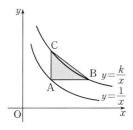 빈출

그림과 같이 함수 $y=\dfrac{1}{x}$의 제1사분면 위의 점 A에서 x축과 y축에 평행한 직선을 그어 $y=\dfrac{k}{x}$ $(k>0)$와 만나는 점을 각각 B, C라 하자. $\triangle$ABC의 넓이가 50일 때, k의 값을 구하시오.

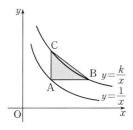

28

그림과 같이 유리함수 $y=\dfrac{k}{x-2}+1$ $(x>2)$의 그래프 위의 한 점 P에서 두 점근선에 내린 수선의 발을 각각 A, B라 하자. $\overline{\text{PA}}+\overline{\text{PB}}$의 최솟값이 4가 되도록 k의 값을 정할 때, 양수 k의 값은?

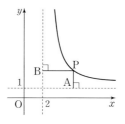

① 2 ② 3 ③ 4

④ 5 ⑤ 6

29

유리함수 $f(x)=\dfrac{bx+2}{x-a}$가 $(f\circ f)(x)=x$, $f(-1)=4$를 만족시킬 때, $a+b$의 값은? (단, a, b는 상수이다.)

① -4 ② -2 ③ 0

④ 2 ⑤ 4

30

유리함수 $f(x)=\dfrac{2x+b}{x-a}$가 다음 조건을 만족시킨다.

> (가) 2가 아닌 모든 실수 x에 대하여
> $$f^{-1}(x)=f(x-4)-4$$
> 이다.
> (나) 함수 $y=f(x)$의 그래프를 평행이동하면 함수 $y=\dfrac{3}{x}$의 그래프와 일치한다.

$a+b$의 값은? (단, a, b는 상수이다.)

① 1 ② 2 ③ 3

④ 4 ⑤ 5

12 무리함수

출제유형분석 ▶

이런 문제가 출제된다!

출제 유형	문항번호	짱 쉬운	난이도	출제가능성
무리식의 계산	01, 13	○	중	★★☆☆☆
무리함수의 그래프	02~03, 14, 25	○	중하	★★★★★
무리함수의 그래프의 개형	15, 26	○	중	★★☆☆☆
무리함수의 평행이동과 대칭이동	04~05	○	중하	★★★☆☆
무리함수의 최대, 최소	06	○	중하	★★☆☆☆
무리함수의 그래프와 직선	07, 16~18, 27		중상	★★★★★
무리함수의 그래프의 응용	08, 19~20, 28~29		상	★★★☆☆
무리함수의 합성함수와 역함수	09~11, 21	○	중	★★★★☆
무리함수의 역함수의 그래프	12, 22~24, 30		중상	★★★★★

● 짱 쉬운에 표시된 유형은 「짱 쉬운 내신 교재」에서 집중적으로 학습합니다.

이것만은 꼬~옥!

1. 무리함수의 그래프와 직선 또는 곡선의 위치 관계는 대부분 접하는 경우를 찾는 것이 핵심이다.
2. 무리함수를 응용하여 넓이를 구하는 유형 등은 조건을 이용해서 찾을 수 있는 좌표를 먼저 구해야 한다.
3. 무리함수의 역함수의 그래프는 직선 $y=x$에 대칭임을 이용하여 문제를 해결한다.

핵심개념 살피기

① 무리함수 $y=\pm\sqrt{ax}$의 그래프

(1) 함수 $y=\sqrt{ax}$ ($a\neq0$)의 정의역은 $a>0$일 때 $\{x|x\geq0\}$, $a<0$일 때 $\{x|x\leq0\}$이고 치역은 $\{y|y\geq0\}$이다.

(2) 함수 $y=-\sqrt{ax}$ ($a\neq0$)의 정의역은 $a>0$일 때 $\{x|x\geq0\}$, $a<0$일 때 $\{x|x\leq0\}$이고 치역은 $\{y|y\leq0\}$이다.

(3) $|a|$의 값이 커질수록 x축에서 멀어진다.

② 무리함수의 평행이동

무리함수 $y=\sqrt{a(x-p)}+q$ ($a\neq0$)의 그래프는 함수 $y=\sqrt{ax}$의 그래프를 x축의 방향으로 p만큼, y축의 방향으로 q만큼 평행이동한 것이다.

③ 무리함수의 최대, 최소

정의역이 $\{x|p\leq x\leq q\}$인 함수 $f(x)=\sqrt{ax+b}+c$에서

(1) $a>0$일 때, 최댓값은 $f(q)$, 최솟값은 $f(p)$

(2) $a<0$일 때, 최댓값은 $f(p)$, 최솟값은 $f(q)$

④ 무리함수의 그래프와 직선

함수 $y=\pm\sqrt{ax+b}+c$ ($a\neq0$)를 $y=\pm\sqrt{a(x-p)}+q$의 꼴로 변형하여 그린다.

⑤ 무리함수의 합성함수와 역함수

두 함수 $f(x)$, $g(x)$와 그 역함수 $f^{-1}(x)$, $g^{-1}(x)$에 대하여

(1) $(g\circ f^{-1})(x)=g(f^{-1}(x))$

(2) $(g^{-1}\circ f)^{-1}(x)=(f^{-1}\circ g)(x)=f^{-1}(g(x))$

[참고] 함수 $y=\sqrt{ax+b}+c$ ($a\neq0$)의 역함수 구하기

① 정의역을 확인한다.

② x에 대하여 푼다.

③ x와 y를 서로 바꾼다.

01

$\dfrac{\sqrt{x}+2}{\sqrt{x}-2}+\dfrac{\sqrt{x}-2}{\sqrt{x}+2}=\dfrac{ax+b}{x-4}$ 일 때, $a+b$의 값은?

(단, a, b는 상수이다.)

① 6   ② 7   ③ 8

④ 9   ⑤ 10

02

무리함수 $y=\sqrt{3x+9}-2$에 대하여 〈보기〉에서 옳은 것만을 있는 대로 고른 것은?

┤ 보 기 ├
ㄱ. 정의역은 $\{x\,|\,x\geq -3\}$이다.
ㄴ. 치역은 $\{y\,|\,y\leq -2\}$이다.
ㄷ. 그래프는 제4사분면을 지난다.

① ㄱ   ② ㄴ   ③ ㄱ, ㄴ

④ ㄱ, ㄷ   ⑤ ㄱ, ㄴ, ㄷ

03

무리함수 $f(x)=-\sqrt{ax+b}+c$의 그래프가 다음 그림과 같을 때, $f(-5)$의 값은? (단, a, b, c는 상수이다.)

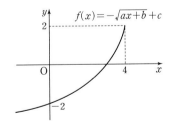

① -7 ② -6 ③ -5

④ -4 ⑤ -3

04

무리함수 $y=\sqrt{4-2x}+1$의 그래프에 대한 다음 설명 중 옳지 않은 것은?

① 정의역은 $\{x\,|\,x\leq 2\}$이다.

② 치역은 $\{y\,|\,y\geq 1\}$이다.

③ 그래프는 $y=\sqrt{4+2x}+1$의 그래프와 y축에 대하여 대칭이 동이다.

④ 제1, 2, 4사분면을 지난다.

⑤ $y=\sqrt{-2x}$의 그래프를 x축의 방향으로 2만큼, y축의 방향으로 1만큼 평행이동한 것이다.

05

함수 $y=a\sqrt{x}+4$의 그래프를 x축의 방향으로 m만큼, y축의 방향으로 n만큼 평행이동하였더니 함수 $y=\sqrt{9x-18}$의 그래프와 일치하였다. $a+m+n$의 값은?

(단, a, m, n은 상수이다.)

① 1   ② 2   ③ 3

④ 4   ⑤ 5

06

$1\leq x\leq 5$에서 무리함수 $y=-\sqrt{2x+a}+4$의 최댓값은 b이고, 최솟값은 1이다. 두 상수 a, b에 대하여 ab의 값은?

① -5 ② -4 ③ -3

④ -2 ⑤ -1

07

$x \geq 2$에서 정의된 두 함수
$$f(x) = \sqrt{x-2} + 2, \ g(x) = x^2 - 4x + 6$$
의 그래프가 서로 다른 두 점에서 만난다. 두 점 사이의 거리는?

① 1   ② $\sqrt{2}$ ③ 2

④ $2\sqrt{2}$ ⑤ 4

08

무리함수 $y = \sqrt{2x+11} - 1$의 그래프가 직선 $x = -1$과 만나는 점을 A, x축과 만나는 점을 B라 할 때, 삼각형 OAB의 넓이는? (단, O는 원점이다.)

① 1   ② 2   ③ 3

④ 4   ⑤ 5

09 ⭐빈출

무리함수 $f(x) = \sqrt{x-2} + 1$의 역함수가 $g(x) = x^2 + ax + b$ $(x \geq c)$일 때, 세 상수 a, b, c에 대하여 $a+b+c$의 값은?

① 1   ② 2   ③ 3

④ 4   ⑤ 5

10

함수 $f(x) = \sqrt{ax+b} + c$의 그래프는 다음 그림과 같다. 함수 $f(x)$와 그 역함수 $f^{-1}(x)$에 대하여 $f(-3) + f^{-1}(5)$의 값은? (단, a, b, c는 상수이다.)

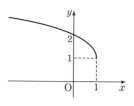

① -12 ② -10 ③ -8

④ -6 ⑤ -4

11 ⭐빈출

정의역이 $\{x \mid x > 1\}$인 두 함수 $f(x) = \dfrac{x+5}{x-1}$, $g(x) = \sqrt{x-2} + 1$에 대하여 $(f \circ (g \circ f)^{-1} \circ f)(2)$의 값은?

① 36   ② 38   ③ 40

④ 42   ⑤ 44

12

무리함수 $y = \sqrt{ax+b}$의 역함수의 그래프가 두 점 $(2, 0)$, $(5, 7)$을 지날 때, $a+b$의 값을 구하시오. (단, a, b는 상수이다.)

13 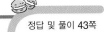 빈출
학교 기출

자연수 x에 대하여 $p(x)$를

$p(x) = \dfrac{1}{\sqrt{2x-1}+\sqrt{2x+1}}$로 정의할 때,

$p(1)+p(2)+p(3)+\cdots+p(40)$의 값은?

① 3   ② 4   ③ 5

④ 6   ⑤ 7

14
교육청 기출

좌표평면에서 실수 a에 대하여 곡선 $y=\sqrt{x+a}$가 두 점 $(2, 3)$, $(3, 2)$를 이은 선분과 만나기 위한 a의 최댓값을 M, 최솟값을 m이라 할 때, $M+m$의 값은?

① 4   ② 5   ③ 6

④ 7   ⑤ 8

15 빈출
학교 기출

함수 $y=\dfrac{ax+b}{x+c}$의 그래프가 오른쪽 그림과 같을 때, 함수 $y=\sqrt{bx+c}+a$의 그래프의 개형으로 옳은 것은?

(단, a, b, c는 상수이다.)

① 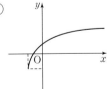   ②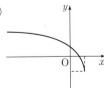

③   ④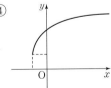

⑤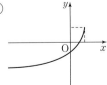

16 빈출
학교 기출

무리함수 $y=\sqrt{x-1}$의 그래프와 직선 $y=x+k$가 서로 다른 두 점에서 만나도록 하는 상수 k의 값의 범위를 $\alpha \le k < \beta$라 할 때, $\alpha+\beta$의 값은?

① $-\dfrac{7}{4}$ ② $-\dfrac{5}{3}$ ③ $-\dfrac{3}{2}$

④ $-\dfrac{3}{4}$ ⑤ $-\dfrac{2}{3}$

17
교육청 기출

$3 \le x \le 5$에서 정의된 두 함수 $y=\dfrac{-2x+4}{x-1}$와 $y=\sqrt{3x}+k$의 그래프가 한 점에서 만나도록 하는 실수 k의 최댓값을 M이라 할 때, M^2의 값을 구하시오.

18
교육청 기출

두 함수 $f(x)=\dfrac{1}{5}x^2+\dfrac{1}{5}k$ $(x \ge 0)$, $g(x)=\sqrt{5x-k}$에 대하여 $y=f(x)$, $y=g(x)$의 그래프가 서로 다른 두 점에서 만나도록 하는 모든 정수 k의 개수는?

① 5   ② 7   ③ 9

④ 11   ⑤ 13

19

교육청 기출

두 함수 $f(x)=\sqrt{x+4}-3$, $g(x)=\sqrt{-x+4}+3$의 그래프와 두 직선 $x=-4$, $x=4$로 둘러싸인 도형의 넓이를 구하시오.

20

교육청 기출

자연수 n에 대하여 직선 $x=n$이 무리함수 $f(x)=\sqrt{2x+2}+3$의 그래프와 만나는 점을 A_n, x축과 만나는 점을 B_n이라 하자. 이때, 삼각형 OA_7B_7의 넓이는? (단, O는 원점이다.)

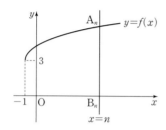

① $\dfrac{45}{2}$ ② $\dfrac{47}{2}$ ③ $\dfrac{49}{2}$

④ $\dfrac{51}{2}$ ⑤ $\dfrac{53}{2}$

21

학교 기출

함수 $y=\sqrt{-2x+6}-1$에 대한 설명으로 〈보기〉에서 옳은 것만을 있는 대로 고른 것은?

┤ 보 기 ├─

ㄱ. 정의역은 $\{x|x\geq 3\}$이다.

ㄴ. 치역은 $\{y|y\geq -1\}$이다.

ㄷ. 그래프는 $y=\sqrt{2x}$의 그래프를 평행이동하여 그릴 수 있다.

ㄹ. 역함수는 $y=-\dfrac{1}{2}x^2-x+\dfrac{5}{2}$ $(x\geq -1)$이다.

① ㄱ, ㄴ   ② ㄷ, ㄹ   ③ ㄴ, ㄹ

④ ㄱ, ㄴ, ㄹ   ⑤ ㄴ, ㄷ, ㄹ

22

교육청 기출

무리함수 $f(x)=\sqrt{ax+b}+1$의 역함수를 $g(x)$라 하자. 곡선 $y=f(x)$와 곡선 $y=g(x)$가 점 $(1, 3)$에서 만날 때, $g(5)$의 값은? (단, a, b는 상수이다.)

① -5 ② -4 ③ -3

④ -2 ⑤ -1

23

학교 기출

무리함수 $f(x)=\sqrt{x+10}+a$의 그래프와 그 역함수의 그래프가 서로 다른 두 점에서 만날 때, 정수 a의 최솟값은?

① 11 ② 10 ③ -9

④ -10 ⑤ -11

24 빈출

학교 기출

무리함수 $f(x)=\sqrt{2x-2}+k$의 그래프와 그 역함수 $y=f^{-1}(x)$의 그래프가 서로 다른 두 점에서 만날 때, 두 교점 사이의 거리가 $2\sqrt{2}$가 되도록 하는 상수 k의 값은?

① 1 ② 2 ③ 3

④ 4 ⑤ 5

 예 상 문 제 점검하기

25

좌표평면 위의 두 곡선
$$y=-\sqrt{kx+2k}+4,\ y=\sqrt{-kx+2k}-4$$
에 대하여 〈보기〉에서 옳은 것만을 있는 대로 고르시오.

(단, k는 0이 아닌 실수이다.)

┤ 보 기 ├
ㄱ. 두 곡선은 서로 원점에 대하여 대칭이다.
ㄴ. $k<0$이면 두 곡선은 한 점에서 만난다.
ㄷ. 두 곡선이 서로 다른 두 점에서 만나도록 하는 k의 최댓값은 16이다.

26

오른쪽 그림은 무리함수 $y=a\sqrt{bx+c}$의 그래프일 때, 유리함수 $y=\dfrac{b}{x+a}+c$의 그래프의 개형은? (단, a, b, c는 상수이다.)

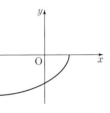

① 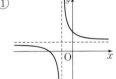 ②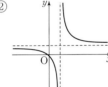

③ 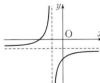 ④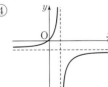

⑤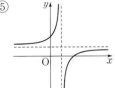

27

두 함수 $y=\sqrt{2kx}$, $y=x+1-k$의 그래프가 만나지 않기 위한 실수 k의 범위를 구하시오.

28

함수 $f(x)=\begin{cases}\sqrt{x} & (x\geq0)\\ x^2 & (x<0)\end{cases}$ 의 그래프와 직선 $x+3y-10=0$이 두 점 A$(-2, 4)$, B$(4, 2)$에서 만난다. 다음 그림과 같이 주어진 함수 $f(x)$의 그래프와 직선으로 둘러싸인 부분의 넓이를 구하시오. (단, O는 원점이다.)

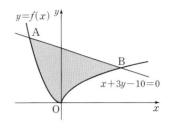

29

무리함수 $y=\sqrt{3x-6}$의 그래프 위의 점 P가 두 점 A$(2, 0)$, B$(5, 3)$ 사이를 움직일 때, 삼각형 ABP의 넓이의 최댓값은?

① $\dfrac{4}{5}$ ② $\dfrac{5}{6}$ ③ $\dfrac{6}{7}$

④ $\dfrac{7}{8}$ ⑤ $\dfrac{9}{8}$

30

그림은 무리함수 $f(x)=\sqrt{x+a}+b$의 그래프이다.

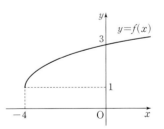

함수 $y=f(x)$의 그래프와 그 역함수 $y=f^{-1}(x)$의 그래프의 교점이 (p, q)일 때, $p+q$의 값은? (단, a, b는 상수이다.)

① $3+\sqrt{15}$ ② $3+3\sqrt{2}$ ③ $3+\sqrt{21}$
④ $3+2\sqrt{6}$ ⑤ $3+3\sqrt{3}$

출제유형분석

이런 문제가 출제된다!

출제 유형	문항번호	짱 쉬운	난이도	출제가능성
합의 법칙을 이용하는 경우의 수	01, 13~16, 25~26	○	중	★★★★☆
방정식 또는 부등식을 만족하는 순서쌍의 개수	02~03, 17, 27	○	중	★★★☆☆
곱의 법칙을 이용하는 경우의 수	04~06, 18~19, 28	○	중	★★★★☆
수형도를 이용하는 경우의 수	07, 20, 29		중	★☆☆☆☆
도로망에서의 경우의 수	08, 21	○	중하	★★☆☆☆
전개식에서 항의 개수 구하기	09	○	하	★★☆☆☆
약수의 개수, 약수의 총합 구하기	10, 22	○	중	★★☆☆☆
지불 방법과 지불 금액의 경우의 수	11	○	중하	★☆☆☆☆
색칠하는 방법의 수	12, 23~24, 30		중상	★★★★★

● 짱 쉬운에 표시된 유형은 「짱 쉬운 내신 교재」에서 집중적으로 학습합니다.

이것만은 꼬~옥!

1. 기본적으로 합의 법칙이나 곱의 법칙을 이용하는 문제들이 출제되는데 자주 출제되는 유형별로 충분히 연습하자.
2. 문제의 상황을 잘 파악해서 여사건의 경우의 수를 이용해야 하는 유형도 있다.
3. 복잡하고 까다로운 문제의 경우는 각 경우로 분리해서 각각의 경우의 수를 구한 후에 합의 법칙이나 곱의 법칙을 적용한다.

핵심개념 살피기

① 합의 법칙

두 사건 A, B가 동시에 일어나지 않을 때, 사건 A가 일어나는 경우가 m가지이고 사건 B가 일어나는 경우가 n가지이면 사건 A 또는 사건 B가 일어나는 경우의 수

➡ $m+n$

② 동시에 일어나는 사건이 있는 경우의 수

사건 A가 일어나는 경우가 m가지, 사건 B가 일어나는 경우가 n가지이고 두 사건 A, B가 동시에 일어나는 경우가 l가지이면 사건 A 또는 사건 B가 일어나는 경우의 수

➡ $m+n-l$

③ 방정식 또는 부등식을 만족하는 순서쌍의 개수

$ax+by+cz=d$의 꼴인 방정식에서 자연수인 해의 개수

➡ x, y, z 중에서 계수가 가장 큰 문자에 1, 2, 3, …을 차례로 대입하여 각 경우를 생각한다.

④ 곱의 법칙

사건 A가 일어나는 경우가 m가지이고 그 각각에 대하여 사건 B가 일어나는 경우가 n가지일 때, 두 사건 A, B가 동시에 일어나는 경우의 수 ➡ $m \times n$

⑤ 곱의 법칙과 합의 법칙

사건 A가 일어나는 경우의 수가 $a \times b$, 사건 B가 일어나는 경우의 수가 $c \times d$일 때, 사건 A 또는 사건 B가 일어나는 경우의 수 ➡ $(a \times b)+(c \times d)$

⑥ 여사건의 경우의 수

(사건 A가 일어나지 않는 경우의 수)
＝(전체 경우의 수)－(사건 A가 일어나는 경우의 수)

⑦ 약수의 개수

자연수 n이 $n=a^p b^q c^r$ (a, b, c는 서로 다른 소수, p, q, r는 자연수) 꼴로 소인수분해될 때, n의 양의 약수의 개수

➡ $(p+1)(q+1)(r+1)$

01

서로 다른 두 개의 주사위를 동시에 던질 때, 나오는 눈의 수의 합이 4의 배수인 경우의 수는?

① 9   ② 10   ③ 11

④ 12   ⑤ 13

02

집합 $\{2, 4, 6, 8, 10, 12\}$에서 선택한 세 개의 원소 a_1, a_2, a_3이 $2a_2 = a_1 + a_3$을 만족시키는 경우의 수는?

(단, $a_1 < a_2 < a_3$이다.)

① 5   ② 6   ③ 7

④ 8   ⑤ 9

03

방정식 $x + 2y + 3z = 12$를 만족시키는 세 자연수 x, y, z의 순서쌍 (x, y, z)의 개수는?

① 5   ② 6   ③ 7

④ 8   ⑤ 9

04

4종류의 빵과 3종류의 우유 중에서 각각 1종류씩 택하는 모든 방법의 수는?

① 7   ② 9   ③ 12

④ 16   ⑤ 20

05

세 자리의 자연수 중에서 각 자리의 숫자에 홀수를 포함하지 않는 자연수의 개수는?

① 50   ② 100   ③ 200

④ 400   ⑤ 500

06

크기가 서로 다른 3개의 주사위를 던질 때, 나오는 눈의 수를 각각 a, b, c라 하자. 자연수 N을 $N = 100 \times a + 10 \times b + c$로 정의할 때, 자연수 N이 4의 배수가 되는 경우의 수는?

① 50   ② 52   ③ 54

④ 56   ⑤ 58

07

4장의 카드 [1][1][2][3]에서 3장을 골라 일렬로 배열할 때, 만들 수 있는 세 자리 자연수는 모두 몇 가지인지 수형도를 이용하여 구하시오.

08 ⊛빈출

다음 그림과 같은 도로망에서 도로를 따라 P지점에서 Q지점으로 가는 모든 방법의 수는?

(단, 한 번 지나간 지점은 다시 지나지 않는다.)

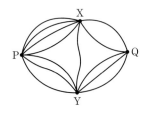

① 25   ② 30   ③ 35

④ 40   ⑤ 45

09

다항식 $(a+b+c)(x+y+z)+(a+b)(p+q)$를 전개할 때 생기는 서로 다른 항의 개수는?

① 5   ② 7   ③ 9

④ 11   ⑤ 13

10

다음 수의 양의 약수의 개수를 구하시오.

(1) 200

(2) 90

11

10원짜리 동전 3개, 100원짜리 동전 4개, 500원짜리 동전 3개가 있다. 이 동전의 일부 또는 전부를 사용하여 지불할 수 있는 방법의 수는? (단, 0원을 지불하는 경우는 제외한다.)

① 67   ② 71   ③ 75

④ 79   ⑤ 83

12 ⊛빈출

다음 그림과 같은 다섯 개의 영역 A, B, C, D, E를 서로 다른 5가지 색으로 칠하려고 한다. 같은 색을 중복하여 사용해도 좋으나 인접하는 영역은 서로 다른 색을 칠하는 방법의 수는?

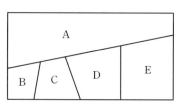

① 120   ② 180   ③ 240

④ 480   ⑤ 540

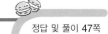

13

교육청 기출

a, b, c, d, e를 모두 사용하여 만든 다섯 자리 문자열 중에서 다음 세 조건을 만족시키는 문자열의 개수는?

⑰ 첫째 자리에는 b가 올 수 없다.

㉯ 셋째 자리에는 a도 올 수 없고 b도 올 수 없다.

㉰ 다섯째 자리에는 b도 올 수 없고 c도 올 수 없다.

① 24   ② 28   ③ 32

④ 36   ⑤ 40

14

교육청 기출

세 자리 자연수 중 101, 121, 954와 같이 1의 자리, 10의 자리, 100의 자리의 수 중에서 어느 하나의 수가 나머지 두 수의 합으로 되어 있는 자연수의 개수는?

① 100   ② 108   ③ 116

④ 120   ⑤ 126

고난도

15 ✩빈출

학교 기출

집합 $X=\{a, b, c, d\}$의 부분집합 중에서 임의로 서로 다른 두 부분집합 A, B를 택하였을 때, $A{\subset}B$를 만족시키는 경우의 수는?

① 50   ② 55   ③ 60

④ 65   ⑤ 70

16

학교 기출

두 개의 주사위 A, B를 던져서 나오는 눈의 수를 각각 a, b라 할 때, 직선 $ax+by=9$가 원 $x^2+y^2=9$와 만나는 경우의 수는?

① 20   ② 24   ③ 28

④ 32   ⑤ 36

고난도

17 ✩빈출

학교 기출

주사위를 세 번 던져 나온 눈의 수를 차례로 a, b, c라 할 때, 이차방정식 $ax^2+bx+c=0$이 서로 다른 두 실근을 갖는 경우의 수는?

① 36   ② 37   ③ 38

④ 39   ⑤ 40

18

교육청 기출

9개의 숫자 1, 2, 3, 4, 5, 6, 7, 8, 9 중에서 서로 다른 3개의 숫자를 택하여 다음 조건을 만족시키도록 세 자리 자연수를 만들려고 한다.

각 자리의 수 중 어떤 두 수의 합도 9가 아니다.

예를 들어 217은 조건을 만족시키지 않는다. 조건을 만족시키는 세 자리 자연수의 개수를 구하시오.

19

교육청 기출

집합 $A = \{1, 2, 3, 4, 5, 6, 7\}$에 대하여 다음 세 조건을 모두 만족하는 함수 $f : A \longrightarrow A$의 개수를 구하시오.

> (가) 함수 f는 일대일대응
> (나) $f(1) = 7$
> (다) $k \geq 2$이면 $f(k) \leq k$

20

학교 기출

오른쪽 그림과 같은 정육면체에서 꼭짓점 A를 출발하여 모서리를 따라 꼭짓점 G에 이르는 최단 경로의 수는?

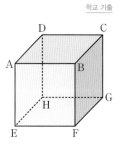

① 2   ② 4

③ 6   ④ 8

⑤ 10

21

학교 기출

주어진 그림과 같이 산 아래에 있는 매표소에서 산 중턱에 있는 약수터까지 오르는 등산로가 5개, 산 중턱에 있는 약수터에서 산 정상까지 오르는 등산로가 4개 있다. 어느 등산객이 매표소에서 약수터를 지나 산 정상에 오른 후, 다시 약수터를 지나 매표소까지 내려오는 경우의 수를 구하시오.

(단, 올라갈 때 이용한 등산로로는 내려오지 않기로 한다.)

22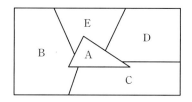

학교 기출

72의 양의 약수의 개수를 a, 양의 약수의 총합을 b라 할 때, $a + b$의 값은?

① 187   ② 192   ③ 197

④ 202   ⑤ 207

23

학교 기출

다음 그림과 같은 다섯 개의 영역 A, B, C, D, E를 서로 다른 5가지 색으로 칠하려고 한다. 같은 색을 중복하여 사용해도 좋으나 인접하는 영역은 서로 다른색을 칠하는 방법의 수는?

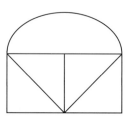

① 420   ② 450   ③ 480

④ 540   ⑤ 600

24

학교 기출

다음 그림의 5개의 영역을 서로 다른 5가지 색으로 칠하려고 한다. 같은 색을 중복하여 사용할 수 있으나 이웃하는 영역은 서로 다른 색을 칠할 때, 칠하는 방법의 수는?

① 480   ② 600   ③ 720

④ 840   ⑤ 960

25

집합 $X=\{1,\ 2\}$에서 집합 $Y=\{1,\ 2,\ 3,\ 4,\ 5,\ 6\}$으로의 함수 f 중에서 $f(1)+f(2)$가 4의 배수가 되도록 하는 함수 f의 개수는?

① 8   ② 9   ③ 10

④ 11   ⑤ 12

26

전체집합 $U=\{1,\ 2,\ 3,\ 4\}$에 대하여 두 부분집합 A와 B가 다음의 조건을 만족하는 경우의 수는?

$$A\neq\varnothing,\ B\neq\varnothing,\ A\cap B=\varnothing$$

① 42   ② 44   ③ 46

④ 48   ⑤ 50

27

300원, 400원, 500원짜리 3종류의 과일을 적어도 하나씩 살 때, 3000원어치 사는 방법의 수는?

① 5   ② 7   ③ 9

④ 11   ⑤ 13

28

한 개의 주사위를 네 번 던져서 나온 눈의 수를 순서대로 $a,\ b,\ c,\ d$라 할 때, $(a-b)(b-c)(c-d)=0$을 만족하는 경우의 수는?

① 544   ② 546   ③ 548

④ 550   ⑤ 552

29

천의 자리에는 4, 5, 6 중에서 한 수를 사용하고 나머지 자리에는 1, 2, 3을 중복 사용하여 네 자리 자연수를 만들 때, 다음 규칙을 만족시키는 네 자리 자연수의 개수는?

㉮ 1 바로 다음에는 3이다.

㉯ 2 바로 다음에는 1 또는 3이다.

㉰ 3 바로 다음에는 1 또는 2 또는 3이다.

① 30   ② 33   ③ 36

④ 39   ⑤ 42

30

다음 그림과 같이 다섯 개의 영역으로 나누어진 도형이 있다. 각 영역에 빨간색, 노란색, 파란색 중 한 가지 색을 칠하는데, 인접한 영역은 서로 다른 색을 칠하여 구별하려고 한다. 칠할 수 있는 방법의 수를 구하시오.

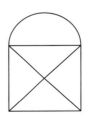

유형 14 순열

출제유형분석

이런 문제가 출제된다!

출제 유형	문항번호	짱 쉬운	난이도	출제가능성
$_nP_r$의 계산	01~02, 13	○	중하	★☆☆☆☆
순열을 이용한 경우의 수	03~04, 14~15, 25	○	중	★★★☆☆
이웃하는 조건이 있는 순열의 수	05~06, 16~18, 26~27	○	중	★★★★☆
특정한 조건이 주어진 순열의 수	07~08, 19~20, 28	○	중	★★★★☆
'적어도~'의 조건이 있는 순열의 수	09, 21		중	★★☆☆☆
순열을 이용한 정수의 개수	10~11, 22~23, 29	○	중	★★★★☆
사전식 배열에 의한 경우의 수	12, 24, 30		중	★★☆☆☆

● 짱 쉬운에 표시된 유형은 「짱 쉬운 내신 교재」에서 집중적으로 학습합니다.

이것만은 꼬~옥!

1. 고정된 조건이 주어지는 유형은 조건에 맞게 고정되는 것을 먼저 배치하고서 나머지를 나열한다.
2. '적어도~'의 조건이 있는 경우의 문제는 (전체 경우의 수)－(반대 경우의 수)를 이용하자.
3. 숫자를 이용하여 정수를 만드는 유형에서 처음 수가 0이 나올 수 없음에 유의하자.

핵심개념 살피기

1 $_nP_r$의 계산

(1) $_nP_r = \dfrac{n!}{(n-r)!}$ (단, $0 < r \le n$)

(2) $_nP_n = n(n-1)(n-2) \times \cdots \times 3 \times 2 \times 1 = n!$

(3) $0! = 1$, $_nP_0 = 1$

2 이웃하는 조건의 순열의 수

이웃하는 순열의 수는 다음과 같이 구한다.

① 이웃하는 것을 하나로 묶어서 한 묶음으로 생각한다.

② (한 묶음으로 생각하고 구한 순열의 수)
$\times$ (한 묶음 속 자체의 순열의 수)

3 이웃하지 않는 조건의 순열의 수

이웃하지 않는 순열의 수는 다음과 같이 구한다.

① 이웃해도 되는 것을 먼저 배열한다.

② 그 양 끝과 사이사이에 이웃하지 않아야 할 것을 배열한다.

4 교대로 배열하는 조건의 순열의 수

(1) 두 집단의 크기가 각각 n일 때 ➡ $2 \times n! \times n!$

(2) 두 집단의 크기가 각각 n, $n-1$일 때 ➡ $n! \times (n-1)!$

5 두 수 사이에 배열하는 조건이 있는 순열의 수

a, b 사이에 배열하는 순열의 수는 다음과 같이 구한다.

① a, b와 a, b 사이를 한 묶음으로 생각하여 배열한다.

② a, b 사이를 배열한다.

이때, a, b가 위치를 바꾸는 경우도 생각해야 한다.

③ (①의 순열의 수)$\times$(②의 순열의 수)

6 순열을 이용한 정수의 개수

(1) 최고 자리에 0이 올 수 없음에 주의한다.

(2) 기준이 되는 자리부터 먼저 배열하고 나머지 자리에 남은 숫자들을 배열한다.

[참고]

홀수인 정수 ➡ 일의 자리의 숫자가 홀수

짝수인 정수 ➡ 일의 자리의 숫자가 0 또는 짝수

3의 배수인 정수 ➡ 각 자리의 숫자의 합이 3의 배수

4의 배수인 정수 ➡ 끝의 두 자리가 00 또는 4의 배수

기 본 문 제 다지기

01

$_nP_2 = 110$을 만족시키는 자연수 n의 값을 구하시오.

02

$_{n+1}P_2 = _nP_2 + 12$를 만족시키는 자연수 n의 값은?

① 2   ② 4   ③ 6
④ 8   ⑤ 10

03

여학생 4명과 남학생 3명이 한 명씩 차례로 극장에 입장하려고 한다. 여학생이 먼저, 남학생이 나중에 입장하는 방법의 수는?

① 100   ② 106   ③ 112
④ 128   ⑤ 144

04

두 집합 $A = \{1,\ 2,\ 3\}$, $B = \{a,\ b,\ c,\ d\}$에 대하여 A에서 B로의 함수 f 중에서 $x_1 \neq x_2$이면 $f(x_1) \neq f(x_2)$를 만족시키는 함수의 개수는?

① 20   ② 22   ③ 24
④ 26   ⑤ 28

05

남학생 3명, 여학생 3명, 선생님 2명이 한 줄로 서서 등산을 할 때, 여학생 3명이 이웃하여 서는 방법의 수는?

① 1080   ② 2160   ③ 3240
④ 4320   ⑤ 5400

06

남자 2명과 여자 3명을 일렬로 세울 때, 남자와 여자가 교대로 서는 방법의 수는?

① 6   ② 12   ③ 24
④ 36   ⑤ 72

07

부모와 자식을 포함하여 7명의 가족을 일렬로 세울 때, 아버지가 한가운데 서는 방법의 수는?

① 120   ② 720   ③ 840
④ 3160   ⑤ 5040

08

남학생 3명과 여학생 4명을 일렬로 세울 때, 맨 앞과 맨 뒤에 여학생을 세우는 방법의 수는 $_mP_2 \times n!$ 이다. $m+n$의 값은?

① 6   ② 7   ③ 8
④ 9   ⑤ 10

09 빈출

a, b, c, d, e의 5개의 문자를 일렬로 배열할 때, 적어도 한쪽 끝에 자음이 오는 경우의 수는?

① 64   ② 84   ③ 108
④ 120   ⑤ 144

10

0, 1, 2, 3, 4의 숫자를 한 번씩만 사용하여 만들 수 있는 세 자리 정수 중 230보다 큰 수의 개수는?

① 21   ② 23   ③ 25
④ 27   ⑤ 29

11 빈출

6개의 숫자 1, 2, 3, 4, 5, 6으로 여섯 자리의 숫자를 만들 때, 5의 배수의 개수는?

① 24   ② 48   ③ 72
④ 96   ⑤ 120

12

5개의 문자 a, b, c, d, e를 모두 한 번씩 사용하여 사전식으로 배열할 때, cbeda는 몇 번째에 있는 문자인가?

① 59   ② 60   ③ 61
④ 62   ⑤ 63

13  빈출

학교 기출

다음은 $1 \leq r < n$일 때, $_{n-1}\mathrm{P}_r + r \times {}_{n-1}\mathrm{P}_{r-1} = {}_n\mathrm{P}_r$가 성립함을 증명하는 과정이다.

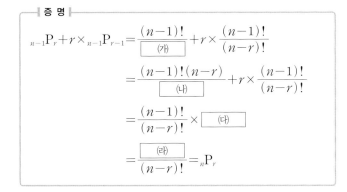

⎯ 증명 ⎯

$$_{n-1}\mathrm{P}_r + r \times {}_{n-1}\mathrm{P}_{r-1} = \frac{(n-1)!}{\boxed{(가)}} + r \times \frac{(n-1)!}{(n-r)!}$$

$$= \frac{(n-1)!(n-r)}{\boxed{(나)}} + r \times \frac{(n-1)!}{(n-r)!}$$

$$= \frac{(n-1)!}{(n-r)!} \times \boxed{(다)}$$

$$= \frac{\boxed{(라)}}{(n-r)!} = {}_n\mathrm{P}_r$$

위의 과정에서 ㈎, ㈏, ㈐, ㈑에 알맞은 것을 차례대로 나열한 것은?

① $(n-1-r)!$, $(n-r)!$, n, $n!$
② $(n-1-r)!$, $(n-1)!$, $n-1$, $n!$
③ $(n-r)!$, $(n-1)!$, n, $(n+1)!$
④ $(n-1)!$, $(n-r)!$, n, $n!$
⑤ $(n-1)!$, $(n-r)!$, $n-1$, $(n+1)!$

14

교육청 기출

집합 $A=\{1,\ 2,\ 3,\ 4,\ 5\}$에 대하여 A에서 A로의 일대일대응을 f라 할 때, $|f(1)-f(2)|=1$ 또는 $|f(2)-f(3)|=1$을 만족하는 f의 개수를 구하시오.

15

교육청 기출

오른쪽 그림과 같은 6개의 빈칸에 2, 2^2, 2^3, 2^4, 2^5, 2^6의 6개의 수를 하나씩 써 넣으려고 한다. 1열, 2열, 3열의 숫자들의 합을 각각 a_1, a_2, a_3이라 할 때, $a_1 < a_2 < a_3$이 되도록 빈칸을 채우는 경우의 수는?

1열	2열	3열

① 90
② 120
③ 150
④ 180
⑤ 210

16

학교 기출

여자 4명, 남자 3명이 오른쪽 그림과 같이 앞줄에 3명, 뒷줄에 4명이 서서 사진을 찍으려고 한다. 남자 3명이 앞줄 또는 뒷줄에서 옆으로 나란히 이웃하여 서는 방법의 수는?

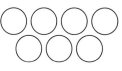

① 372
② 396
③ 432
④ 450
⑤ 484

17  빈출

교육청 기출

그림과 같이 의자 6개가 나란히 설치되어 있다. 여학생 2명과 남학생 3명이 모두 의자에 앉을 때 여학생이 이웃하지 않게 앉는 경우의 수를 구하시오. (단, 두 학생 사이에 빈 의자가 있는 경우는 이웃하지 않는 것으로 한다.)

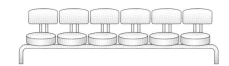

18

교육청 기출

그림과 같은 3좌석씩 3줄인 9개의 좌석에서 남자 5명, 여자 4명이 함께 영화를 관람하려 할 때, 남자끼리 좌우에 이웃하여 앉지 않고, 여자끼리 좌우에 이웃하여 앉지 않는 방법의 수는?

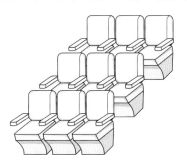

① $4! \times 5!$
② $2 \times 3! \times 5!$
③ $3 \times 4! \times 5!$
④ $5! \times 6!$
⑤ $9 \times 4! \times 5!$

19 빈출 학교 기출

남자 5명, 여자 2명을 일렬로 세울 때, 여자 2명 사이에 남자 2명이 오는 방법의 수는?

① 336 ② 504 ③ 672
④ 816 ⑤ 960

20 학교 기출 → 교육청 기출

할머니, 할아버지, 어머니, 아버지, 영희, 철수 모두 6명의 가족이 자동차를 타고 여행을 가려고 한다. 이 자동차에는 앉을 수 있는 좌석이 그림과 같이 앞줄에 2개, 가운데 줄에 3개, 뒷줄에 1개가 있다. 운전석에는 아버지나 어머니만 앉을 수 있고, 영희와 철수는 가운데 줄에만 앉을 수 있을 때, 가족 6명이 모두 자동차의 좌석에 앉는 경우의 수를 구하시오.

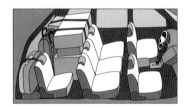

21 학교 기출

남학생 3명과 여학생 4명이 바이러스 백신 접종을 위해 일렬로 서서 순서대로 주사를 맞는다. 처음 또는 마지막에 남학생이 주사를 맞는 방법의 수는?

① 2000 ② 2400 ③ 2800
④ 3200 ⑤ 3600

22 빈출 교육청 기출

1, 2, 3, 4, 5, 6을 한 번씩만 사용하여 만들 수 있는 여섯 자리 자연수 중에서 일의 자리의 수와 백의 자리의 수가 모두 3의 배수인 자연수의 개수를 구하시오.

23 교육청 기출

10 이상 200 이하의 자연수 중에서 일의 자릿수 또는 십의 자릿수가 0인 수의 집합을 X라 하자. 예를 들어 $105 \in X$, $123 \notin X$이다. 집합 X의 서로 다른 두 원소 x, y의 합 $x+y$가 10의 배수일 때, 순서쌍 (x, y)의 개수는?

① 384 ② 386 ③ 388
④ 390 ⑤ 392

24 빈출 학교 기출

a, b, c, d, e, f의 6개의 문자를 한 번씩만 사용하여 사전식으로 배열할 때, 300번째에 오는 문자열은?

① cdefab ② cdbafe ③ cdbaef
④ cdbfea ⑤ cdfeba

25

어느 회사에서 사원 연수를 위하여 4지역 서울, 부산, 광주, 대구에서 각각 3명씩 모두 12명의 사원을 선발하였다. 같은 지역에서 선발된 사원끼리는 같은 조에 속하지 않도록 각 지역에서 한 명씩 선택하여 4명으로 구성된 3개의 조로 나누는 방법의 수는?

① 80   ② 144   ③ 216
④ 240   ⑤ 288

26

1, 2, 3, 4, 5, 6, 7의 7개의 숫자 중에서 서로 다른 5개의 숫자를 이용하여 다섯 자리의 자연수를 만들 때, 각 자리의 숫자를 짝수와 홀수 또는 홀수와 짝수를 교대로 사용하여 만드는 경우의 수는?

① 126   ② 164   ③ 216
④ 242   ⑤ 266

27

여학생 3명과 남학생 몇 명을 일렬로 세울 때, 남학생끼리 이웃하여 서는 방법의 수가 17280이다. 이때, 남학생은 모두 몇 명인가?

① 1명   ② 2명   ③ 3명
④ 4명   ⑤ 5명

28

A, B, C, D, E, F, G, H의 8개의 문자를 일렬로 배열할 때, A와 B 사이에 3개의 문자만 들어 있는 경우의 수는?

① 5760   ② 5765   ③ 5770
④ 5775   ⑤ 5780

29

서로 다른 6개의 한 자리 자연수를 일렬로 배열할 때, 적어도 한쪽 끝에 짝수가 오는 경우의 수는 432이다. 6개의 한 자리 자연수 중에서 짝수의 개수를 구하시오.

30

a, b, c, d, e의 다섯 개의 문자 중에서 서로 다른 세 개의 문자를 뽑아 만든 단어들을 사전식으로 배열하면

abc, abd, abe, acb, acd, ace, …

와 같다. 27번째 단어는?

① bea   ② bec   ③ bed
④ cad   ⑤ cae

15 조합

출제유형분석 ▶

➔ 이런 문제가 출제된다!

출제 유형	문항번호	짱 쉬운	난이도	출제가능성
조합의 수 $_nC_r$	01~02, 13~15, 25~26	○	중하	★★★★★
조합의 수 구하기	03~05, 16, 27	○	중하	★★★★☆
특정한 것을 포함하는 조합의 수	17~18	○	중	★★☆☆☆
'적어도~'를 포함하는 조합의 수	19, 28		중	★★☆☆☆
함수의 개수	06, 20, 29		중	★☆☆☆☆
직선과 대각선의 개수	07	○	중하	★☆☆☆☆
삼각형과 사각형의 개수	08~10, 21~22, 30	○	중	★★★★★
분할과 분배	11~12, 23~24	○	중	★★☆☆☆

● 짱 쉬운에 표시된 유형은 「짱 쉬운 내신 교재」에서 집중적으로 학습합니다.

➔ 이것만은 꼬~옥!

1. 조합의 수를 구할 때, 일반적으로 동시에 일어나지 않으면 합의 법칙, 동시에 일어나면 곱의 법칙을 적용한다.
2. 삼각형 또는 사각형의 개수를 구하는 유형은 세 점 또는 네 점을 택해도 구하는 도형이 안되는 경우를 반드시 생각하자.
3. 분할과 분배의 문제는 교육과정이라고 보기는 어렵지만 생각하기 자료 등에 나오므로 출제에 대비하자.

핵심개념 살피기

① $_nC_r$의 계산

(1) $_nC_r = \dfrac{_nP_r}{r!} = \dfrac{n!}{r!(n-r)!}$ (단, $0 \le r \le n$)

(2) $_nC_0 = 1$, $_nC_n = 1$

(3) $_nC_r = {}_nC_{n-r}$ (단, $0 \le r \le n$)

(4) $_nC_r = {}_{n-1}C_{r-1} + {}_{n-1}C_r$ (단, $1 \le r \le n-1$)

② 특정한 것을 포함하거나 포함하지 않는 조합의 수

서로 다른 n개에서 r개를 뽑을 때

(1) 특정한 k개를 포함하여 r개를 뽑는 방법의 수

➡ $_{n-k}C_{r-k}$

(2) 특정한 k개를 제외하고 r개를 뽑는 방법의 수

➡ $_{n-k}C_r$

③ 직선과 대각선의 개수

(1) 서로 다른 n개의 점 중에서 어느 세 점도 한 직선 위에 있지 않을 때, 주어진 점으로 만들 수 있는 서로 다른 직선의 개수 ➡ $_nC_2$

(2) n각형의 대각선의 개수

➡ (n개의 꼭짓점 중에서 2개를 택하는 경우의 수)

$-$(변의 개수 n)

$= {}_nC_2 - n$

④ 삼각형과 사각형의 개수

(1) 서로 다른 n개의 점 중에서 어느 세 점도 한 직선 위에 있지 않을 때 만들 수 있는 삼각형의 개수 ➡ $_nC_3$

(2) 한 직선 위에 있지 않은 서로 다른 n개의 점으로 만들 수 있는 사각형의 개수 ➡ $_nC_4$

(3) m개의 평행선과 n개의 평행선이 만날 때, 이 평행선으로 만들어지는 평행사변형의 개수 ➡ $_mC_2 \times {}_nC_2$

⑤ 함수의 개수

함수 $f : X \longrightarrow Y$에 대하여

$n(X) = p$, $n(Y) = q$ $(p \le q)$이고, $a \in X$, $b \in X$일 때,

(1) 일대일함수의 개수 ➡ $_qP_p$

(2) $a < b$이면 $f(a) < f(b)$인 함수의 개수 ➡ $_qC_p$

01

$_4P_2+_4C_2$의 값은?

① 10 ② 14 ③ 18

④ 22 ⑤ 26

02

$_nC_2=15$일 때, n의 값을 구하시오.

03

남자 4명, 여자 5명이 있는 어느 단체가 있다. 이 단체에서 남자 2명 또는 여자 2명을 뽑는 방법의 수를 구하시오.

04

1부터 10까지의 자연수 중에서 서로 다른 세 수를 뽑을 때, 뽑힌 세 수의 합이 짝수가 되는 경우의 수는?

① 40 ② 45 ③ 50

④ 55 ⑤ 60

05

어느 놀이공원에는 A, B, C 3개의 구역에 각각 3가지, 4가지, 5가지의 놀이기구가 있다. 이 중에서 2가지를 택하여 타려고 할 때, 같은 구역에서 2가지를 모두 타는 방법의 수는?

(단, 놀이기구를 타는 순서는 생각하지 않는다.)

① 18 ② 19 ③ 20

④ 21 ⑤ 22

06

집합 $X=\{1, 2, 3\}$에서 집합 $Y=\{4, 5, 6, 7\}$로의 함수 f에 대하여 $a<b$이면 $f(a)<f(b)$를 만족시키는 함수의 개수는?

① 1 ② 2 ③ 3

④ 4 ⑤ 5

07

오른쪽 그림과 같이 원 위에 같은 간격으로 8개의 점이 놓여 있다. 두 점을 이어서 만들 수 있는 서로 다른 직선의 개수는?

① 20   ② 22

③ 24   ④ 26

⑤ 28

08

어느 세 점도 한 직선 위에 있지 않은 5개의 점 중에서 세 점을 꼭짓점으로 하는 삼각형의 개수를 구하시오.

09

오른쪽 그림과 같이 정삼각형 위에 같은 간격으로 9개의 점이 놓여 있다. 이 점 중에서 3개의 점을 연결하여 만들 수 있는 삼각형의 개수는?

① 64   ② 68   ③ 72

④ 76   ⑤ 80

10

오른쪽 그림과 같은 정육각형의 꼭짓점 중에서 네 점을 이어서 만들 수 있는 사각형의 개수는?

① 12   ② 13

③ 14   ④ 15

⑤ 16

11

서로 다른 6권의 책을 1권, 2권, 3권으로 나누는 방법의 수는?

① 30   ② 40   ③ 50

④ 60   ⑤ 70

12

서로 다른 종류의 과일 7개를 2개, 2개, 3개씩 비닐팩에 포장하여 냉장고의 3개의 칸에 각각 보관하는 방법의 수는?

① 600   ② 610   ③ 620

④ 630   ⑤ 640

 기 출 문 제 맛보기

13
학교청 기출

등식 $_nP_3=12\times{_nC_2}$를 만족시키는 자연수 n의 값을 구하시오.

14 ✦빈출
학교 기출

x에 대한 이차방정식 $_nC_2x^2-{_nC_3}x+{_nC_3}=0$의 두 근을 α, β라 하자. $\alpha+\beta=2$일 때, $\alpha\beta$의 값은? (단, n은 자연수이다.)

① 1 ② 2 ③ 3

④ 4 ⑤ 5

15 ✦빈출
학교 기출

다음은 $1\le r<n$일 때,

$$_nC_r={_{n-1}C_r}+{_{n-1}C_{r-1}}$$

이 성립함을 증명하는 과정이다.

┤증 명├

$_{n-1}C_r+{_{n-1}C_{r-1}}$

$=\dfrac{(n-1)!}{r!(n-1-r)!}+\dfrac{(n-1)!}{(r-1)!(n-r)!}$

$=\dfrac{(\boxed{\text{(가)}})\times(n-1)!}{r!(n-r)!}+\dfrac{\boxed{\text{(나)}}\times(n-1)!}{r!(n-r)!}$

$=\dfrac{\boxed{\text{(다)}}\times(n-1)!}{r!(n-r)!}=\dfrac{n!}{r!(n-r)!}={_nC_r}$

$\therefore {_nC_r}={_{n-1}C_r}+{_{n-1}C_{r-1}}$

위의 과정에서 (가), (나), (다)에 알맞은 것을 각각 x, y, z라 할 때, $x+y+z$의 값은?

① $2n$ ② $2r$ ③ $2n+2r$

④ $2n!$ ⑤ $n!+2r$

16
학교 기출

A주머니에 서로 다른 파란 공이 5개, B주머니에 서로 다른 빨간 공이 n개 있을 때, 파란 공과 빨간 공을 2개씩 뽑는 방법의 수는 30이다. n의 값은?

① 3 ② 5 ③ 7

④ 9 ⑤ 11

17
교육청 기출

서로 다른 5개의 학교의 학생이 각각 2명씩 있다. 이 10명의 학생 중 임의로 3명을 선택할 때, 같은 학교의 학생이 동시에 선택되지 않을 경우의 수를 구하시오.

18
학교 기출

특별 주문한 2대의 차를 포함하여 서로 다른 10대의 차 중에서 7대를 택할 때, 특별 주문한 2대 중에서 어느 한 대만 포함시키는 방법의 수는?

① 56 ② 44 ③ 36

④ 24 ⑤ 10

19 ✦빈출
학교 기출

서로 다른 빨간 구슬이 6개, 서로 다른 파란 구슬이 4개 들어 있는 상자에서 3개의 구슬을 뽑을 때, 빨간 구슬과 파란 구슬이 반드시 한 개 이상씩 들어 있는 방법의 수는?

① 52   ② 63   ③ 74

④ 85   ⑤ 96

20
학교 기출

두 집합

$$X = \{1, 2, 3, 4, 5\}, \quad Y = \{1, 2, 3, \cdots, 10\}$$

에 대하여 다음 두 조건을 모두 만족시키는 함수 $f : X \longrightarrow Y$의 개수를 구하시오.

> (가) $x_1 \in X$, $x_2 \in X$일 때, $x_1 < x_2$이면 $f(x_1) < f(x_2)$이다.
> (나) $f(3) = 5$

ⓤ𝑝 21 ✦빈출
학교 기출

오른쪽 그림과 같이 16개의 점이 같은 간격으로 놓여 있을 때, 이 중 3개의 점을 꼭짓점으로 하여 만들 수 있는 삼각형의 개수는?

① 508   ② 510

③ 512   ④ 514

⑤ 516

22
학교 기출

오른쪽 그림과 같이 정사면체의 모서리 위에 7개의 점이 있다. 이 중에서 세 점을 연결하여 만들 수 있는 삼각형의 개수는?

① 12   ② 20

③ 32   ④ 47

⑤ 51

23
교육청 기출

서로 다른 공 4개를 남김없이 서로 다른 상자 4개에 나누어 넣으려고 할 때, 넣은 공의 개수가 1인 상자가 있도록 넣는 경우의 수는? (단, 공을 하나도 넣지 않은 상자가 있을 수 있다.)

① 220   ② 216   ③ 212

④ 208   ⑤ 204

24
학교 기출

6명의 선수가 테니스 시합을 하는데, 토너먼트 방식으로 오른쪽과 같이 대진표를 작성하려 한다. 이와 같은 대진표를 작성하는 방법의 수는?

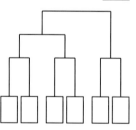

① 45   ② 90   ③ 120

④ 135   ⑤ 150

25

$_nC_2 + _{n+1}C_3 = 2 \times _nP_2$를 만족시키는 자연수 n의 값은?

(단, $n \geq 2$)

① 5   ② 6   ③ 7

④ 8   ⑤ 9

26

다음 〈보기〉의 등식 중 항상 옳은 것만을 있는대로 고른 것은?

(단, $0 \leq r \leq n$)

| 보 기 |

ㄱ. $_nC_2 = _nC_{n-2}$ $(n \geq 2)$

ㄴ. $_nP_r = _nC_r \times r!$

ㄷ. $_{n+1}C_r = _{n+1}C_{n-r}$

ㄹ. $_{n+1}C_{r+1} = _nC_{r+1} + _nC_r$

① ㄱ, ㄴ   ② ㄷ, ㄹ   ③ ㄱ, ㄹ

④ ㄱ, ㄴ, ㄷ   ⑤ ㄱ, ㄴ, ㄹ

27

남녀 8명의 학생 중에서 남학생 2명과 여학생 1명을 선발하는 서로 다른 방법의 수는 30이다. 여학생의 수의 최솟값은?

① 1   ② 2   ③ 3

④ 4   ⑤ 5

28

남녀 학생 15명으로 구성된 단체에서 3명의 대표를 뽑으려고 할 때, 적어도 한 명의 여학생을 뽑는 방법의 수는 445이다. 남학생의 수는?

① 3   ② 5   ③ 7

④ 9   ⑤ 11

29

집합 $X = \{1, 2, 3\}$에서 집합 $Y = \{1, 2, 3, 4, 5, 6, 7, 8, 9, 10\}$으로의 함수 f에 대하여 다음 두 조건을 모두 만족시키는 함수의 개수는?

㈎ $f(1) + f(2) + f(3)$은 홀수이다.

㈏ $a \in X$, $b \in X$에 대하여 $a < b$이면 $f(a) < f(b)$이다.

① 50   ② 55   ③ 60

④ 65   ⑤ 70

고난도 30

다음 그림은 가로의 길이가 4, 세로의 길이가 3인 직사각형을 한 변의 길이가 1인 정사각형 12개로 분할하여 얻은 도형이다. 도형의 선들로 만들 수 있는 사각형 중 직사각형의 개수를 a, 정사각형의 개수를 b라 할 때, $a - b$의 값은?

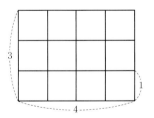

① 40   ② 44   ③ 48

④ 52   ⑤ 56

꿈을 이루려면…

찰리 패덕은 유명한 육상 선수였다. 찰리 패덕이 어느 날 클리블랜드에 있는 고등학교에서 연설을 했다.

"지금 이 강당에 미래의 올림픽 챔피언이 있을지 모릅니다."

연설을 끝난 직후 아주 야위고 볼품없이 키만 껑충 큰 한 흑인 소년이 찰리 패덕에게 다가와 수줍어하며 이렇게 말했다.

"제가 미래의 어느 날엔가 최고의 육상 선수가 될 수 있다면 저는 그 일을 위해 제 모든 것을 바치겠습니다."

이 말을 들은 찰리 패덕은 이 흑인 소년에게 열정적으로 대답했다.

"할 수 있네. 젊은이! 자네가 그것을 자네의 목표로 삼고 모든 것을 그 일에 쏟아 붓는다면 분명 그렇게 될 수 있네."

그런데 얼마 후 1936년 뮌헨올림픽에서 그 깡마르고 다리만 길었던 흑인 소년 제시 오웬즈는 세계기록을 갱신하고 금메달을 땄다.

제시 오웬즈는 기쁨을 가득 안고 고향으로 돌아왔다.

그런데 그날 키가 껑충한 다른 한 흑인 소년이 사람들 틈을 헤치고 다가와 제시 오웬즈에게 말했다.

"저도 꼭 언젠가는 육상 선수가 되어 올림픽에 나가고 싶습니다."

제시는 옛날의 자신을 생각하면서 그 소년의 손을 꼭 잡고 말했다.

"애야, 큰 꿈을 가져라. 그리고 네가 가진 모든 것을 그것에 쏟아 부어라."

이 말을 들은 해리슨 달라드도 올림픽에서 금메달리스트가 되었다.

여러분도 큰 꿈을 가지십시오.

그리고 그것을 이루기 위해 모든 것을 쏟아 붓는다면 반드시 이루어집니다.

유형 01

| 01 ④ | 02 ① | 03 14 | 04 ① | 05 ② | 06 ① | 07 ① | 08 2 | 09 ⑤ | 10 ④ | 11 ① | 12 ② | 13 ① | 14 ② | 15 ③ |
| 16 ③ | 17 8 | 18 ① | 19 ⑤ | 20 8 | 21 ② | 22 ③ | 23 ④ | 24 ④ | 25 ② | 26 -3 | 27 ② | 28 ⑤ | 29 ④ | 30 ① |

유형 02

01 7	02 ①	03 ③	04 ①	05 22	06 ③	07 ⑤	08 ④	09 ②	10 ④	11 ③	12 22	13 6	14 16	15 200
16 ⑤	17 ⑤	18 ①	19 ⑤	20 ⑤	21 ①	22 1	23 $\frac{11}{4}$	24 $3x-2y-5=0$		25 70	26 ③	27 ⑤	28 ①
29 ②	30 ②

유형 03

| 01 ② | 02 ⑤ | 03 ③ | 04 ① | 05 ⑤ | 06 ③ | 07 ② | 08 ③ | 09 ② | 10 ⑤ | 11 ① | 12 ③ | 13 ③ | 14 26 | 15 ③ |
| 16 ② | 17 ① | 18 ③ | 19 ③ | 20 ① | 21 ② | 22 ⑤ | 23 ① | 24 ② | 25 150 | 26 4 | 27 ② | 28 32 | 29 ③ | 30 ② |

유형 04

| 01 3 | 02 ⑤ | 03 30 | 04 ⑤ | 05 11 | 06 ④ | 07 16 | 08 7 | 09 ① | 10 ③ | 11 ② | 12 ④ | 13 ③ | 14 ⑤ | 15 ⑤ |
| 16 ④ | 17 15 | 18 4 | 19 ④ | 20 ③ | 21 8 | 22 4 | 23 ③ | 24 16 | 25 ⑤ | 26 ⑤ | 27 ⑤ | 28 24 | 29 ④ | 30 8 |

유형 05

| 01 ④ | 02 ⑤ | 03 ① | 04 ① | 05 32 | 06 8 | 07 ② | 08 22 | 09 ② | 10 ⑤ | 11 9 | 12 ② | 13 ④ | 14 ⑤ | 15 ⑤ |
| 16 ① | 17 8 | 18 ③ | 19 75 | 20 ② | 21 46 | 22 4 | 23 ⑤ | 24 24 | 25 ⑤ | 26 8 | 27 ⑤ | 28 ② | 29 18 | 30 85 |

유형 06

| 01 ⑤ | 02 ④ | 03 ④ | 04 ④ | 05 16 | 06 ③ | 07 ⑤ | 08 3 | 09 ⑤ | 10 ② | 11 ④ | 12 ⑤ | 13 ④ | 14 ① | 15 ⑤ |
| 16 ① | 17 81 | 18 ② | 19 ④ | 20 ② | 21 ③ | 22 ④ | 23 ④ | 24 ② | 25 ⑤ | 26 ① | 27 16 | 28 4 | 29 ③ | 30 256 |

유형 07

| 01 ③ | 02 ⑤ | 03 ① | 04 ① | 05 ② | 06 ⑤ | 07 ③ | 08 ④ | 09 ⑤ | 10 3 | 11 ② | 12 ② | 13 ③ | 14 ⑤ | 15 ② |
| 16 ③ | 17 ⑤ | 18 ④ | 19 26 | 20 ③ | 21 8 | 22 ④ | 23 ③ | 24 ④ | 25 ② | 26 ⑤ | 27 ④ | 28 ① | 29 ④ | 30 ① |

유형 08

01 ②	02 (가): 유리수, (나): n^2, (다): 서로소		03 ④	04 (가): $ab-	ab	$, (나): $\geq$, (다): $\geq$, (라): $ab\geq0$	05 ②	06 ①
07 ⑤	08 최댓값: 6, 최솟값: -6		09 ④	10 풀이 참조	11 풀이 참조	12 ⑤	13 풀이 참조	14 ③	15 ②
16 ⑤	17 ②	18 ⑤	19 ④	20 ③	21 28	22 풀이 참조	23 ⑤	24 풀이 참조	25 ③	26 ④	27 $\frac{16}{5}\pi^2$

유형 09

01 ④ 02 ⑤ 03 8 04 ① 05 ② 06 $a \leq 2$ 07 ② 08 ④ 09 ③ 10 ③ 11 ① 12 ③ 13 ④ 14 172 15 ㄱ
16 ② 17 ④ 18 ① 19 ④ 20 ② 21 ① 22 ② 23 ⑤ 24 25 25 ⑤ 26 ③ 27 1 28 ① 29 ② 30 ④

유형 10

01 ① 02 ② 03 ③ 04 ② 05 ③ 06 (1) $f(x) = -x + 4 \, (0 \leq x \leq 4)$, $g(x) = \begin{cases} 2x & (0 \leq x < 2) \\ 4 & (2 \leq x \leq 4) \end{cases}$

(2) $(g \circ f)(x) = \begin{cases} 4 & (0 \leq x \leq 2) \\ -2x + 8 & (2 < x \leq 4) \end{cases}$ 07 ② 08 ② 09 ③ 10 ① 11 ② 12 ③ 13 ③ 14 ④ 15 ①

16 (1) 풀이 참조 (2) 풀이 참조 17 ① 18 ③ 19 7 20 ④ 21 ③ 22 ① 23 ⑤ 24 90 25 10 26 ② 27 ⑤
28 3 29 ① 30 ⑤

유형 11

01 ① 02 ④ 03 ⑤ 04 ① 05 ① 06 ④ 07 ③ 08 ③ 09 5 10 ① 11 ② 12 14 13 ② 14 ③ 15 ⑤
16 −3 17 ④ 18 ② 19 ⑤ 20 4 21 ② 22 ③ 23 ③ 24 ① 25 ② 26 ③ 27 11 28 ③ 29 ① 30 ⑤

유형 12

01 ⑤ 02 ① 03 ④ 04 ④ 05 ① 06 ③ 07 ② 08 ⑤ 09 ② 10 ① 11 ② 12 7 13 ② 14 ⑤ 15 ③
16 ① 17 16 18 ② 19 48 20 ③ 21 ② 22 ① 23 ④ 24 ① 25 ㄱ, ㄷ 26 ⑤ 27 $0 < k < \dfrac{2}{3}$ 28 10
29 ⑤ 30 ③

유형 13

01 ① 02 ② 03 ③ 04 ③ 05 ② 06 ③ 07 12가지 08 ③ 09 ⑤ 10 (1) 12 (2) 12 11 ④ 12 ⑤ 13 ②
14 ⑤ 15 ④ 16 ④ 17 ③ 18 336 19 32 20 ③ 21 240 22 ⑤ 23 ① 24 ⑤ 25 ② 26 ⑤ 27 ① 28 ②
29 ④ 30 36

유형 14

01 11 02 ③ 03 ⑤ 04 ③ 05 ④ 06 ② 07 ② 08 ④ 09 ③ 10 ⑤ 11 ⑤ 12 ② 13 ① 14 84 15 ②
16 ③ 17 480 18 ③ 19 ⑤ 20 72 21 ⑤ 22 48 23 ③ 24 ④ 25 ③ 26 ③ 27 ⑤ 28 ① 29 2 30 ⑤

유형 15

01 ③ 02 6 03 16 04 ⑤ 05 ② 06 ④ 07 ⑤ 08 10 09 ③ 10 ④ 11 ④ 12 ④ 13 8 14 ② 15 ①
16 ① 17 80 18 ① 19 ⑤ 20 60 21 ⑤ 22 ③ 23 ② 24 ① 25 ④ 26 ⑤ 27 ② 28 ② 29 ③ 30 ①

짱

중요한
내신

수학(하)

정답 및 풀이

내신!
나오는 시험에
나오는 유형만
공부한다!

아름다운 샘과 함께

수학의 자신감과 최고 실력을 완성!!!

아름다운 샘과 함께

수학의 자신감과 최고 실력을 완성!!!

01 원의 방정식

본문 007~011쪽

01 ④	02 ①	03 14	04 ①
05 ②	06 ①	07 ①	08 2
09 ⑤	10 ④	11 ①	12 ②
13 ①	14 ②	15 ③	16 ③
17 8	18 ①	19 ⑤	20 8
21 ②	22 ③	23 ④	24 ④
25 ②	26 −3	27 ②	28 ⑤
29 ④	30 ①		

01 중심의 좌표가 $(-2, 1)$이고, 반지름의 길이가 2인 원의 방정식은 $(x+2)^2+(y-1)^2=4$

이 원이 x축과 만나는 점의 x좌표는 $y=0$을 대입하면

$(x+2)^2+1=4$

$\therefore x^2+4x+1=0$

따라서 α, β는 이차방정식 $x^2+4x+1=0$의 두 근이므로 근과 계수의 관계에 의하여 $\alpha+\beta=-4$

02 선분 AB의 중점은 $\left(\dfrac{1+5}{2}, 0\right)$, 즉 $(3, 0)$이고,

선분 AB를 $1:3$으로 외분하는 점은 $\left(\dfrac{1\times5-3\times1}{1-3}, 0\right)$,

즉 $(-1, 0)$이다.

두 점 $(3, 0)$, $(-1, 0)$을 지름의 양 끝점으로 하는 원의 중심의

좌표는 $\left(\dfrac{3-1}{2}, 0\right)$, 즉 $(1, 0)$이다.

또 이 원의 반지름의 길이는 $3-1=2$

따라서 구하는 원의 방정식은 $(x-1)^2+y^2=4$

03 원의 중심의 좌표가 $(-2, 3)$이고 x축에 접하므로 반지름의 길이는 3이다.

즉, 원의 방정식 $(x+2)^2+(y-3)^2=9$

$\therefore x^2+y^2+4x-6y+4=0$

이 원이 원 $x^2+y^2+ax+by+c=0$과 같으므로

$a=4$, $b=-6$, $c=4$

$\therefore a-b+c=4-(-6)+4=14$

04 $x^2+y^2-2x=0$에서 $(x-1)^2+y^2=1$

원의 넓이를 이등분하는 직선은 원의 중심 $(1, 0)$을 지나야 한다.

한편, 직선 $2x-y=5$에 수직인 직선의 기울기는 $-\dfrac{1}{2}$이다.

따라서 구하는 직선의 방정식은

$y-0=-\dfrac{1}{2}(x-1)$

$\therefore x+2y=1$

05 중심이 (a, b)이고 x축에 접하므로 반지름의 길이가 b이다.

$\therefore (x-a)^2+(y-b)^2=b^2$

이 원이 두 점 $A(0, 5)$, $B(8, 1)$을 지나므로

$a^2+(5-b)^2=b^2$ ······ ㉠

$(8-a)^2+(1-b)^2=b^2$ ······ ㉡

㉠−㉡에서 $b=2a-5$

이 식을 ㉠에 대입하면

$a^2+\{5-(2a-5)\}^2=(2a-5)^2$

$a^2-20a+75=0$

$(a-5)(a-15)=0$

$\therefore a=5$ 또는 $a=15$

$0\le a\le8$이므로 $a=5$, $b=5$

한편, 두 점 $A(0, 5)$, $B(8, 1)$을 지나는 직선의 방정식은

$y-5=\dfrac{1-5}{8-0}(x-0)$

$y-5=-\dfrac{1}{2}x$

$\therefore x+2y-10=0$

따라서 원의 중심 $(5, 5)$와 직선 $x+2y-10=0$ 사이의 거리는

$\dfrac{|5+2\times5-10|}{\sqrt{1^2+2^2}}=\dfrac{5}{\sqrt{5}}=\sqrt{5}$

06

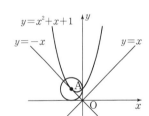

구하는 원의 중심의 좌표 (a, b)는 $y=x^2+x+1$ 위에 있으므로

$b=a^2+a+1$ ······ ㉠

또 원이 x축과 y축에 동시에 접하면 중심은 직선 $y=x$ 또는

직선 $y=-x$ 위에 있으므로 $a=b$ 또는 $a=-b$이고, 반지름의

길이는 $|a|$이다.

(i) $a=b$ $(a>0)$일 때

원의 중심 (a, a), 반지름의 길이 a

㉠에 대입하면 $a=a^2+a+1$

$\therefore a^2+1=0$

이때, 만족하는 실수 a는 없다.

(ii) $a=-b$ $(a<0)$일 때

㉠에 대입하면 $-a=a^2+a+1$

$a^2+2a+1=0$

$(a+1)^2=0$

$\therefore a=-1$

따라서 중심의 좌표는 $(-1, 1)$이고, 반지름의 길이는

$|-1|=1$이므로 원의 방정식은

$(x+1)^2+(y-1)^2=1$

$\therefore a=-1$, $b=1$, $c=1$

$\therefore a+b+c=1$

07 삼각형 PQR가 직각삼각형이므로
외접원의 중심은 선분 PR의 중점
$\left(\dfrac{1+4}{2}, \dfrac{0+4}{2}\right)$, 즉 $\left(\dfrac{5}{2}, 2\right)$이다.

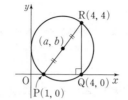

$\therefore a=\dfrac{5}{2}, b=2$

한편, 이 원의 반지름의 길이 r는

$r=\dfrac{1}{2}\overline{PR}=\dfrac{1}{2}\sqrt{(4-1)^2+4^2}=\dfrac{5}{2}$

$\therefore a+b-r=\dfrac{5}{2}+2-\dfrac{5}{2}=2$

08 두 원의 중심의 좌표는 각각 $(1, 0)$, $(-3, 3)$이므로
두 원의 중심 사이의 거리는 $\sqrt{(-3-1)^2+(3-0)^2}=5$이고,
반지름의 길이는 각각 1, r이다.
따라서 선분 PQ의 길이의 최솟값은 $5-(1+r)=2$
$\therefore r=2$

09 $x^2+y^2-2y-3=0$에서 $x^2+(y-1)^2=4$
즉, 원의 중심이 $C(0, 1)$이고 반지름의 길이가 2인 원이다.
그림과 같이 선분 PQ가 원의 중심
$C(0, 1)$을 지날 때, 두 점 P와
$Q(-3, 2)$ 사이의 거리는 최대가 된다. 따라서 구하는 최댓값은

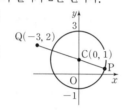

$\overline{QC}+\overline{CP}=\sqrt{(-3)^2+(2-1)^2}+2$
$\qquad\qquad\quad=\sqrt{10}+2$

10 두 원 $x^2+y^2=1$,
$(x-a)^2+(y-b)^2=4$가 외접하므로 두
원의 중심 사이의 거리는 두 원의 반지름의
길이의 합과 같다.

$\sqrt{a^2+b^2}=1+2=3$
$\therefore a^2+b^2=9$

11 원 $x^2+y^2=16$은 중심이 $(0, 0)$, 반지름의 길이가 4이고
원 $(x-a)^2+(y-b)^2=1$은 중심이 (a, b), 반지름의 길이가
1이므로 두 원이 외접하려면, 두 원의 중심 사이의 거리가 각각
의 원의 반지름의 길이의 합과 같아야 한다. 즉,
$\sqrt{a^2+b^2}=4+1=5$
$\therefore a^2+b^2=5^2$
따라서 점 (a, b)가 그리는 도형은 중심이 $(0, 0)$이고 반지름
의 길이가 5인 원이므로 이 도형의 길이는 $2\pi\times5=10\pi$

12

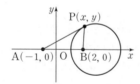

점 P의 좌표를 (x, y)라 하면
$\overline{AP}:\overline{BP}=2:1$이므로 $\overline{AP}=2\overline{BP}$
$\sqrt{(x+1)^2+y^2}=2\sqrt{(x-2)^2+y^2}$
양변을 제곱하여 정리하면
$(x+1)^2+y^2=4(x-2)^2+4y^2$
$\therefore x^2-6x+y^2+5=0$
따라서 점 P가 나타내는 도형의 방정식은
$(x-3)^2+y^2=4$

다른 풀이

아폴로니우스의 원이므로 두 점 $A(-1, 0)$, $B(2, 0)$을 이은
선분 AB를 $2:1$로 내분하는 점 $C(1, 0)$과 $2:1$로 외분하는
점 $D(5, 0)$을 지름의 양 끝점으로 하는 원이다.
따라서 선분 CD의 중점 $M(3, 0)$이 원의 중심이고 반지름의
길이는 $\dfrac{1}{2}\overline{CD}=2$이므로 도형의 방정식은
$(x-3)^2+y^2=4$

13 선분 AB의 수직이등분선을 l이라 하면
직선 l은 선분 AB의 중점 $M\left(2, \dfrac{a+1}{2}\right)$을 지나고,
주어진 원의 넓이를 이등분하므로 원의 중심 $(-2, 5)$를 지난다.

직선 l의 기울기는 $\dfrac{\dfrac{a+1}{2}-5}{2-(-2)}=\dfrac{a-9}{8}$

직선 AB의 기울기는 $\dfrac{a-1}{3-1}=\dfrac{a-1}{2}$

두 직선이 서로 수직이므로 $\dfrac{a-9}{8}\times\dfrac{a-1}{2}=-1$
$(a-9)(a-1)=-16$
$(a-5)^2=0$
$\therefore a=5$

14 원이 두 직선에 의해 4등분되려면 두 직선은 모두 원의 중심
$(1, 2)$를 지나고 서로 수직이면 된다.

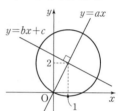

즉, $a=2$, $b=-\dfrac{1}{2}$이고 $y=bx+c$가 점 $(1, 2)$를 지나므로

$y=-\dfrac{1}{2}(x-1)+2=-\dfrac{1}{2}x+\dfrac{5}{2}$

$\therefore c=\dfrac{5}{2}$

$\therefore abc=2\times\left(-\dfrac{1}{2}\right)\times\dfrac{5}{2}=-\dfrac{5}{2}$

15 $x^2+y^2-6x+2ky+6k-9=0$
$(x-3)^2+(y+k)^2=-6k+9+9+k^2$
$r^2=(k-3)^2+9$이므로 원의 넓이가 최소인 경우는 $k=3$일 때
반지름의 길이가 $r=3$이고, 이때 원의 중심은 $(3, -3)$이다.
$\therefore a+r=(-3)+3=0$

16 $x^2+y^2-10x=0$에서 $(x-5)^2+y^2=25$
그림과 같이 원의 중심을 $C(5, 0)$이라 하고 점 $A(1, 0)$을 지
나는 직선과 원이 만나는 두 점을 각각 P, Q라 하자.
현 PQ의 길이가 최소일 때는
$\overline{CA}\perp\overline{PQ}$일 때이고,
$\overline{PQ}=2\overline{AP}$이다.
직각삼각형 ACP에서

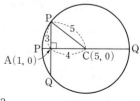

$\overline{CA}=4$, $\overline{CP}=5$이므로
$\overline{AP}=\sqrt{\overline{CP}^2-\overline{CA}^2}=\sqrt{5^2-4^2}=3$
$\therefore \overline{PQ}=2\overline{AP}=6$

즉, 현 PQ의 길이의 최솟값은 6이다.

한편, 현 PQ의 길이가 최대일 때는 현 PQ가 지름일 때이므로 현 PQ의 길이의 최댓값은 10이다.

즉, 현의 길이가 자연수인 경우는 6, 7, 8, 9, 10이다.

현의 길이가 7, 8, 9인 현은 각각 2개씩 존재하고, 길이가 6, 10인 현은 각각 1개씩 존재하므로 구하는 현의 개수는

$3 \times 2 + 2 \times 1 = 8$

17 주어진 조건을 만족시키는 두 원은 제2사분면 위에 있으므로 원의 반지름의 길이를 $r(r>0)$라 하면 중심의 좌표는 $(-r, r)$이다.

즉, 구하는 원의 방정식은

$(x+r)^2 + (y-r)^2 = r^2$

이 원이 점 $(-3, 1)$을 지나므로 $(-3+r)^2 + (1-r)^2 = r^2$

$\therefore r^2 - 8r + 10 = 0$

이 이차방정식의 두 근을 r_1, r_2라 하면 r_1, r_2는 주어진 조건을 만족시키는 두 원의 반지름의 길이이다. 따라서 구하는 두 원의 반지름의 길이의 합은 이차방정식의 근과 계수의 관계에 의하여

$r_1 + r_2 = 8$

18 A공장의 위치를 원점으로 하여 세 공장의 위치를 좌표평면 위에 나타내면 $A(0, 0)$, $B(-2, 0)$, $C(2, -4)$이고 물류창고의 위치는 삼각형 ABC의 외심이다.

세 점 A, B, C를 지나는 원의 방정식을

$x^2 + y^2 + ax + by + c = 0$이라 하면 이 원이 세 점 $A(0, 0)$, $B(-2, 0)$, $C(2, -4)$를 지나므로 차례대로 대입하여 정리하면

$c = 0$ ······ ㉠

$4 - 2a + c = 0$ ······ ㉡

$4 + 16 + 2a - 4b + c = 0$ ······ ㉢

㉠, ㉡, ㉢을 연립하여 풀면

$a = 2$, $b = 6$, $c = 0$

즉, 원의 방정식 $x^2 + y^2 + 2x + 6y = 0$

$\therefore (x+1)^2 + (y+3)^2 = 10$

따라서 구하는 거리는 $\sqrt{10}$ (km)이다.

19 원 $(x-2)^2 + (y+3)^2 = 9$의 중심의 좌표는 $(2, -3)$이고 반지름의 길이는 3이다.

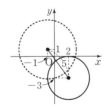

두 원의 중심 $(-1, 1)$과 $(2, -3)$ 사이의 거리는

$\sqrt{(-1-2)^2 + (1+3)^2} = 5$

두 원이 서로 만나야 하므로

$|r-3| \leq 5 \leq r+3$

$\therefore 2 \leq r \leq 8$

따라서 r의 최댓값과 최솟값의 합은 10이다.

20 $(x-5)^2 + y^2 = 9$의 반지름의 길이를 r_1, $(x-n)^2 + y^2 = 1$의 반지름의 길이를 r_2, 두 원의 중심 사이의 거리를 d라 하면

$r_1 + r_2 = 4$, $r_1 - r_2 = 2$, $d = |n-5|$

(i) $n = 1$, 9일 때

$d = 4$이므로 $r_1 + r_2 = d$이다.

따라서 두 원이 외접하므로 교점의 개수는 1

(ii) $n = 2$, 8일 때

$d = 3$이므로 $r_1 - r_2 < d < r_1 + r_2$이다.

따라서 두 원이 서로 다른 두 점에서 만나므로 교점의 개수는 2

(iii) $n = 3$, 7일 때

$d = 2$이므로 $r_1 - r_2 = d$이다.

따라서 두 원이 내접하므로 교점의 개수는 1

(iv) $n = 4$, 5, 6일 때

$d = 1$ 또는 $d = 0$이므로 $r_1 - r_2 > d$이다.

따라서 한 원이 다른 원의 내부에 있으므로 교점의 개수는 0

(v) $n = 10$일 때

$d = 5$이므로 $r_1 + r_2 < d$이다.

따라서 한 원이 다른 원의 외부에 있으므로 교점의 개수는 0

(i)~(v)에 의하여

$P(1) + P(2) + P(3) + \cdots + P(10) = 8$

21 $x^2 + y^2 + 2x + 2ay - 6 = 0$에서

$(x+1)^2 + (y+a)^2 = 7 + a^2$ ······ ㉠

$x^2 + y^2 - 4y = 0$에서

$x^2 + (y-2)^2 = 4$ ······ ㉡

$7 + a^2 > 4$이므로 원 ㉠이 원 ㉡의 둘레를 이등분한다.

즉, 두 원의 교점을 지나는 직선의 방정식이 원 ㉡의 중심 $(0, 2)$를 지난다.

두 원의 교점을 지나는 직선의 방정식은

$x^2 + y^2 + 2x + 2ay - 6 - (x^2 + y^2 - 4y) = 0$

$\therefore x + (a+2)y - 3 = 0$

이 직선이 원 ㉡의 중심 $(0, 2)$를 지나므로

$0 + (a+2) \times 2 - 3 = 0$

$\therefore a = -\dfrac{1}{2}$

22

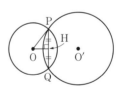

그림과 같이 두 원 $x^2 + y^2 = 1$과 $x^2 + y^2 - 6x - 8y + 4 = 0$의 중심을 각각 O, O′이라 하자.

두 원의 교점을 P, Q라 하고 점 O에서 선분 PQ에 내린 수선의 발을 H라 하면 H는 선분 PQ의 중점이므로 $\overline{PQ} = 2\overline{PH}$

한편, 두 원의 공통현의 방정식은

$x^2 + y^2 - 1 - (x^2 + y^2 - 6x - 8y + 4) = 0$

$\therefore 6x + 8y - 5 = 0$ ······ ㉠

선분 OH의 길이는 원 $x^2 + y^2 = 1$의 중심 $O(0, 0)$에서 직선 ㉠까지의 거리이므로

$\overline{OH} = \dfrac{|-5|}{\sqrt{6^2 + 8^2}} = \dfrac{5}{10} = \dfrac{1}{2}$

직각삼각형 OPH에서

$\overline{PH} = \sqrt{\overline{OP}^2 - \overline{OH}^2} = \sqrt{1^2 - \left(\dfrac{1}{2}\right)^2} = \dfrac{\sqrt{3}}{2}$

$\therefore \overline{PQ} = 2\overline{PH} = \sqrt{3}$

23 점 $P(x, y)$일 때
$\overline{AP} : \overline{BP} = 2 : 1$이므로 $\overline{AP}^2 = 4\overline{BP}^2$
$(x-2)^2 + (y-1)^2 = 4(x+4)^2 + 4(y+2)^2$
$x^2 - 4x + y^2 - 2y + 5 = 4x^2 + 32x + 64 + 4y^2 + 16y + 16$
$3x^2 + 36x + 3y^2 + 18y + 75 = 0$
$x^2 + 12x + y^2 + 6y + 25 = 0$
$(x+6)^2 + (y+3)^2 = 20$
따라서 원의 넓이는 20π이다.

24 원 $x^2 + y^2 - 2x - 4y + 1 = 0$에서 $(x-1)^2 + (y-2)^2 = 4$
원 위의 점을 $Q(r, s)$라 하면
$(r-1)^2 + (s-2)^2 = 4$ ...... ㉠
선분 AQ의 중점 P의 좌표를 (X, Y)라 하면
$X = \dfrac{r+1}{2}$, $Y = \dfrac{s-2}{2}$
$r = 2X - 1$, $s = 2Y + 2$이므로
㉠에 대입하면 $(2X-2)^2 + (2Y)^2 = 4$
따라서 $(x-1)^2 + y^2 = 1$에서 $x^2 + y^2 - 2x = 0$이므로
$a = -2$, $b = 0$, $c = 0$
$\therefore a + b + c = -2$

25 선분 AB를 $3:2$로 외분하는 점 C의 좌표를 (x, y)라 하면
$x = \dfrac{3 \times 2 - 2 \times 1}{3 - 2} = 4$
$y = \dfrac{3 \times 1 - 2 \times 3}{3 - 2} = -3$
$\therefore C(4, -3)$
원의 중심은 선분 BC의 중점이므로
$a = \dfrac{2+4}{2} = 3$
$b = \dfrac{1+(-3)}{2} = -1$
$\therefore a + b = 3 + (-1) = 2$

26 △PAB의 넓이가 최대가 되려면 직선 AB에서 원 위의 한 점 P가 가장 멀리 떨어져 있어야 하므로 점 P는 선분 AB의 수직이등분선과 원의 교점이며, 선분 AB의 수직이등분선은 원의 중심을 지난다.
선분 AB의 기울기는 $\dfrac{6 - (-4)}{2 - (-8)} = 1$이므로 선분 AB에 수직인 직선의 기울기는 -1이다.
따라서 기울기가 -1이고 원 $(x+8)^2 + (y-6)^2 = 10^2$의 중심 $(-8, 6)$을 지나는 직선의 방정식은 $y - 6 = -1 \times (x+8)$
$\therefore y = -x - 2$
$\therefore a + b = -1 - 2 = -3$

27 $x^2 + y^2 - 2x - 4y - 7 = 0$에서 $(x-1)^2 + (y-2)^2 = 12$
원의 넓이를 이등분하는 직선은 원의 중심 $(1, 2)$를 지나야 한다.
또한, 네 직선 $x = -6$, $x = 0$, $y = -4$, $y = -2$로 둘러싸인 직사각형의 넓이를 이등분하는 직선은 직사각형의 두 대각선의 교점 $(-3, -3)$을 지나야 한다.
따라서 두 점 $(1, 2)$, $(-3, -3)$을 지나는 직선의 방정식은
$y - 2 = \dfrac{-3-2}{-3-1}(x-1)$
$\therefore y = \dfrac{5}{4}x + \dfrac{3}{4}$

28 $x^2 + y^2 - 8x - 2y = a - 15$에서 $(x-4)^2 + (y-1)^2 = a + 2$
중심이 $(4, 1)$이고, 반지름의 길이가 $\sqrt{a+2}$인 원이다.
원이 x축과 만나려면
$\sqrt{a+2} \geq 1$, $a \geq -1$ ...... ㉠
원이 y축과 만나지 않으려면
$0 < \sqrt{a+2} < 4$, $-2 < a < 14$ ...... ㉡
㉠, ㉡을 동시에 만족시키는 a의 값의 범위는 $-1 \leq a < 14$
따라서 정수 a의 개수는 $-1, 0, 1, \cdots, 13$의 15이다.

29

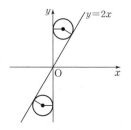

반지름의 길이가 1이고, y축과 직선 $y = 2x$에 동시에 접하는 원은 위의 그림과 같다. 중심과 y축 사이의 거리가 1이므로 중심의 좌표는 $(1, \alpha)$, $(-1, \beta)$이다. (단, $\alpha > 0$, $\beta < 0$)
또, 원의 중심에서 직선 $2x - y = 0$까지의 거리가 1이다.
(i) $(1, \alpha)$일 때
$\dfrac{|2 - \alpha|}{\sqrt{2^2 + (-1)^2}} = 1$
$\therefore \alpha = 2 + \sqrt{5}$ ($\because \alpha > 0$)
(ii) $(-1, \beta)$일 때
$\dfrac{|-2 - \beta|}{\sqrt{2^2 + (-1)^2}} = 1$
$\therefore \beta = -2 - \sqrt{5}$ ($\because \beta < 0$)
$\therefore \alpha - \beta = (2 + \sqrt{5}) - (-2 - \sqrt{5}) = 4 + 2\sqrt{5}$

30 두 교점을 지나는 직선은
$x^2 + y^2 + 2ay + a^2 - 4 - (x^2 + y^2 + 2x - 8) = 0$
$x^2 + y^2 + 2ay + a^2 - 4 - x^2 - y^2 - 2x + 8 = 0$
$-2x + 2ay + a^2 + 4 = 0$
$y = \dfrac{1}{a}x - \dfrac{a^2 + 4}{2a}$ ($a \neq 0$)
이 직선이 직선 $y = 6x - 2$와 평행하므로
$\dfrac{1}{a} = 6$
$\therefore a = \dfrac{1}{6}$

01 7	**02** ①	**03** ③	**04** ①
05 22	**06** ③	**07** ⑤	**08** ④
09 ②	**10** ④	**11** ③	**12** 22
13 6	**14** 16	**15** 200	**16** ⑤
17 ⑤	**18** ①	**19** ⑤	**20** ⑤
21 ①	**22** 1	**23** $\frac{11}{4}$	
24 $3x-2y-5=0$		**25** 70	**26** ③
27 ⑤	**28** ①	**29** ②	**30** ②

01 $y=-x+k$를 $(x-2)^2+(y+3)^2=5$에 대입하여 정리하면
$2x^2-2(k+5)x+(k^2+6k+8)=0$ ······ ㉠
㉠의 판별식을 D라 하고 서로 다른 두 점에서 만나려면
㉠이 서로 다른 두 실근을 가져야 하므로
$\frac{D}{4}=-k^2-2k+9>0$
$k^2+2k-9<0$
따라서 $-1-\sqrt{10}<k<-1+\sqrt{10}$이므로 정수 k의 개수는
-4, -3, -2, -1, 0, 1, 2의 7이다.

02 $x^2+y^2+6x-4y+9=0$에서 $(x+3)^2+(y-2)^2=4$
즉, 원의 중심이 $(-3, 2)$이고 반지름의 길이가 2인 원이다.
이 원에 직선 $y=mx$가 접하므로 원의 중심 $(-3, 2)$와 직선 $mx-y=0$ 사이의 거리는 반지름의 길이 2와 같다.
$\frac{|-3m-2|}{\sqrt{m^2+(-1)^2}}=2$
$|3m+2|=2\sqrt{m^2+1}$
양변을 제곱하면 $(3m+2)^2=4(m^2+1)$
$5m^2+12m=0$
$m(5m+12)=0$
$\therefore m=0$ 또는 $m=-\frac{12}{5}$
따라서 모든 m의 값의 합은 $-\frac{12}{5}$이다.

03 구하는 원의 반지름의 길이를 r라 하면 원이 x축에 접하므로 중심의 좌표는 $(3, r)$이다.
구하는 원과 직선 $4x-3y=0$이 접하므로 원의 중심 $(3, r)$과 직선 $4x-3y=0$ 사이의 거리는 반지름의 길이 r와 같다.
$\frac{|12-3r|}{\sqrt{4^2+(-3)^2}}=r$, $|3r-12|=5r$
$3r-12=\pm5r$
$\therefore r=\frac{3}{2}$ $(\because r>0)$
따라서 원의 중심이 $\left(3, \frac{3}{2}\right)$이고 반지름의 길이가 $\frac{3}{2}$인 원의 방정식은
$(x-3)^2+\left(y-\frac{3}{2}\right)^2=\left(\frac{3}{2}\right)^2$
$\therefore x^2+y^2-6x-3y+9=0$

04 $x^2+y^2-4y=0$에서 $x^2+(y-2)^2=4$
즉, 원의 중심이 $C(0, 2)$이고 반지름의 길이가 2인 원이다.
그림과 같이 점 P가 원과 선분 CH의 교점에 있을 때 선분 PH의 길이가 최소가 된다.

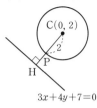

선분 CH의 길이는 원의 중심 $C(0, 2)$와 직선 $3x+4y+7=0$ 사이의 거리이므로
$\overline{CH}=\frac{|4\times2+7|}{\sqrt{3^2+4^2}}=3$
따라서 선분 PH의 길이의 최솟값은
$\overline{CH}-\overline{CP}=3-2=1$

05 원점에서의 거리가 최대인 직선 l은 원점과 점 $(3, 4)$를 연결한 직선과 수직으로 만나야 한다.
점 $(3, 4)$를 지나는 직선 l의 방정식을 $y=a(x-3)+4$라 할 때
원점과 점 $(3, 4)$를 연결한 직선의 기울기는 $\frac{4}{3}$이므로
$a=-\frac{3}{4}$
따라서 직선 l의 방정식을 정리하면
$3x+4y-25=0$
원의 중심 $(7, 5)$와 직선 l 사이의 거리는
$\frac{|21+20-25|}{\sqrt{9+16}}=\frac{16}{5}$
원의 반지름의 길이가 1이므로 원 위의 점 P와 직선 l 사이의 거리의 최솟값은
$m=\frac{16}{5}-1=\frac{11}{5}$
$\therefore 10m=22$

06 원 $x^2+y^2=5$에 대하여 기울기가 2인 접선의 방정식은
$m=2$, $r=\sqrt{5}$이므로
$y=2x\pm\sqrt{5}\times\sqrt{2^2+1}=2x\pm5$
즉, $2x-y+5=0$ 또는 $2x-y-5=0$
$\therefore a=2, b=5$ 또는 $a=2, b=-5$
$\therefore a^2+b^2=4+25=29$

다른풀이
기울기가 2인 접선의 방정식을 $y=2x+k$라 하면 원 $x^2+y^2=5$의 중심 $(0, 0)$과 직선 $2x-y+k=0$ 사이의 거리는 반지름의 길이 $\sqrt{5}$와 같으므로
$\frac{|k|}{\sqrt{2^2+(-1)^2}}=\sqrt{5}$
$\therefore k=\pm5$
따라서 접선의 방정식은
$2x-y+5=0$ 또는 $2x-y-5=0$
$\therefore a=2, b=5$ 또는 $a=2, b=-5$
$\therefore a^2+b^2=4+25=29$

07 직선 $x+\sqrt{3}y+1=0$의 기울기는 $-\frac{1}{\sqrt{3}}$이므로 이 직선에 수직인 접선의 기울기는 $\sqrt{3}$이다.
원 $x^2+y^2=1$의 반지름의 길이가 1이므로 접선의 방정식은
$y=\sqrt{3}x\pm\sqrt{(\sqrt{3})^2+1}$
$\therefore y=\sqrt{3}x\pm2$

08 원 $x^2+y^2=20$ 위의 점 $A(2, 4)$를 지나는 접선의 방정식은
$2x+4y=20$이므로 $x+2y=10$
x축과의 교점의 좌표는 $(10, 0)$
y축과의 교점의 좌표는 $(0, 5)$
따라서 둘러싸인 도형의 넓이는
$\dfrac{1}{2} \times 10 \times 5 = 25$

09 접선 $y=mx+n$이 점 $(-6, 0)$을 지나므로 $0=-6m+n$
$\therefore n=6m$ ······ ㉠
한편, 접선 $y=mx+n$이 원 $x^2+y^2=9$에 접하므로 원의 중심
$(0, 0)$과 접선 $mx-y+n=0$ 사이의 거리는 반지름의 길이가 3
과 같다.
$\dfrac{|n|}{\sqrt{m^2+(-1)^2}}=3$
$|n|=3\sqrt{m^2+1}$
양변을 제곱하면
$n^2=9(m^2+1)$ ······ ㉡
㉠을 ㉡에 대입하면
$36m^2=9(m^2+1)$, $m^2=\dfrac{1}{3}$
$\therefore m=\pm\dfrac{\sqrt{3}}{3}$
이 값을 ㉠에 대입하면 $n=\pm2\sqrt{3}$
$\therefore mn=\left(\pm\dfrac{\sqrt{3}}{3}\right)(\pm2\sqrt{3})$ (복부호 동순)$=2$

10
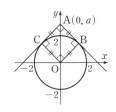
그림과 같이 두 접점을 B, C라 하자.
원의 중심과 접점을 이은 선분은 접선에 수직이고 원 밖의 점
A와 두 접점 B, C 사이의 거리는 서로 같다.
$\angle A=90°$이므로 사각형 OBAC는 한 변의 길이가 2인 정사각
형이다.
$\therefore a=\overline{OA}=\sqrt{2}\times\overline{OB}=2\sqrt{2}$

11 오른쪽 그림과 같이 직선 AP가 원에
접할 때 기울기가 최대이다. 따라서
점 $A(2, -4)$를 지나는 접선의 기울
기를 m이라 하면 접선의 방정식은
$y=m(x-2)-4$
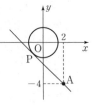
직선 $y=m(x-2)-4$, 즉
$mx-y-2m-4=0$과 원 $x^2+y^2=2$의 중심 $(0, 0)$ 사이의 거
리는 반지름의 길이 $\sqrt{2}$와 같으므로
$\dfrac{|-2m-4|}{\sqrt{m^2+(-1)^2}}=\sqrt{2}$
$|-2m-4|=\sqrt{2m^2+2}$
양변을 제곱하면
$4m^2+16m+16=2m^2+2$
$m^2+8m+7=0$, $(m+1)(m+7)=0$
$\therefore m=-1$ 또는 $m=-7$

따라서 직선 AP의 기울기의 최댓값은 -1이다.

12
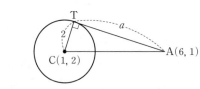
$x^2+y^2-2x-4y+1=0$에서
$(x-1)^2+(y-2)^2=4$
즉, 원의 중심을 $C(1, 2)$라 하면 $\overline{CT}=2$이고
$\overline{AC}^2=(6-1)^2+(1-2)^2=25+1=26$
따라서 삼각형 CAT는 직각삼각형이므로
$a^2=\overline{AT}^2=\overline{AC}^2-\overline{CT}^2=26-4=22$

13 $x^2+y^2-6y-7=0$에서 $x^2+(y-3)^2=16$
즉, 직선 $y=\sqrt{3}x+k$가 원 $x^2+(y-3)^2=16$에 접하므로 원의
중심 $(0, 3)$과 직선 $\sqrt{3}x-y+k=0$ 사이의 거리는 원의 반지
름의 길이와 같다.
즉, $\dfrac{|-3+k|}{\sqrt{3+1}}=4$에서 $|k-3|=8$
$k-3=8$ 또는 $k-3=-8$
$\therefore k=11$ 또는 $k=-5$
따라서 모든 실수 k의 값의 합은 6이다.

14
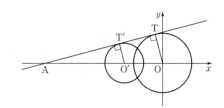
그림과 같이 두 원의 중심을 각각 $O(0, 0)$, $O'(-4, 0)$, 두
접점을 각각 T, T', 직선과 x축의 교점을 A라 하면 삼각형
AOT와 삼각형 AO'T'은 닮음이고 $\overline{OT}=3$, $\overline{O'T'}=2$이므로
닮음비는 $3:2$이다.
점 A의 좌표를 $(-a, 0)$ (단, $a>0$)이라 하면
$\overline{AO}=a$, $\overline{AO'}=a-4$이므로
$\overline{AO}:\overline{AO'}=3:2$에서 $a:(a-4)=3:2$
$2a=3(a-4)$
$\therefore a=12$
즉, 직선 $y=mx+n$이 점 $A(-12, 0)$을 지나므로
$-12m+n=0$
$\therefore n=12m$ ······ ㉠
한편, 원의 중심 $O(0, 0)$과 직선 $mx-y+n=0$ 사이의 거리
는 반지름의 길이 3과 같으므로
$\dfrac{|n|}{\sqrt{m^2+(-1)^2}}=3$
$|n|=3\sqrt{m^2+1}$
양변을 제곱하면
$n^2=9(m^2+1)$ ······ ㉡
㉠을 ㉡에 대입하면
$(12m)^2=9(m^2+1)$
$144m^2=9m^2+9$

$m^2 = \dfrac{9}{135} = \dfrac{1}{15}$

$\therefore m = \pm \dfrac{\sqrt{15}}{15}$

이 값을 ㉠에 대입하면 $n = \pm \dfrac{4\sqrt{15}}{5}$

$\therefore 20mn = 20 \times \left(\pm \dfrac{\sqrt{15}}{15}\right)\left(\pm \dfrac{4\sqrt{15}}{5}\right)$ (복부호 동순) $=16$

15 원의 중심이 이차함수 $y = x^2$ 위에 있으므로 중심의 좌표를 (n, n^2)이라 하자.

원이 y축에 접하므로 반지름의 길이는 $|n|$이다.

즉, 직선 $y = \sqrt{3}x - 2$가 원에 접하므로 원의 중심 (n, n^2)과 직선 $y - \sqrt{3}x + 2 = 0$ 사이의 거리는 반지름의 길이 $|n|$과 같다.

$\dfrac{|n^2 - \sqrt{3}n + 2|}{\sqrt{1^2 + (-\sqrt{3})^2}} = |n|$

$n^2 - \sqrt{3}n + 2 = \pm 2n$

실근을 갖는 이차방정식은 $n^2 - (2+\sqrt{3})n + 2 = 0$

두 근이 a, b이므로 근과 계수의 관계에 의하여 $ab = 2$

$\therefore 100ab = 200$

16 원의 중심 $(0, 0)$에서 직선 $x - y - 2\sqrt{6} = 0$까지의 거리는

$\dfrac{|0 - 0 - 2\sqrt{6}|}{\sqrt{1^2 + (-1)^2}} = 2\sqrt{3}$

이므로 정삼각형의 높이가 가장 클 때는

$2\sqrt{3} + (\text{반지름의 길이}) = 2\sqrt{3} + \sqrt{3} = 3\sqrt{3}$

이때, 정삼각형의 한 변의 길이를 a라 하면

$(\text{높이}) = \dfrac{\sqrt{3}}{2}a = 3\sqrt{3}$ $\therefore a = 6$

따라서 정삼각형의 넓이의 최댓값은

$\dfrac{\sqrt{3}}{4} \times 6^2 = 9\sqrt{3}$

참고 정삼각형의 넓이

한 변의 길이가 a인 정삼각형의 넓이 S는 $S = \dfrac{\sqrt{3}}{4}a^2$

17 원 C 위의 점 $\mathrm{P}(a, b)$에 대하여 삼각형 PAB의 무게중심의 좌표를 (x, y)라 하면

$x = \dfrac{a+4+1}{3}$, $y = \dfrac{b+3+7}{3}$

$a = 3x - 5$, $b = 3y - 10$ ...... ㉠

점 P는 원 C 위의 점이므로

$(a-1)^2 + (b-2)^2 = 4$ ...... ㉡

㉠을 ㉡에 대입하여 정리하면

$(x-2)^2 + (y-4)^2 = \left(\dfrac{2}{3}\right)^2$

직선 AB의 방정식은 $4x + 3y - 25 = 0$이므로 삼각형 PAB의 무게중심이 그리는 원의 중심 $(2, 4)$와 직선 AB 사이의 거리는

$\dfrac{|8 + 12 - 25|}{\sqrt{4^2 + 3^2}} = 1$

따라서 구하는 거리의 최솟값은 $1 - \dfrac{2}{3} = \dfrac{1}{3}$

18 원 $x^2 + y^2 = 5$ 위의 점 $(-2, 1)$에서의 접선의 방정식은

$-2x + y = 5$

이고, 원 $x^2 + y^2 - 2ax - 6ay + 11a^2 - 12a + 15 = 0$에서

$(x-a)^2 + (y-3a)^2 = -a^2 + 12a - 15$

이 원과 직선이 서로 다른 두 점에서 만나므로 원의 중심 $(a, 3a)$에서 직선 $2x - y + 5 = 0$까지의 거리가 반지름의 길이 $\sqrt{-a^2 + 12a - 15}$보다 작다.

$\therefore \dfrac{|2a - 3a + 5|}{\sqrt{5}} < \sqrt{-a^2 + 12a - 15}$

$a^2 - 10a + 25 < 5(-a^2 + 12a - 15)$

$3a^2 - 35a + 50 < 0$

$(3a - 5)(a - 10) < 0$

$\therefore \dfrac{5}{3} < a < 10$

따라서 정수 a는 2, 3, 4, 5, 6, 7, 8, 9의 8개이다.

19 $\dfrac{y+1}{x+2} = k$ (k는 상수)로 놓으면

$y + 1 = k(x + 2)$

$\therefore y = k(x+2) - 1$

직선 $y = k(x+2) - 1$은 항상 점 $(-2, -1)$을 지난다.

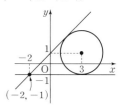

그림과 같이 점 $(-2, -1)$을 지나는 직선이 원과 접할 때, 기울기 k는 최댓값 또는 최솟값을 갖는다.

즉, 직선이 원과 접하므로 원의 중심 $(3, 1)$과 직선 $kx - y + 2k - 1 = 0$ 사이의 거리는 반지름의 길이 2와 같다.

$\dfrac{|3k - 1 + 2k - 1|}{\sqrt{k^2 + (-1)^2}} = 2$

$|5k - 2| = 2\sqrt{k^2 + 1}$

양변을 제곱하면

$(5k - 2)^2 = 4(k^2 + 1)$

$k(21k - 20) = 0$

$\therefore k = 0$ 또는 $k = \dfrac{20}{21}$

$\therefore \alpha + \beta = \dfrac{20}{21} + 0 = \dfrac{20}{21}$

20 원의 중심을 $\mathrm{C}(1, 1)$이라 하고, 두 점 A, B에서 각각 이 원에 접하는 두 직선의 교점을 D라 하자.

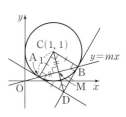

원의 중심과 접점을 연결한 선분은 접선에 수직이고 원 밖의 점 D와 두 접점 A, B 사이의 거리는 서로 같다.

$\angle \mathrm{D} = 90°$이므로 사각형 ADBC는 한 변의 길이가 1인 정사각형이다.

선분 AB의 중점을 M이라 하면

$\overline{\mathrm{CM}} = \dfrac{\sqrt{2}}{2}$

원의 중심 $\mathrm{C}(1, 1)$과 직선 $mx - y = 0$ 사이의 거리는 선분 CM의 길이와 같으므로

$\dfrac{|m - 1|}{\sqrt{m^2 + (-1)^2}} = \dfrac{\sqrt{2}}{2}$

$2|m - 1| = \sqrt{2}\sqrt{m^2 + 1}$

양변을 제곱하면

$4(m-1)^2 = 2(m^2 + 1)$, $m^2 - 4m + 1 = 0$

따라서 근과 계수의 관계에 의하여 모든 실수 m의 값의 합은 4이다.

21 원의 중심 O에서 선분 AB에 내린 수선의 발을 H라 하면 H는 선분 AB의 중점이므로

$\overline{AB}=2\overline{AH}$

또한, 선분 OH의 길이는 원의 중심 O(0, 0)과 직선 $y=x+4$,

즉 $x-y+4=0$ 사이의 거리이므로

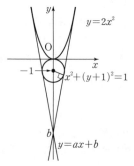

$\overline{OH}=\dfrac{|4|}{\sqrt{1^2+(-1)^2}}=2\sqrt{2}$

직각삼각형 AOH에서

$\overline{AH}=\sqrt{\overline{OA}^2-\overline{OH}^2}=\sqrt{3^2-(2\sqrt{2})^2}=1$

$\therefore \overline{AB}=2\overline{AH}=2$

22 원의 중심을 C라 하고, C에서 직선에 내린 수선의 발을 H라 하면 H는 선분 AB를 이등분하므로

$\overline{AH}=\overline{BH}=\sqrt{2}$

직각삼각형 AHC에서

$\overline{CH}=\sqrt{\overline{AC}^2-\overline{AH}^2}$
$=\sqrt{2^2-(\sqrt{2})^2}=\sqrt{2}$

원의 중심 C$(-1, 3)$과 직선 $mx-y+2=0$ 사이의 거리는 선분 CH의 길이와 같으므로

$\dfrac{|m\times(-1)-3+2|}{\sqrt{m^2+(-1)^2}}=\sqrt{2}$

$|m+1|=\sqrt{2}\sqrt{m^2+1}$

양변을 제곱하면

$(m+1)^2=2(m^2+1)$

$m^2-2m+1=0$

$(m-1)^2=0$

$\therefore m=1$

23 점 P의 좌표를 $(a, 0)$이라 하자.

$\overline{OQ}=1$이므로 직각삼각형 OPQ에서

$\overline{PQ}^2=\overline{OP}^2-\overline{OQ}^2=a^2-1$

한편, $x^2+y^2-8x+6y+21=0$에서

$(x-4)^2+(y+3)^2=4$

즉, 원 C_2는 중심이 A$(4, -3)$이고 반지름의 길이가 2이다.

$\overline{AR}=2$이므로 직각삼각형 APR에서

$\overline{PR}^2=\overline{AP}^2-\overline{AR}^2$
$=\{(a-4)^2+3^2\}-2^2$
$=a^2-8a+21$

따라서 $\overline{PQ}=\overline{PR}$에서 $\overline{PQ}^2=\overline{PR}^2$이므로

$a^2-1=a^2-8a+21$, $8a=22$

$\therefore a=\dfrac{11}{4}$

24 그림과 같이 두 원의 중심을 각각 A$(1, 3)$, B$(4, 1)$이라 하고 점 P(x, y)에서 그은 접선의 접점을 각각 T, T'이라 하자.

직각삼각형 APT에서

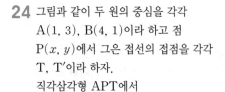

$\overline{PT}^2=\overline{AP}^2-\overline{AT}^2$
$=(x-1)^2+(y-3)^2-4$

또 직각삼각형 BPT'에서

$\overline{PT'}^2=\overline{BP}^2-\overline{BT'}^2=(x-4)^2+(y-1)^2-1$

$\overline{PT}=\overline{PT'}$에서 $\overline{PT}^2=\overline{PT'}^2$이므로

점 P가 나타내는 도형의 방정식은

$(x-1)^2+(y-3)^2-4=(x-4)^2+(y-1)^2-1$

$\therefore 3x-2y-5=0$

25

그림과 같이 직선이 이차함수의 그래프에 접하므로

$y=ax+b$, $y=2x^2$에서 $2x^2=ax+b$

$\therefore 2x^2-ax-b=0$

이 이차방정식의 판별식을 D라 하면

$D=a^2-4(-2b)=0$

$\therefore a^2=-8b$ ······ ㉠

한편, 직선 $y=ax+b$가 원 $x^2+(y+1)^2=1$에 접하므로 원의 중심 $(0, -1)$과 직선 $ax-y+b=0$ 사이의 거리는 반지름의 길이 1과 같다.

$\dfrac{|1+b|}{\sqrt{a^2+(-1)^2}}=1$, $|1+b|=\sqrt{a^2+1}$

양변을 제곱하면 $(1+b)^2=a^2+1$

$\therefore b^2+2b+1=a^2+1$ ······ ㉡

㉠을 ㉡에 대입하면

$b^2+2b+1=-8b+1$

$b^2+10b=0$, $b(b+10)=0$

$\therefore b=-10 \ (\because b<0)$

$b=-10$을 ㉠에 대입하면 $a^2=80$

$\therefore a^2+b=70$

26 $x^2+y^2-8x+12=0$에서

$(x-4)^2+y^2=4$

즉, 원의 중심이 C$(4, 0)$이고 반지름의 길이가 2인 원이다.

두 직선 l, m 그리고 x축으로 둘러싸인 부분은 직각삼각형 OCP이다.

$\overline{OC}=4$, $\overline{CP}=2$이므로

직각삼각형 OCP에서

$\overline{OP}=\sqrt{\overline{OC}^2-\overline{CP}^2}$
$=\sqrt{4^2-2^2}=2\sqrt{3}$

따라서 직각삼각형 OCP의 넓이는

$\dfrac{1}{2}\times\overline{OP}\times\overline{CP}=\dfrac{1}{2}\times2\sqrt{3}\times2=2\sqrt{3}$

27 접선의 기울기를 m이라 하면 접선이 점 $(\sqrt{2}, 2)$를 지나므로 접선의 방정식은

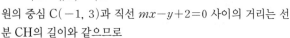
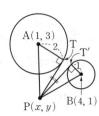

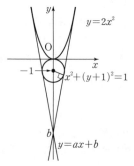

$y=m(x-\sqrt{2})+2$

원의 중심 $(0, 0)$과 $y=m(x-\sqrt{2})+2$, 즉

$mx-y-\sqrt{2}m+2=0$ 사이의 거리는 반지름의 길이 $\sqrt{2}$와 같으므로

$$\frac{|-\sqrt{2}m+2|}{\sqrt{m^2+(-1)^2}}=\sqrt{2}$$

$$|-\sqrt{2}m+2|=\sqrt{2(m^2+1)}$$

양변을 제곱하면

$$2m^2-4\sqrt{2}m+4=2(m^2+1)$$

$$-4\sqrt{2}m+2=0$$

$$\therefore m=\frac{\sqrt{2}}{4}$$

따라서 두 접선은

$y=\dfrac{\sqrt{2}}{4}x+\dfrac{3}{2}$, $x=\sqrt{2}$이므로

구하는 부분의 넓이는

$$\frac{1}{2}\times4\sqrt{2}\times2=4\sqrt{2}$$

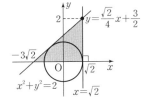

28 오른쪽 그림과 같이 두 접점을 각각 T, T'이라 하고

원 $(x-1)^2+(y-2)^2=r^2$의 중심을 C라 하면 C의 좌표는 $(1, 2)$이므로

$$\overline{CA}=\sqrt{(5-1)^2+(4-2)^2}$$
$$=2\sqrt{5}$$

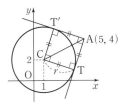

원의 중심과 접점을 이은 선분은 접선에 수직이고 원 밖의 점 A와 접점 T, T' 사이의 거리는 서로 같다.

$\angle A=90°$이므로 사각형 T'CTA는 한 변의 길이가 r인 정사각형이다.

$$\therefore r=\frac{\sqrt{2}}{2}\overline{CA}=\frac{\sqrt{2}}{2}\times2\sqrt{5}=\sqrt{10}$$

29 직선 $y=ax$와 원 $(x-3)^2+y^2=4$의 교점을 A, B라 하고, 점 C$(3, 0)$에서 직선에 내린 수선의 발을 H라 하면 중심각의 크기는 호의 길이에 정비례하므로

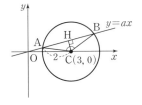

$$\angle ACB=\frac{1}{3}\times360°=120°$$

$$\therefore \angle ACH=\angle BCH=60°$$

직각삼각형 ACH에서

$$\overline{CH}=\overline{AC}\cos60°=2\times\frac{1}{2}=1$$

원의 중심 C$(3, 0)$에서 직선 $ax-y=0$까지의 거리는 $\overline{CH}$의 길이와 같으므로

$$\frac{|3a|}{\sqrt{a^2+(-1)^2}}=1$$

$$|3a|=\sqrt{a^2+1}$$

양변을 제곱하면

$$9a^2=a^2+1, \ a^2=\frac{1}{8}$$

$$\therefore a=\frac{1}{2\sqrt{2}} \ (\because a>0)$$

30 오른쪽 그림과 같이

원 $x^2+(y-2)^2=4$의 중심을 A$(0, 2)$,

원 $(x-10)^2+(y+3)^2=9$의 중심을 B$(10, -3)$, 두 원의 공통내접선과 x축의 교점을 C, 점 B$(10, -3)$에서 x축에 내린 수선의 발을 P$(10, 0)$이라 하자.

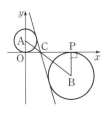

$\triangle AOC$와 $\triangle BPC$는 닮음이고

닮음비는 $\overline{AO}:\overline{BP}=2:3$이므로

$$\overline{OC}=\overline{OP}\times\frac{2}{5}=10\times\frac{2}{5}=4$$

$$\therefore C(4, 0)$$

점 C$(4, 0)$을 지나는 공통내접선의 기울기는 m이므로 직선의 방정식은 $y=m(x-4)$

즉, 직선 $y=m(x-4)$가 원 $x^2+(y-2)^2=4$에 접하므로 원의 중심 A$(0, 2)$와 직선 $mx-y-4m=0$ 사이의 거리는 반지름의 길이 2와 같다.

$$\frac{|-2-4m|}{\sqrt{m^2+(-1)^2}}=2$$

$$|-2-4m|=2\sqrt{m^2+1}$$

양변을 제곱하면

$$(-2-4m)^2=4(m^2+1)$$

$$12m^2+16m=0$$

$$12m\left(m+\frac{4}{3}\right)=0$$

$$\therefore m=-\frac{4}{3} \ (\because m\neq0)$$

01 ②	**02** ⑤	**03** ③	**04** ①
05 ⑤	**06** ①	**07** ②	**08** ③
09 ②	**10** ②	**11** ①	**12** ③
13 ③	**14** 26	**15** ③	**16** ②
17 ①	**18** ③	**19** ③	**20** ①
21 ②	**22** ⑤	**23** ①	**24** ②
25 150	**26** 4	**27** ②	**28** 32
29 ③	**30** ②		

01 점 $(3, 5)$를 x축의 방향으로 -1만큼, y축의 방향으로 2만큼 평행이동한 점의 좌표는
$(3-1, 5+2)$　∴ $(2, 7)$
따라서 점 $(2, 7)$과 원점 사이의 거리는
$\sqrt{2^2+7^2}=\sqrt{53}$

02 직선 $y=2x+3$을 x축의 방향으로 2만큼, y축의 방향으로 k만큼 평행이동하면
$y-k=2(x-2)+3$
∴ $y=2x-1+k$
이 직선이 처음의 직선 $y=2x+3$과 일치하므로
$-1+k=3$
∴ $k=4$

03 원 $x^2+y^2=4$를 x축의 방향으로 m만큼, y축의 방향으로 2만큼 평행이동하면
$(x-m)^2+(y-2)^2=4$　　…… ㉠
㉠이 직선 $y=x+3$, 즉 $x-y+3=0$과 접하므로 원의 중심 $(m, 2)$와 직선 $x-y+3=0$ 사이의 거리는 반지름의 길이 2와 같다.
$\dfrac{|m-2+3|}{\sqrt{1^2+(-1)^2}}=2$
$|m+1|=2\sqrt{2}$
∴ $m+1=2\sqrt{2}$ 또는 $m+1=-2\sqrt{2}$
∴ $m=2\sqrt{2}-1\ (∵\ m>0)$

04 $x^2+y^2+2x-4y+1=0$에서
$(x+1)^2+(y-2)^2=4$　　…… ㉠
㉠을 x축의 방향으로 a만큼, y축의 방향으로 b만큼 평행이동 하면
$(x+1-a)^2+(y-2-b)^2=4$
이 원이 원 $x^2+y^2=c$와 일치하므로
$1-a=0$, $-2-b=0$, $4=c$
∴ $a=1$, $b=-2$, $c=4$
∴ $abc=1\times(-2)\times4=-8$

05 점 $(-3, 5)$를 y축에 대하여 대칭이동한 점의 좌표는 $(3, 5)$
이 점을 x축의 방향으로 3만큼, y축의 방향으로 -1만큼 평행 이동한 점의 좌표는

$(3+3, 5-1)$　∴ $(6, 4)$
따라서 $a=6$, $b=4$이므로 $a+b=10$

06 점 $A(-1, 2)$를 x축의 방향으로 a만큼, y축의 방향으로 b만큼 평행이동한 점의 좌표는
$(-1+a, 2+b)$
이 점을 다시 직선 $y=x$에 대하여 대칭이동한 점의 좌표는
$(2+b, -1+a)$
점 $(2+b, -1+a)$와 점 A가 일치하므로
$2+b=-1$, $-1+a=2$
따라서 $a=3$, $b=-3$이므로
$a-b=6$

07 점 $P(4, 2)$를 $y=x$에 대하여 대칭이 동한 점의 좌표는
$Q(2, 4)$
$\overline{PQ}$와 직선 $y=x$가 만나는 점을 H라 하면 두 점 P, Q가 $y=x$에 대하여 대칭이므로 $\overline{PH}=\overline{HQ}$를 만족하고, $\overline{PQ}$ 와 $y=x$는 수직이다.
∴ $H(3, 3)$, $\overline{HO}\perp\overline{PQ}$
∴ $\triangle POQ=\dfrac{1}{2}\times\overline{PQ}\times\overline{HO}$
$=\dfrac{1}{2}\times\sqrt{(4-2)^2+(2-4)^2}\times\sqrt{(3-0)^2+(3-0)^2}$
$=\dfrac{1}{2}\times2\sqrt{2}\times3\sqrt{2}=6$

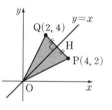

08 직선 $y=2x+2$를 직선 $y=x$에 대하여 대칭이동한 직선은
l_1: $x=2y+2$
직선 l_1을 x축에 대하여 대칭이동한 직선은
l_2: $x=-2y+2$
따라서 직선 l_2의 방정식은
$x+2y-2=0$

09 $x^2+y^2-6x-4y+12=0$에서
$(x-3)^2+(y-2)^2=1$
즉, 원 C의 중심이 $(3, 2)$이므로 직선 $y=x$에 대하여 대칭이동 한 원 C'의 중심은 $(2, 3)$이다.
따라서 두 원 C, C'의 중심 사이의 거리는
$\sqrt{(2-3)^2+(3-2)^2}=\sqrt{2}$

10 직선 $y=m(x+1)$을 y축의 방향으로 2만큼 평행이동하면
$y-2=m(x+1)$
이 직선을 x축에 대하여 대칭이동하면
$-y-2=m(x+1)$
이 직선이 원점 $(0, 0)$을 지나므로
$0-2=m(0+1)$
∴ $m=-2$

11 주어진 원의 중심 (m, n)을 x축의 방향으로 3만큼 평행이동하면
$(m+3, n)$
점 $(m+3, n)$을 직선 $y=x$에 대하여 대칭이동하면
$(n, m+3)$
점 $(n, m+3)$이 점 $(-2, 4)$와 일치하므로
$n=-2$, $m+3=4$

$\therefore m=1, n=-2$

$\therefore m+n=1+(-2)=-1$

12 오른쪽 그림과 같이 점 A를 x축에 대하여 대칭이동한 점 $A'(-1, -2)$를 잡으면 $\overline{AP}=\overline{A'P}$이므로

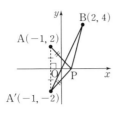

$\overline{AP}+\overline{BP}=\overline{A'P}+\overline{BP}\geq\overline{A'B}$

따라서 $\overline{AP}+\overline{BP}$의 최솟값은 $\overline{A'B}$의 길이와 같으므로

$\overline{A'B}=\sqrt{(2+1)^2+(4+2)^2}=3\sqrt{5}$

13 점 $A(-2, 1)$을 x축의 방향으로 m만큼 평행이동한 점은 $B(-2+m, 1)$

점 $B(-2+m, 1)$을 y축의 방향으로 n만큼 평행이동한 점은 $C(-2+m, 1+n)$

세 점 A, B, C를 지나는 원은 중심의 좌표가 $(3, 2)$이고 반지름의 길이가 $\sqrt{(3+2)^2+(2-1)^2}=\sqrt{26}$이므로 원의 방정식은 $(x-3)^2+(y-2)^2=26$

점 $B(-2+m, 1)$은 원 위의 점이므로

$(-2+m-3)^2+(1-2)^2=26$

$m^2-10m=0$

$m(m-10)=0$

$\therefore m=10 \,(\because m>0)$

또 점 $C(8, 1+n)$도 원 위의 점이므로

$(8-3)^2+(1+n-2)^2=26$

$n^2-2n=0, n(n-2)=0$

$\therefore n=2 \,(\because n>0)$

$\therefore mn=20$

14 두 삼각형 OAB, O'A'B'에 내접하는 원을 각각 C, C'이라 하자. 원 C의 반지름의 길이를 r라 하면 원 C는 x축, y축에 모두 접하고 제1사분면에 중심이 있으므로 중심의 좌표는 (r, r)이다.

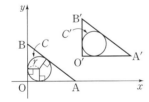

또한, 두 점 $A(4, 0), B(0, 3)$에 대하여 직선 AB의 방정식은 $\dfrac{x}{4}+\dfrac{y}{3}=1$

즉, $3x+4y-12=0$이고 원 C가 직선 AB에 접하므로 원의 중심 (r, r)와 직선 AB 사이의 거리는 원의 반지름의 길이 r와 같다.

$\dfrac{|3r+4r-12|}{\sqrt{3^2+4^2}}=r$

$|7r-12|=5r$

따라서 $7r-12=-5r$ 또는 $7r-12=5r$

이므로 $r=1$ 또는 $r=6$

$\therefore r=1 \,(\because 0<r<3)$

원 C의 방정식은

$(x-1)^2+(y-1)^2=1$

점 $A(4, 0)$을 x축의 방향으로 5만큼, y축의 방향으로 2만큼 평행이동하면 점 $A'(9, 2)$가 되므로 이 평행이동에 의하여 원

C가 평행이동한 원 C'의 방정식은

$(x-5-1)^2+(y-2-1)^2=1$

$(x-6)^2+(y-3)^2=1$

$x^2+y^2-12x-6y+44=0$

따라서 $a=-12, b=-6, c=44$이므로

$a+b+c=26$

📋참고

내접원 C의 반지름의 길이 r를 다음과 같은 방법으로도 구할 수 있다.

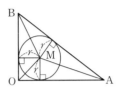

원의 중심을 M이라 하면, 점 M에서 세 변 OA, OB, AB에 내린 수선의 길이는 원의 반지름의 길이 r와 같으므로

$\triangle OAB=\triangle MOA+\triangle MAB+\triangle MBO$이므로

$\dfrac{1}{2}\times\overline{OA}\times\overline{OB}=\dfrac{1}{2}\times\overline{OA}\times r+\dfrac{1}{2}\times\overline{AB}\times r+\dfrac{1}{2}\times\overline{OB}\times r$

$6=\dfrac{1}{2}r(4+5+3), 6r=6$

$\therefore r=1$

15 $y=x^2-2$의 그래프를 x축의 방향으로 m만큼 평행이동하면

$y=(x-m)^2-2$

이 포물선이 점 $(-1, 2)$를 지나므로

$2=(-1-m)^2-2$

$m^2+2m-3=0, (m+3)(m-1)=0$

$\therefore m=1 \,(\because m>0)$

즉, $y=(x-1)^2-2$이므로 포물선의 꼭짓점의 좌표는 $(1, -2)$

16 두 점 $A(4, a), B(2, 1)$을 직선 $y=x$에 대하여 대칭이동하면 $A'(a, 4), B'(1, 2)$

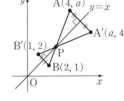

두 직선 AA', BB'은 각각 직선 $y=x$와 서로 수직이므로 두 직선 AA', BB'은 평행하다.

즉, 두 삼각형 APA', BPB'은 서로 닮은 삼각형이다.

두 삼각형 APA', BPB'의 넓이의 비가 $9:4$이므로 두 삼각형 APA', BPB'의 닮음비는 $3:2$이다.

두 선분 AA', BB'의 길이는 각각

$\overline{AA'}=\sqrt{(a-4)^2+(4-a)^2}=\sqrt{2}(a-4) \,(\because a>4)$

$\overline{BB'}=\sqrt{(-1)^2+1^2}=\sqrt{2}$

$\overline{AA'}:\overline{BB'}=3:2$에서 $\sqrt{2}(a-4):\sqrt{2}=3:2$

$2(a-4)=3$

$\therefore a=\dfrac{11}{2}$

17 직선 $x-2y=9$를 직선 $y=x$에 대하여 대칭이동하면

$y-2x=9$

이 직선이 원 $(x-3)^2+(y+5)^2=k$에 접하므로 원의 중심 $(3, -5)$에서 직선 $-2x+y-9=0$까지의 거리는 반지름의 길이 $\sqrt{k}$와 같다.

$$\frac{|-2\times3-5-9|}{\sqrt{(-2)^2+1^2}}=\sqrt{k},\ 20=\sqrt{5k}$$

양변을 제곱하면 $400=5k$

$\therefore k=80$

18 $x^2-2x+y^2+4y+4=0$에서

$(x-1)^2+(y+2)^2=1$

즉, $C_1 : (x-1)^2+(y+2)^2=1$을

직선 $y=x$에 대하여 대칭이동하면

$C_2 : (x+2)^2+(y-1)^2=1$

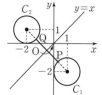

두 점 P, Q 사이의 최소 거리는 두 원의

중심 사이의 거리에서 두 원의 반지름의 길이의 합을 뺀 것과

같으므로

$$\sqrt{(1+2)^2+(-2-1)^2}-(1+1)=3\sqrt{2}-2$$

19 직선 $y=-\dfrac{1}{2}x-3$을 x축의 방향으로 a만큼 평행이동한 직선은

$y=-\dfrac{1}{2}(x-a)-3$이고 이를 직선 $y=x$에 대하여 대칭이동한

직선 l은

$x=-\dfrac{1}{2}(y-a)-3$

$\therefore 2x+y-a+6=0$

직선 $2x+y-a+6=0$이 원 $(x+1)^2+(y-3)^2=5$에 접하므

로 원의 중심 $(-1,\ 3)$에서 직선 $2x+y-a+6=0$ 사이의 거

리는 반지름의 길이 $\sqrt{5}$와 같다.

$$\frac{|-2+3-a+6|}{\sqrt{2^2+1^2}}=\sqrt{5},\ |7-a|=5$$

$7-a=5$ 또는 $7-a=-5$

따라서 $a=2$ 또는 $a=12$이므로 모든 상수 a의 값의 합은

$2+12=14$

20 점 B를 직선 $y=x$에 대하여 대칭이동

한 점을 B$'$이라 하면

B$'(3,\ 5)$

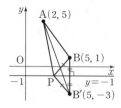

$\overline{\text{AB}'}$의 길이가 $\overline{\text{AP}}+\overline{\text{BP}}$의 값의 최

소이므로 점 P는 직선 AB$'$과 직선

$y=x$의 교점인 $(3,\ 3)$이다.

삼각형 ABP는 직각삼각형이므로 삼각형 ABP의 넓이는

$$\frac{1}{2}\times\overline{\text{PB}}\times\overline{\text{PA}}=\frac{1}{2}\times2\times1=1$$

21

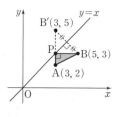

$\triangle$PAB의 둘레의 길이를 l이라 하면

$l=\overline{\text{PA}}+\overline{\text{PB}}+\overline{\text{AB}}$이고, $\overline{\text{AB}}$의 길이는 일정하므로

$\overline{\text{PA}}+\overline{\text{PB}}$의 길이가 최소일 때 l도 최소이다.

점 B$(5,\ 1)$을 직선 $y=-1$에 대하여 대칭이동한 점을 B$'$이라

하면 B$'(5,\ -3)$이다.

$l=\overline{\text{PA}}+\overline{\text{PB}}+\overline{\text{AB}}$

$=\overline{\text{PA}}+\overline{\text{PB}'}+\overline{\text{AB}}\ge\overline{\text{AB}'}+\overline{\text{AB}}$

이므로 $\triangle$PAB의 둘레의 길이의 최솟값은

$\overline{\text{AB}'}+\overline{\text{AB}}$

$=\sqrt{(5-2)^2+(-3-5)^2}+\sqrt{(5-2)^2+(1-5)^2}$

$=5+\sqrt{73}$

22 점 P$(4,\ 2)$를 직선 $x-y+1=0$에 대하여 대칭이동한 점을

Q$(a,\ b)$라 하면, 선분 PQ의 중점 $\left(\dfrac{4+a}{2},\ \dfrac{2+b}{2}\right)$는 직선

$x-y+1=0$ 위에 있으므로

$\dfrac{4+a}{2}-\dfrac{2+b}{2}+1=0,\ 4+a-(2+b)+2=0$

$\therefore a-b=-4$ ······ ㉠

또한, 직선 PQ는 직선 $x-y+1=0$과 서로 수직이므로

$\dfrac{b-2}{a-4}\times1=-1,\ b-2=-(a-4)$

$\therefore a+b=6$ ······ ㉡

㉠, ㉡을 연립하여 풀면

$a=1,\ b=5$

따라서 점 Q의 좌표는 $(1,\ 5)$이다.

23 오른쪽 그림과 같이 사각형 ABDC는

등변사다리꼴이다.

$\overline{\text{AC}}$의 길이는 점 A에서 직선 $y=x+1$

사이의 거리의 2배이다.

즉, 점 A$(2,\ -1)$과 직선

$x-y+1=0$ 사이의 거리는

$\dfrac{|2+1+1|}{\sqrt{1^2+(-1)^2}}=2\sqrt{2}$

$\therefore \overline{\text{AC}}=4\sqrt{2}$

마찬가지로 점 B$(4,\ -1)$과 직선 $x-y+1=0$ 사이의 거리는

$\dfrac{|4+1+1|}{\sqrt{1^2+(-1)^2}}=3\sqrt{2}$

$\therefore \overline{\text{BD}}=6\sqrt{2}$

한편, 점 A에서 변 BD에 내린 수선의 발을 E라 하면

$\overline{\text{AE}}$는 등변사다리꼴 ABDC의 높이이다.

$\overline{\text{AB}}=2$이고 사각형 ABDC가 등변사다리꼴이므로

$\overline{\text{BE}}=\dfrac{\overline{\text{BD}}-\overline{\text{AC}}}{2}=\dfrac{6\sqrt{2}-4\sqrt{2}}{2}=\sqrt{2}$

즉, 직각삼각형 ABE에서

$\overline{\text{AE}}=\sqrt{\overline{\text{AB}}^2-\overline{\text{BE}}^2}=\sqrt{2^2-(\sqrt{2})^2}=\sqrt{2}$

따라서 사각형 ABDC의 넓이는

$\dfrac{1}{2}\times(4\sqrt{2}+6\sqrt{2})\times\sqrt{2}=10$

24 방정식 $f(x+1,\ -(y-2))=0$이 나타내는 도형은

방정식 $f(x,\ y)=0$이 나타내는 도형을 x축에 대하여 대칭이동

한 후, x축의 방향으로 -1, y축의 방향으로 2만큼 평행이동한

도형이므로 다음 그림과 같다.

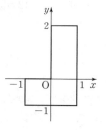

방정식 $f(x+1, -y+2)=0$이 나타내는 도형은
방정식 $f(x, y)=0$이 나타내는 도형을 x축의 방향으로 -1만큼, y축의 방향으로 -2만큼 평행이동한 후 x축에 대하여 대칭이동한 도형이다.

25 점 $(1, 4)$를 x축의 방향으로 m만큼, y축의 방향으로 n만큼 평행이동하면 $(1+m, 4+n)$
점 $(1+m, 4+n)$이 점 $(-2, a)$와 일치하므로
$1+m=-2$, $4+n=a$
$\therefore m=-3$, $n=a-4$
한편, $x^2+y^2+8x-6y+21=0$에서
$(x+4)^2+(y-3)^2=4$ ······ ㉠
$x^2+y^2+bx-18y+c=0$에서
$\left(x+\dfrac{b}{2}\right)^2+(y-9)^2=81-c+\dfrac{b^2}{4}$ ······ ㉡
㉠을 x축의 방향으로 -3만큼, y축의 방향으로 $a-4$만큼 평행이동하면
$(x+7)^2+(y+1-a)^2=4$
이 원이 ㉡과 일치하므로
$7=\dfrac{b}{2}$, $1-a=-9$, $4=81-c+\dfrac{b^2}{4}$
$\therefore a=10$, $b=14$, $c=126$
$\therefore a+b+c=150$

26 직선 $l : 2x-y+2=0$을 평행이동
$f : (x, y) \longrightarrow (x+a, y+b)$
에 의하여 이동시키면
$2(x-a)-(y-b)+2=0$
$\therefore 2x-y-2a+b+2=0$ ······ ㉠
또 직선 l을 원점에 대하여 대칭이동하면
$2(-x)-(-y)+2=0$
$\therefore 2x-y-2=0$ ······ ㉡
㉠, ㉡이 일치하므로 $-2a+b+2=-2$
$\therefore 2a-b=4$

27 점 P는 원 $(x-4)^2+y^2=9$ 위의 점이므로 원 $(x-4)^2+y^2=9$를 x축의 방향으로 -3만큼 평행이동한 후 x축에 대하여 대칭이동한 원의 방정식은
$(x-1)^2+y^2=9$ ······ ㉠
점 Q는 ㉠ 위의 점이다.
한편, 두 점 $A(3, 7)$, $B(9, -1)$을 지나는 직선의 방정식은
$y-7=\dfrac{-1-7}{9-3}(x-3)$, $y=-\dfrac{4}{3}(x-3)+7$
$\therefore 4x+3y-33=0$
㉠의 중심 $(1, 0)$과 직선 $4x+3y-33=0$ 사이의 거리는
$\dfrac{|4-33|}{\sqrt{16+9}}=\dfrac{29}{5}$
㉠의 반지름의 길이가 3이므로 점 Q와 직선 사이의 거리의 최댓값은
$\dfrac{29}{5}+3=\dfrac{44}{5}$
따라서 삼각형 ABQ의 넓이의 최댓값은
$\dfrac{1}{2}\times\overline{AB}\times\dfrac{44}{5}=\dfrac{1}{2}\times\sqrt{6^2+(-8)^2}\times\dfrac{44}{5}=44$

28 점 $A(7, 4)$를 직선 $y=x$에 대칭이동한 점을 A'이라 하면
$A'(4, 7)$
$\overline{A'B}$의 길이가 $\overline{PA}+\overline{PB}$의 값의 최소이므로 점 P는 직선 $A'B$와 직선 $y=x$의 교점이다.
두 점 $A'(4, 7)$, $B(8, 6)$을 지나는 직선의 방정식은
$y-6=\dfrac{6-7}{8-4}(x-8)$
$\therefore y=-\dfrac{1}{4}x+8$
따라서 $y=-\dfrac{1}{4}x+8$과 $y=x$의 교점 P의 x좌표는
$x=-\dfrac{1}{4}x+8$, $\dfrac{5}{4}x=8$
$\therefore x=\dfrac{32}{5}$
$\therefore 5a=5\times\dfrac{32}{5}=32$

29 점 $A(2, 0)$을 직선 $x+y=6$에 대칭이동한 점을 $A'(a, b)$라 하자.
$\overline{AA'}$의 중점 $\left(\dfrac{2+a}{2}, \dfrac{0+b}{2}\right)$가 직선 $x+y=6$ 위의 점이므로
$\dfrac{2+a}{2}+\dfrac{b}{2}=6$ $\therefore a+b=10$ ······ ㉠
또, 직선 AA'이 직선 $x+y=6$과 수직이므로
$\dfrac{b-0}{a-2}\times(-1)=-1$ $\therefore a-b=2$ ······ ㉡
㉠, ㉡을 연립하여 풀면 $a=6$, $b=4$
$\therefore A'(6, 4)$
$\overline{PA}=\overline{PA'}$이므로
$\overline{OP}+\overline{PA}=\overline{OP}+\overline{PA'}$
$\qquad\qquad\quad \geq \overline{OA'}$
$\qquad\qquad\quad =\sqrt{6^2+4^2}$
$\qquad\qquad\quad =\sqrt{52}=2\sqrt{13}$

30 원 $x^2+y^2=4$의 중심의 좌표는 $(0, 0)$이고, 이 점을 점 $(0, 1)$에 대하여 대칭이동한 점의 좌표를 (a, b)라 하면 두 점 $(0, 0)$, (a, b)를 이은 선분의 중점이 점 $(0, 1)$이므로
$\dfrac{a}{2}=0$, $\dfrac{b}{2}=1$
$\therefore a=0$, $b=2$
따라서 대칭이동한 원의 중심의 좌표는 $(0, 2)$이고, 반지름의 길이는 2이므로 원의 방정식은
$x^2+(y-2)^2=4$
$\therefore f(x, y)=x^2+(y-2)^2-4=0$
$\therefore f(x-\alpha, y-\beta)=(x-\alpha)^2+(y-\beta-2)^2-4=0$
이 원이 x축, y축에 동시에 접하므로
$|\alpha|=2$에서 $\alpha=-2$ 또는 $\alpha=2$
$|\beta+2|=2$에서 $\beta=-4$ 또는 $\beta=0$
따라서 순서쌍 (α, β)에 대하여
$(-2, -4)$, $(-2, 0)$, $(2, -4)$, $(2, 0)$이므로 $\alpha+\beta$의 값은 -6, -2, 2이다.

04 집합의 뜻과 연산

본문 025~029쪽

01 3	02 ⑤	03 30	04 ⑤
05 11	06 ④	07 16	08 7
09 ①	10 ③	11 ②	12 ④
13 ③	14 ⑤	15 ⑤	16 ④
17 15	18 4	19 ④	20 ③
21 8	22 4	23 ③	24 16
25 ⑤	26 ⑤	27 ⑤	28 24
29 ④	30 8		

01 $A \subset B$이므로
$a=3$, $a+1=4$
$\therefore a=3$

02 $A=\{2, 3, 5, 7\}$이므로
① $2 \in A$
② $9 \notin A$
③ $\{3, 7\} \subset A$
④ $\varnothing \subset A$
따라서 옳은 것은 ⑤ $\{5\} \subset A$이다.

03 $A \subset B$이고 $B \subset A$이므로 $A=B$이다.
$A=\{1, a, 6\}$, $B=\{1, 5, b^2+1\}$에서
$a=5$, $b^2+1=6$
따라서 $a^2=25$, $b^2=5$이므로
$a^2+b^2=30$

04 두 집합 A, B가 서로 같으므로
$a^2-3=1$
$\therefore a=-2$ 또는 $a=2$
(i) $a=-2$일 때,
$A=\{-1, 1, 4\}$, $B=\{1, 3, 4\}$
$\therefore A \neq B$
(ii) $a=2$일 때,
$A=\{1, 3, 4\}$, $B=\{1, 3, 4\}$
$\therefore A=B$
(i), (ii)에 의하여 구하는 a의 값은 2이다.

05 $A=\{1, 2, a\}$, $B=\{b, 3, 5\}$에서
$A \cap B=\{2, 3\}$이므로
$a=3$, $b=2$
$\therefore A=\{1, 2, 3\}$, $B=\{2, 3, 5\}$
따라서 $A \cup B=\{1, 2, 3, 5\}$이므로 집합 $A \cup B$의 모든 원소의 합은
$1+2+3+5=11$

06 $x^2-6x+8=0$에서 $(x-2)(x-4)=0$
$\therefore x=2$ 또는 $x=4$
즉, $A=\{2, 4\}$이고,

$A \cap B=\varnothing$, $A \cup B=\{2, 4, 6, 8, 10\}$이므로
$B=\{6, 8, 10\}$
따라서 집합 B의 모든 원소의 합은
$6+8+10=24$

07 집합 $A=\{1, 2, 3, 4, 5, 6\}$의 부분집합 중에서 집합 $\{1, 2\}$와 서로소인 것은 원소 1, 2를 모두 포함하지 않는 집합이다.
따라서 구하는 집합의 개수는 집합 A에서 원소 1, 2를 제외한 집합 $\{3, 4, 5, 6\}$의 부분집합의 개수와 같다.
$\therefore 2^4=16$

08 $A \cap B^C=\{6, 7\}$이므로 $3 \in B$
따라서 $a-4=3$이므로 $a=7$

09 $B^C-A^C=B^C \cap (A^C)^C$
$\quad\quad\quad\quad =B^C \cap A$
$\quad\quad\quad\quad =A-B$
$\quad\quad\quad\quad =\{1, 2, 3, 6\}-\{1, 3, 5, 7, 9\}$
$\quad\quad\quad\quad =\{2, 6\}$
따라서 집합 B^C-A^C의 모든 원소의 합은
$2+6=8$

10 두 원소 1, 2를 모두 포함하지 않는 집합의 개수는 집합 $\{3, 4, 5\}$의 부분집합의 개수와 같으므로
$2^3=8$

11 집합 $A=\{1, 3, 5, 7, 9\}$의 부분집합 중에서 원소 3을 제외하고 두 원소 1, 5를 반드시 포함하는 집합의 개수는
$2^{5-1-2}=2^2=4$

12 집합 X는 집합 B의 부분집합 중에서 원소 1, 2를 모두 포함하는 집합이므로 집합 $\{3, 4, 5\}$의 부분집합의 개수와 같다.
$\therefore 2^3=8$

13 $|x-2|<4$에서
$-4<x-2<4$
$\therefore -2<x<6$
세 집합 A, B, C를 $A \subset C \subset B$가 성립하도록 수직선 위에 나타내면 다음과 같다.

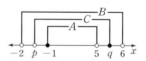

$\therefore -2 \leq p<-1$, $5 \leq q<6$
p, q는 정수이므로
$p=-2$, $q=5$
$\therefore p+q=3$

14 집합 A의 원소는 0, $\varnothing$, $\{\varnothing\}$이므로
$\varnothing \in A$, $\{\varnothing\} \in A$
또, 집합 A의 부분집합은
$\varnothing$, $\{0\}$, $\{\varnothing\}$, $\{\{\varnothing\}\}$, $\{0, \varnothing\}$, $\{0, \{\varnothing\}\}$, $\{\varnothing, \{\varnothing\}\}$, A
이므로
$\{\varnothing\} \subset A$, $\{\{\varnothing\}\} \subset A$, $\{0, \varnothing\} \subset A$, $\{0, \{\varnothing\}\} \subset A$
따라서 모두 옳으므로 옳은 것의 개수는 6이다.

15 두 집합 A, B가 서로 같으므로
$a+2=2$ 또는 $a+2=6-a$
(i) $a+2=2$에서 $a=0$이므로
$A=\{-2, 2\}$, $B=\{2, 6\}$
∴ $A\neq B$
(ii) $a+2=6-a$에서 $a=2$이므로
$A=\{2, 4\}$, $B=\{2, 4\}$
∴ $A=B$
(i), (ii)에 의하여 구하는 a의 값은 2이다.

16 ㄱ. $A_2=\{x\,|\,x$는 2와 서로소인 자연수$\}=\{1, 3, 5, 7, 9, \cdots\}$
$4=2^2$이므로
$A_4=\{x\,|\,x$는 4와 서로소인 자연수$\}$
$=\{x\,|\,x$는 2의 배수가 아닌 수$\}$
$=\{1, 3, 5, 7, 9, \cdots\}$
∴ $A_2=A_4$ (참)
ㄴ. $A_3=\{x\,|\,x$는 3과 서로소인 자연수$\}$
$=\{x\,|\,x$는 3의 배수가 아닌 수$\}$
$=\{1, 2, 4, 5, 7, 8, \cdots\}$
$6=2\times3$이므로
$A_6=\{x\,|\,x$는 6과 서로소인 자연수$\}$
$=\{x\,|\,x$는 2의 배수도 아니고 3의 배수도 아닌 수$\}$
$=\{1, 5, 7, \cdots\}$
∴ $A_3\neq A_6$ (거짓)
ㄷ. ㄴ에서 $A_6=A_2\cap A_3$
ㄱ에서 $A_2=A_4$
∴ $A_6=A_3\cap A_4$ (참)
따라서 옳은 것은 ㄱ, ㄷ이다.

17 $U=\{1, 2, 3, 4, 5, 6, 7, 8, 9\}$와
주어진 조건을 만족시키는 두 부분집합
A, B를 벤다이어그램으로 나타내면
오른쪽 그림과 같다.

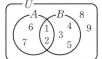

∴ $B=\{1, 2, 3, 4, 5\}$
따라서 집합 B의 모든 원소의 합은
$1+2+3+4+5=15$

18 $x^2-x-12\leq0$에서
$(x+3)(x-4)\leq0$
∴ $-3\leq x\leq4$
∴ $A=\{x\,|\,-3\leq x\leq4\}$
조건 ㈎에서 $A\cup B=R$이므로
$a\geq-3$, $b\leq4$ ……… ㉠
조건 ㈏에서 $A-B=A\cap B^C=\{x\,|\,-3\leq x\leq1\}$이므로
$\{x\,|\,-3\leq x\leq4\}\cap\{x\,|\,a\leq x\leq b\}$
$=\{x\,|\,-3\leq x\leq1\}$ ……… ㉡
㉠, ㉡을 모두 만족시키려면 집합 B는 다음 그림과 같아야 한다.

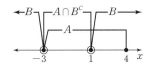

따라서 $a=-3$, $b=1$이므로
$b-a=4$

19 $A-B$를 벤다이어그램으로 나타내면 다음과 같다.

$A\cap C$를 벤다이어그램으로 나타내면 다음과 같다.

따라서 구하는 부분은
$(A-B)\cup(A\cap C)$

20 홀수인 원소를 1개 포함하는 집합은
$\{1\}$, $\{1, 2\}$, $\{1, 4\}$, $\{1, 2, 4\}$,
$\{3\}$, $\{3, 2\}$, $\{3, 4\}$, $\{3, 2, 4\}$,
$\{5\}$, $\{5, 2\}$, $\{5, 4\}$, $\{5, 2, 4\}$
따라서 구하는 집합의 개수는 12이다.

다른풀이
홀수인 원소 1, 3, 5를 제외한 집합 $\{2, 4\}$의 각 부분집합에
1, 3, 5를 각각 하나씩만 넣으면 된다.
∴ $2^2\times3=12$

21 집합 A는 1, 2, 3을 원소로 가지면 안되므로 구하는 모든 집합 A의 개수는
$2^{6-3}=2^3=8$

22 $A-B=\{1, 2\}$, $B-A=\{5, 6, 7\}$이므로
집합 A는 두 원소 1, 2는 반드시 포함하고 세 원소 5, 6, 7은 포함하지 않는 집합이다.
따라서 집합 A의 개수는 집합 $\{3, 4\}$의 부분집합의 개수와 같으므로
$2^2=4$

23 $A=\{1, 2, 4\}$, $B=\{1, 2, 3, 4, 6, 12\}$이므로
$\{1, 2, 4\}\subset X\subset\{1, 2, 3, 4, 6, 12\}$
따라서 조건을 만족시키는 집합 X의 개수는
$2^{6-3}=2^3=8$

24 $A-B=\{2, 3, 4\}$, $A\cup B=\{2, 3, 4, 5, 6, 7, 8\}$
이므로 집합 X는 $A\cup B$의 부분집합 중에서 세 원소 2, 3, 4를 반드시 포함하는 집합이다.
따라서 집합 X의 개수는
$2^{7-3}=2^4=16$

25 $P(A)$는 집합 A의 부분집합을 원소로 갖는 집합이므로
$P(A)=\{\varnothing, \{1\}, \{2\}, \{\{1\}\}, \{1, 2\}, \{1, \{1\}\}, \{2, \{1\}\}, A\}$
따라서 7개 모두 집합 $P(A)$의 원소이다.

26 집합 $U=\{1, 2, 3, 4, 5, 6, 7, 8\}$의 원소를 조건에 따라 벤다이어그램으로 나타내면 다음과 같다.

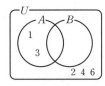

따라서 집합 B의 원소는 5, 7, 8이므로 구하는 모든 원소의 합은
$5+7+8=20$

27 $A-C$를 벤다이어그램으로 나타내면

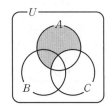

$(A^c \cap B)$를 벤다이어그램으로 나타내면

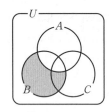

따라서 $(A-C) \cup (A^c \cap B)$를 벤다이어그램으로 바르게 나타낸 것은 ⑤이다.

28 $\{2, 3\} \cap A \neq \varnothing$이므로 집합 A는 2, 3 중에서 적어도 하나는 원소로 가져야 한다.
즉, 집합 A의 개수는 집합 U의 부분집합의 개수에서 2, 3을 원소로 갖지 않는 부분집합의 개수를 뺀 것과 같다.
2, 3을 원소로 갖지 않는 집합 U의 부분집합의 개수는
$2^{5-2}=8$
따라서 집합 A의 개수는
$2^5-8=32-8=24$

29 집합 B의 원소는 10과 서로소인 자연수이므로 소인수가 2나 5를 가지지 않는 수이다.
$A=\{1, 2, 3, \cdots, 100\}$
$B=\{1, 3, 7, 9, 11, 13, 17, \cdots\}$
조건 (나)에서 집합 X는 집합 B와 서로소이므로 집합 X의 원소는 소인수 2와 5를 적어도 하나를 가지는 100 이하의 자연수이다.
한편, 조건 (다)에서 집합 X의 모든 원소는 6과 서로소이므로 2와 3을 소인수로 가질 수 없으므로 5를 소인수로 가져야 한다.
즉, 집합 X의 원소는
$5, 5^2, 7 \times 5, 11 \times 5, 13 \times 5, 17 \times 5, 19 \times 5$
이다.
따라서 집합 X의 개수는
$2^7-1=127$

30 $A=\{1, 2, 3, 6\}$, $B=\{2, 3, 4, 5, 6\}$에서
$A \cap B=\{2, 3, 6\}$, $A \cup B=\{1, 2, 3, 4, 5, 6\}$
따라서 집합 X는 $\{1, 2, 3, 4, 5, 6\}$의 부분집합 중에서 2, 3, 6을 항상 포함하는 부분집합이므로 집합 X의 개수는
$2^{6-3}=2^3=8$

05 집합의 연산과 원소의 개수 _{본문 031~035쪽}

01 ④	**02** ⑤	**03** ①	**04** ①
05 32	**06** 8	**07** ②	**08** 22
09 ②	**10** ⑤	**11** 9	**12** ②
13 ④	**14** ⑤	**15** ⑤	**16** ①
17 8	**18** ③	**19** 75	**20** ②
21 46	**22** 4	**23** ⑤	**24** 24
25 ⑤	**26** 8	**27** ⑤	**28** ②
29 18	**30** 85		

01 $(A^c \cap B)^c \cap B = \{(A^c)^c \cup B^c\} \cap B$
$\qquad = (A \cup B^c) \cap B$
$\qquad = (A \cap B) \cup (B^c \cap B)$
$\qquad = (A \cap B) \cup \varnothing$
$\qquad = A \cap B$
$\qquad = \{4\}$

02 $A=\{2, 4, 6, 8, 10\}$, $B=\{2, 3, 5, 7\}$이므로
$A-B=\{4, 6, 8, 10\}$, $B-A=\{3, 5, 7\}$
$\therefore (A-B) \cup (B-A) = \{4, 6, 8, 10\} \cup \{3, 5, 7\}$
$\qquad = \{3, 4, 5, 6, 7, 8, 10\}$
따라서 구하는 모든 원소의 합은
$3+4+5+6+7+8+10=43$

03 $(A \cap B) \cup (A^c \cup B)^c = (A \cap B) \cup \{(A^c)^c \cap B^c\}$
$\qquad = (A \cap B) \cup (A \cap B^c)$
$\qquad = A \cap (B \cup B^c)$
$\qquad = A \cap U = A$

04 $A \cap B^c = A-B = \varnothing$이므로 $A \subset B$
즉, 두 집합 A, B 사이의 관계를 벤다이어그램으로 나타내면 다음 그림과 같다.

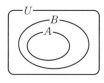

① $A \subset B$ (참)
② $A^c \not\subset B^c$ (거짓)
③ $A \cap B = A$ (거짓)
④ $A \cup B = B$ (거짓)
⑤ $A \cup B^c \neq U$ (거짓)
따라서 항상 성립하는 것은 ①이다.

05 전체집합 $U=\{1, 2, 3, 4, 5, 6, 7, 8, 9, 10\}$이므로
$(A \cup B)^c=\{6, 7, 8\}$에서 $A \cup B=\{1, 2, 3, 4, 5, 9, 10\}$
$A-B=\{2, 3\}$, $B-A=\{1, 4\}$에서 $A \cap B=\{5, 9, 10\}$
즉, 두 집합 A, B 사이의 관계를 벤다이어그램으로 나타내면 다음 그림과 같다.

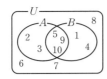

따라서 $n(A)=5$이므로 집합 A의 부분집합의 개수는
$2^5=32$

06 $A\cap X=X$에서 $X\subset A$
$(A-B)\cup X=X$에서 $(A-B)\subset X$
$\therefore (A-B)\subset X\subset A$
$A=\{1, 2, 3, 4, 5\}$, $A-B=\{1, 2\}$이므로
$\{1, 2\}\subset X\subset\{1, 2, 3, 4, 5\}$
즉, 집합 X는 집합 A의 부분집합 중에서 두 원소 1, 2를 반드시 포함하는 집합이므로 그 개수는
$2^{5-2}=2^3=8$

07 $n(A^C\cap B^C)=n((A\cup B)^C)$
$\qquad\qquad\quad =n(U)-n(A\cup B)$
$\qquad\qquad\quad =60-n(A\cup B)=5$
$\therefore n(A\cup B)=55$
$n(A\cup B)=n(A)+n(B)-n(A\cap B)$에서
$55=37+n(B)-22$
$\therefore n(B)=40$

08 전체 학생의 집합을 U, 농구와 축구를 좋아하는 학생의 집합을 각각 A, B라 하면
$n(U)=100$, $n(A)=57$, $n(B)=66$, $n(A^C\cap B^C)=21$
$n(A^C\cap B^C)=n((A\cup B)^C)$
$\qquad\qquad\quad =n(U)-n(A\cup B)$
에서
$21=100-n(A\cup B)$
$\therefore n(A\cup B)=79$
또 $n(A\cup B)=n(A)+n(B)-n(A\cap B)$
에서
$79=57+66-n(A\cap B)$
$\therefore n(A\cap B)=44$
따라서 축구만 좋아하는 학생의 집합은 $B-A$이므로 구하는 학생 수는
$n(B-A)=n(B)-n(A\cap B)$
$\qquad\qquad =66-44=22$

09 $A_2\cap(A_3\cup A_5)=(A_2\cap A_3)\cup(A_2\cap A_5)$
이때, 2의 배수와 3의 배수의 교집합은 6의 배수의 집합이고, 2의 배수와 5의 배수의 교집합은 10의 배수의 집합이다.
$\therefore A_2\cap(A_3\cup A_5)=A_6\cup A_{10}$
한편, 6의 배수와 10의 배수의 교집합은 30의 배수의 집합이다.
$\therefore n(A_6)=16$, $n(A_{10})=10$, $n(A_6\cap A_{10})=3$
$\therefore n(A_2\cap(A_3\cup A_5))=n(A_6\cup A_{10})$
$\qquad\qquad\qquad\qquad =n(A_6)+n(A_{10})-n(A_6\cap A_{10})$
$\qquad\qquad\qquad\qquad =16+10-3=23$

10 $A_3\cap(A_4\cup A_6)=(A_3\cap A_4)\cup(A_3\cap A_6)$
$\qquad\qquad\qquad\quad =A_{12}\cup A_6=A_6$

$\therefore A_3\cap(A_4\cup A_6)-A_8=A_6-A_8=A_6-(A_6\cap A_8)$
따라서 $n(A_6)=16$, $n(A_6\cap A_8)=n(A_{24})=4$이므로 구하는 원소의 개수는
$16-4=12$

11 $n(A\cup C)=n(A)+n(C)-n(A\cap C)$에서
$7=5+3-n(A\cap C)$
$\therefore n(A\cap C)=1$
$n(B\cup C)=n(B)+n(C)-n(B\cap C)$에서
$5=4+3-n(B\cap C)$
$\therefore n(B\cap C)=2$
또 $A\cap B=\varnothing$에서 $n(A\cap B)=0$이므로
$n(A\cap B\cap C)=0$
$\therefore n(A\cup B\cup C)$
$\quad =n(A)+n(B)+n(C)-n(A\cap B)-n(B\cap C)$
$\qquad\qquad\qquad\qquad -n(C\cap A)+n(A\cap B\cap C)$
$\quad =5+4+3-0-2-1+0$
$\quad =9$

12 $A\cup B=\{1, 2, 3, 4, 5\}$, $A\cap B=\{1, 2, 3\}$
이므로 $(A-B)\cup(B-A)=\{4, 5\}$
(i) $A=\{1, 2, 3, 4, 5\}$, $B=\{1, 2, 3\}$일 때
$a=15$, $b=6$이므로
$ab=90$
(ii) $A=\{1, 2, 3\}$, $B=\{1, 2, 3, 4, 5\}$일 때
$a=6$, $b=15$이므로
$ab=90$
(iii) $A=\{1, 2, 3, 4\}$, $B=\{1, 2, 3, 5\}$일 때
$a=10$, $b=11$이므로
$ab=110$
(iv) $A=\{1, 2, 3, 5\}$, $B=\{1, 2, 3, 4\}$일 때
$a=11$, $b=10$이므로
$ab=110$
(i)~(iv)에서 ab의 최댓값은 110이다.

13 $A\cap(B-A)=\varnothing$이므로 $A-(B-A)=A$
$\therefore \{A-(B-A)\}\cap B^C=A\cap B^C=A-B=\{2\}$
즉, $2\in A$이므로 $a+1=2$
$\therefore a=1$
$\therefore B=\{3, 4\}$
따라서 집합 B의 모든 원소의 합은 $3+4=7$

14 $(A\cup B)\cap(A^C\cup B^C)=(A-B)\cup(B-A)=\{4, 8, 12, 24\}$
이므로 집합 $(A-B)\cup(B-A)$는 오른쪽 벤다이어그램의 어두운 부분과 같고 $A=\{1, 2, 4, 8, 16\}$이므로
$A-B=\{4, 8\}$, $B-A=\{12, 24\}$
따라서 $B=\{1, 2, 12, 16, 24\}$이므로
집합 B의 모든 원소의 합은
$1+2+12+16+24=55$

15 ㄱ. $(A-B)^C\cap A=(A\cap B^C)^C\cap A$
$\qquad\qquad\qquad\quad =(A^C\cup B)\cap A$
$\qquad\qquad\qquad\quad =(A^C\cap A)\cup(B\cap A)$
$\qquad\qquad\qquad\quad =\varnothing\cup(B\cap A)=A\cap B$ (참)

ㄴ. $A-(B\cap C)=A\cap(B\cap C)^C=A\cap(B^C\cup C^C)$
$=(A\cap B^C)\cup(A\cap C^C)$
$=(A-B)\cup(A-C)$ (참)

ㄷ. $(A-B)\cup(A\cap C)=(A\cap B^C)\cup(A\cap C)$
$=A\cap(B^C\cup C)$
$=A\cap(B\cap C^C)^C$
$=A-(B-C)$ (참)

따라서 ㄱ, ㄴ, ㄷ 모두 옳다.

16 주어진 식의 좌변을 정리하면
$\{(A\cap B)\cup(A-B)\}\cap B$
$=\{(A\cap B)\cup(A\cap B^C)\}\cap B$ (∵ 차집합의 성질)
$=\{A\cap(B\cup B^C)\}\cap B$ (∵ 분배법칙)
$=(A\cap U)\cap B$ (∵ 여집합의 성질)
$=A\cap B=A$
$\therefore A\subset B$

17 $X\cup A=X$에서 $A\subset X$
$X\cap B^C=X$에서 $X\subset B^C$
$\therefore A\subset X\subset B^C$
$B^C=U-B$
$=\{1,2,3,4,5,6,7,8\}-\{3,4,5\}$
$=\{1,2,6,7,8\}$
즉, 집합 X는 $\{1,2,6,7,8\}$의 부분집합 중에서 두 원소 1, 2를 반드시 포함하는 집합이다.
따라서 집합 X의 개수는
$2^{5-2}=2^3=8$

18 전체집합 U를 4개의 집합
$A-B$, $A\cap B$, $B-A$, $(A\cup B)^C$으로
나누고 각각을 집합 P, Q, R, S라 하자.
$A\cap B^C=P=\{a\}$이므로 a를 제외한
원소 b, c, d가 각각 집합 Q, R, S의
원소로 정해지면 두 집합 A, B가 결정되므로 원소 b, c, d가
각각 집합 Q, R, S의 원소로 정해지는 경우의 수는 각각 3가
지이므로 순서쌍 (A,B)의 개수는
$3\times3\times3=27$

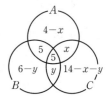

19 전체 학생의 집합을 U, 문학 체험을 신청한 학생의 집합을 A,
역사 체험을 신청한 학생의 집합을 B, 과학 체험을 신청한 학
생의 집합을 C라 하면
$n(U)=212$
㈎에서 $n(A)=80$, $n(B)=90$
㈏에서 $n(A\cap B)=45$
$\therefore n(A\cup B)=n(A)+n(B)-n(A\cap B)$
$=80+90-45=125$
㈐에서 $n((A\cup B\cup C)^C)=12$
$\therefore n(A\cup B\cup C)=n(U)-n((A\cup B\cup C)^C)$
$=212-12=200$
따라서 과학 체험만 신청한 학생의 수는
$n(A\cup B\cup C)-n(A\cup B)=200-125=75$

20 $n(A\cup B)=n(A)+n(B)-n(A\cap B)$에서
$n(A\cap B)=n(A)+n(B)-n(A\cup B)$
$=15+22-n(A\cup B)=37-n(A\cup B)$

$n(A\cup B)$가 최대가 될 때, $n(A\cap B)$가 최소가 된다.
따라서 $n(A\cup B)$의 최댓값이 30이므로 $n(A\cap B)$의 최솟값
은 7이다.

21 전체 학생의 집합을 U, 국어를 좋아하는 학생의 집합을 A, 과
학을 좋아하는 학생의 집합을 B라 하면
$n(U)=50$, $n(A)=30$, $n(B)=36$
(i) $n(A\cap B)\leq n(A)$, $n(A\cap B)\leq n(B)$이므로
$n(A\cap B)\leq30$
(ii) $n(A\cup B)=n(A)+n(B)-n(A\cap B)\leq n(U)$에서
$30+36-n(A\cap B)\leq50$
$\therefore n(A\cap B)\geq16$
(i), (ii)에 의하여 $16\leq n(A\cap B)\leq30$
따라서 $M=30$, $m=16$이므로 $M+m=46$

22 주어진 조건을 이용하여 벤다이어그램
의 각 영역에 해당하는 집합의 원소의
개수를 x, y를 사용하여 나타내면 오른
쪽 그림과 같다.
$4-x\geq0$, $6-y\geq0$에서
$x\leq4$, $y\leq6$이므로
$n(C-(A\cup B))=14-x-y$
$=14-(x+y)$
$\geq14-10=4$
따라서 $n(C-(A\cup B))$의 최솟값은 4이다.

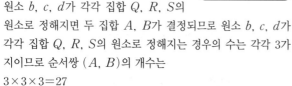

23 조건 ㈎에서 $X\cap\{1,2,3\}=\{2\}$이므로 $1\notin X$, $2\in X$, $3\notin X$
조건 ㈏에서 집합 X의 모든 원소의 합 $S(X)$가 홀수이므로
집합 X는 집합 A의 원소 중에서 홀수인 1, 3, 5, 7 중에서 1
개 또는 3개를 원소로 가져야 한다.
$1\notin X$, $3\notin X$이므로 집합 X는 5, 7 중에서 1개만을 원소로
가져야한다.
조건 ㈎, ㈏를 만족시키면서 $S(X)$가 최대가 될 때는 집합 A의
원소 중에서 짝수인 4, 6을 원소로 갖고, 홀수인 7을 원소로 가
질 때이다.
즉, $X=\{2,4,6,7\}$일 때 $S(X)$가 최대가 된다.
따라서 $S(X)$의 최댓값은
$2+4+6+7=19$

24 조건 ㈎에서 $S(A\cap B)=8$
$A^C\cap B^C=(A\cup B)^C$이므로 $A\cup B=\{2,3,4,5,6,8\}$
$\therefore S(A\cup B)=28$
$S(A)+S(B)=S(A\cup B)+S(A\cap B)=36$
$S(A)+S(B)=\dfrac{3}{2}S(A)$이므로
$S(A)=24$

참고
$A=\{2,3,5,6,8\}$, $B=\{3,4,5\}$

25 $A\subset B$에서 $A-B=\varnothing$이므로
$\{(A-B)\cup B^C\}\cap A^C=(\varnothing\cup B^C)\cap A^C$
$=B^C\cap A^C$
그런데 $A\subset B$에서 $B^C\subset A^C$이므로
$B^C\cap A^C=B^C$

26 $A=\{1, 2, 3, 4, 5\}$, $B=\{1, 3, 5, 9\}$이므로 $A-B=\{2, 4\}$
$(A-B)\cap C=\varnothing$이므로 $2\notin C$, $4\notin C$이고
$A\cap C=C$이므로 $C\subset A$
즉, 집합 C는 2, 4를 원소로 갖지 않는 집합 A의 부분집합이다.
따라서 집합 C의 개수는
$2^{5-2}=2^3=8$

27 세 영화 A, B, C를 관람한 학생의 집합을 각각 A, B, C라
하면
$n(A\cup B\cup C)=100$,
$n(A)=52$, $n(B)=63$, $n(C)=56$,
$n(A\cap B\cap C)=13$이므로
$n(A\cup B\cup C)=n(A)+n(B)+n(C)$
$$-n(A\cap B)-n(B\cap C)-n(C\cap A)$$
$$+n(A\cap B\cap C)$$
에서
$100=52+63+56-\{n(A\cap B)+n(B\cap C)+n(C\cap A)\}$
$$+13$$
$\therefore n(A\cap B)+n(B\cap C)+n(C\cap A)=84$
따라서 세 편의 영화 중에서 한 편만 관람
한 학생의 수는

$n(A\cup B\cup C)$
$-\{n(A\cap B)+n(B\cap C)+n(C\cap A)\}$
$$+2n(A\cap B\cap C)$$
$=100-84+2\times 13$
$=42$

28 참석할 수 있다고 응답한 회원의 집합을 A, 모르겠다고 응답한
회원의 집합을 B, 실제로 전체 회의에 참석한 회원의 집합을 C
라 하면
$n(A)=67$, $n(B)=33$, $n(C)=50$
벤다이어그램의 각 영역에 해당하는 집합
의 원소를 나타내면 오른쪽 그림과 같다.

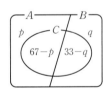

$p\geq 0$, $67-p\geq 0$에서 $0\leq p\leq 67$
$$\cdots\cdots\ \boxdot$$
$q\geq 0$, $33-q\geq 0$에서 $0\leq q\leq 33$
$$\cdots\cdots\ \boxdot$$
한편, $n(C)=50$에서 $(67-p)+(33-q)=50$
$\therefore p+q=50$ $\qquad\cdots\cdots\ \boxdot$
(ⅰ) $\boxdot$에서 $p=50-q$를 $\boxdot$에 대입하면
$0\leq 50-q\leq 67$
$\therefore -17\leq q\leq 50$
이 범위와 $\boxdot$과의 공통 범위를 구하면
$0\leq q\leq 33$
(ⅱ) $\boxdot$에서 $q=50-p$를 $\boxdot$에 대입하면
$0\leq 50-p\leq 33$
$\therefore 17\leq p\leq 50$
이 범위와 $\boxdot$과의 공통 범위를 구하면
$17\leq p\leq 50$
(ⅰ), (ⅱ)에 의하여 $-16\leq p-q\leq 50$
따라서 $p-q$의 최댓값과 최솟값의 합은
$50+(-16)=34$

29 전체 학생의 집합을 U, 선택 과목 A, B, C를 신청한 학생의
집합을 각각 A, B, C라 하면
$n(U)=35$,
$n(A\cup B)=27$, $n(B\cup C)=25$, $n(C\cup A)=30$,
$n((A\cup B\cup C)^C)=3$
$n(A\cup B\cup C)=35-3=32$이므로
$n(A-(B\cup C))=32-25=7$
$n(B-(C\cup A))=32-30=2$
$n(C-(A\cup B))=32-27=5$

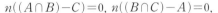

이때, $n(A\cap B\cap C)$가 최대일 때는
$n((A\cap B)-C)=0$, $n((B\cap C)-A)=0$,
$n((C\cap A)-B)=0$이다.
따라서 $n(A\cap B\cap C)$의 최댓값은
$32-7-2-5=18$

30 $s(X)=9=1+8=2+7=3+6=4+5$
(ⅰ) 최소인 원소와 최대인 원소가 각각 1, 8인 집합 X의 개수는
집합 $\{2, 3, 4, 5, 6, 7\}$의 부분집합의 개수와 같으므로
$2^6=64$
(ⅱ) 최소인 원소와 최대인 원소가 각각 2, 7인 집합 X의 개수는
집합 $\{3, 4, 5, 6\}$의 부분집합의 개수와 같으므로
$2^4=16$
(ⅲ) 최소인 원소와 최대인 원소가 각각 3, 6인 집합 X의 개수는
집합 $\{4, 5\}$의 부분집합의 개수와 같으므로
$2^2=4$
(ⅳ) 최소인 원소와 최대인 원소가 각각 4, 5인 집합 X는 $\{4, 5\}$
뿐이다.
(ⅰ)~(ⅳ)에 의하여 구하는 집합 X의 개수는
$64+16+4+1=85$

01 ⑤	02 ④	03 ④	04 ④
05 16	06 ③	07 ⑤	08 3
09 ⑤	10 ②	11 ④	12 ⑤
13 ④	14 ①	15 ⑤	16 ①
17 81	18 ②	19 ④	20 ②
21 ③	22 ④	23 ④	24 ②
25 ②	26 ①	27 16	28 4
29 ③	30 256		

01 $\sim p$: $x(x-11)<0$이므로 조건 $\sim p$의 진리집합은
$\{x\,|\,0<x<11,\ x$는 정수$\}$
따라서 조건 $\sim p$의 진리집합의 원소의 개수는
1, 2, 3, $\cdots$, 10의 10이다.

02 $x^2-5x+6=0$, $(x-2)(x-3)=0$
$\therefore x=2$ 또는 $x=3$
$\therefore P=\{2,\ 3\}$
한편, 8의 약수는 1, 2, 4, 8이므로
$Q=\{1,\ 2,\ 4,\ 8\}$
$\therefore P\cup Q=\{1,\ 2,\ 3,\ 4,\ 8\}$
따라서 집합 $P\cup Q$의 모든 원소의 합은
$1+2+3+4+8=18$

03 ① 소수 2는 짝수이다. (참)
② x가 실수이면 $x^2\geq 0$이다. (참)
③ $x=0$이면 $x^2+x=0$이다. (참)
④ [반례] $x=0$이면 $|x|=0$이다. (거짓)
⑤ $x=\dfrac{1}{2}$이면 $x^2<x$이다. (참)
따라서 거짓인 명제는 ④이다.

04 자연수 a에 대한 조건이 참인 명제가 되기 위해서는
$\{x\,|\,x>0\}\subset\{x\,|\,x-a+4>0\}$
즉, $\{x\,|\,x>0\}\subset\{x\,|\,x>a-4\}$이어야 하므로
$a-4\leq 0$
$\therefore a\leq 4$
따라서 자연수 a는 1, 2, 3, 4의 4개이다.

05 전체집합 $U=\{2,\ 3,\ 4\}$에 대하여
x^2의 최댓값은 $x=4$일 때, $x^2=16$이므로
실수 a의 최댓값은 16이다.

06 명제의 부정이 참인 것은 원래 명제가 거짓인 것을 찾으면 된다.
ㄱ. 30의 약수는 1, 2, 3, 5, 6, 10, 15, 30이므로
　　$4\notin\{x\,|\,x$는 30의 약수$\}$ (거짓)
ㄴ. $\sqrt{3}$은 무리수이다. (참)
ㄷ. [반례] $x=0$이면 $x^2=0$ (거짓)
ㄹ. 어떤 삼각형은 내각의 크기의 합이 $180°$이다. (참)
따라서 명제의 부정이 참인 것은 ㄱ, ㄷ이다.

07 두 조건 p, q의 진리집합을 각각 P, Q라 하면
$P=\{x\,|\,x\neq -2,\ x\neq 4,\ x$는 실수$\}$
$Q=\{x\,|\,-2\leq x\leq 4\}$
① $P\not\subset Q$이므로 명제 $p\longrightarrow q$는 거짓이다.
② 두 조건 $\sim p$, $\sim q$의 진리집합은 각각 P^C, Q^C이다.
　$P^C=\{x\,|\,x=-2$ 또는 $x=4\}$,
　$Q^C=\{x\,|\,x<-2$ 또는 $x>4\}$
　이므로 $P^C\not\subset Q^C$이다.
　따라서 명제 $\sim p\longrightarrow \sim q$는 거짓이다.
③ $Q=\{x\,|\,-2\leq x\leq 4\}$,
　$P^C=\{x\,|\,x=-2$ 또는 $x=4\}$
　이므로 $Q\not\subset P^C$이다.
　따라서 명제 $q\longrightarrow \sim p$는 거짓이다.
④ $Q=\{x\,|\,-2\leq x\leq 4\}$,
　$P=\{x\,|\,x\neq -2,\ x\neq 4,\ x$는 실수$\}$
　이므로 $Q\not\subset P$이다.
　따라서 명제 $q\longrightarrow p$는 거짓이다.
⑤ $P^C=\{x\,|\,x=-2$ 또는 $x=4\}$,
　$Q=\{x\,|\,-2\leq x\leq 4\}$
　이므로 $P^C\subset Q$이다.
　따라서 명제 $\sim p\longrightarrow q$는 참이다.

08 두 조건 p, q의 진리집합을 각각 P, Q라 하면
$P=\{a+2\}$, $Q=\{-4,\ 2,\ 5\}$
명제 $p\longrightarrow q$가 참이 되려면 $P\subset Q$이어야 한다.
즉, $a+2=-4$ 또는 $a+2=2$ 또는 $a+2=5$
$\therefore a=-6$ 또는 $a=0$ 또는 $a=3$
따라서 명제 $p\longrightarrow q$가 참이기 위한 정수 a의 최댓값은 3이다.

09 두 조건 p, q의 진리집합을 각각 P, Q라 하면
$P=\{x\,|\,|x-a|<2\}=\{x\,|\,a-2<x<a+2\}$
$Q=\{x\,|\,-3<x<5\}$
명제 $p\longrightarrow q$가 참이 되려면 $P\subset Q$이어야 한다.
즉, $-3\leq a-2$, $a+2\leq 5$에서
$-1\leq a\leq 3$
따라서 정수 a는 -1, 0, 1, 2, 3이
므로 그 합은 5이다.

10 $P\cap Q=Q$이므로
$Q\subset P$
즉, 명제 $q\longrightarrow p$가 참이므로 그 대우 $\sim p\longrightarrow \sim q$도 참이다.

11 명제 $q\longrightarrow \sim p$가 참이므로
$Q\subset P^C$
즉, P, Q의 포함 관계를 벤다이어그램
으로 나타내면 오른쪽 그림과 같다.
따라서 항상 옳은 것은 ④ $P\cap Q=\varnothing$
이다.

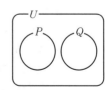

12 명제 $p\longrightarrow q$가 참이려면 $P\subset Q$이어야 한다.
(i) $2a-1=1$일 때,
　$2a=2$
　$\therefore a=1$

$a^2-3=-2$이므로 $Q=\{-2,\ 1,\ 2\}$

　　　$\therefore P\not\subset Q$

(ii) $2a-1=3$일 때,

　　$2a=4$　　$\therefore a=2$

　　$a^2-3=1$이므로 $Q=\{1,\ 2,\ 3\}$

　　　$\therefore P\subset Q$

(i), (ii)에 의하여 자연수 a의 값은 2이다.

13 명제 '$k-1\le x\le k+3$인 어떤 실수 x에 대하여 $0\le x\le2$이다.'
에서 조건 $k-1\le x\le k+3$의 진리집합을
$P=\{x|k-1\le x\le k+3\}$,
조건 $0\le x\le2$의 진리집합을
$Q=\{x|0\le x\le2\}$
라 하자. 주어진 명제가 참이 되려면 집합 P에 속하는 원소 중
에서 집합 Q에도 속하는 원소가 존재해야 한다.
즉, $P\cap Q\neq\varnothing$이어야 한다.

(i) $k-1\ge0$인 경우
　　$k-1\le2,\ k\le3$
　　　$\therefore 1\le k\le3$

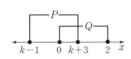

(ii) $k-1<0$인 경우
　　$0\le k+3,\ k\ge-3$
　　　$\therefore -3\le k<1$

(i), (ii)에 의하여 $-3\le k\le3$
따라서 정수 k는 $-3,\ -2,\ -1,\ 0,\ 1,\ 2,\ 3$의 7개이다.

참고

조건 p의 진리집합을 P라 할 때, '모든 x에 대하여 p이다.'가
참이 되기 위해서는 $P=U$이어야 하고, '어떤 x에 대하여 p이
다.'가 참이 되기 위해서는 $P\neq\varnothing$이어야 한다.

14 ㈎에서 명제 '$x>0$인 어떤 실수 x에 대하여 $x<-a^2+4$'가 성
립하도록 하는 양수 x가 존재하려면 $4-a^2>0$이어야 한다.
　$\therefore -2<a<2$　　　…… ㉠
㈏에서 명제 '$x<0$인 모든 실수 x에 대하여 $(x-3)(x-a)\ge0$
이다.'가 참이 되려면 다음과 같다.

(i) $a\ge3$일 때　　　　　(ii) $a<3$일 때

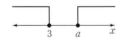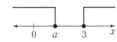

위의 수직선에서 $a\ge3$일 때는 $x\le3$, $x\ge a$이므로 $x<0$인 모
든 실수에서 항상 성립하고, $a<3$일 때는 $a\ge0$일 때 성립한다.
즉, 명제가 참이 되려면
$a\ge0$　　　…… ㉡
따라서 ㉠, ㉡을 모두 만족시키는 실수 a의 값의 범위는
$0\le a<2$

15 명제 '어떤 실수 x에 대하여 $x^2-2kx+6k<0$이다.'는 거짓이
되려면 이 부등식을 만족하는 해가 없어야 하므로 모든 실수 x
에 대하여 부등식 $x^2-2kx+6k\ge0$을 만족해야 한다.
즉, 방정식 $x^2-2kx+6k=0$의 판별식을 D라 하면 $D\le0$이어
야 한다.
　$\dfrac{D}{4}=k^2-6k\le0,\ k(k-6)\le0$
　$\therefore 0\le k\le6$　　　…… ㉠

명제 '$x<0$인 모든 실수 x에 대하여 $(x-1)(x-k+1)\ge0$이
다.'가 참이 되려면 다음과 같다.

(i) $k\ge2$일 때　　　　　(ii) $k<2$일 때

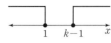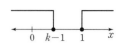

위의 수직선에서 $k\ge2$일 때는 $x\le1$, $x\ge k-1$이므로 $x<0$인
모든 실수에서 항상 성립하고, $k<2$일 때는 $0\le k-1$일 때 성
립한다.
즉, 명제가 참이 되려면 $k\ge1$　　　…… ㉡
따라서 ㉠, ㉡을 모두 만족시키는 실수 k의 값의 범위는
$1\le k\le6$

16 명제의 부정이 거짓인 것은 원래 명제가 참인 것을 찾으면 된다.
① 정사각형은 직각사각형이고 마름모이다. (참)
② 내각의 크기의 합이 $360°$인 삼각형은 없다. (거짓)
③ $x^2\le0$을 만족하는 자연수 x는 없다. (거짓)
④ [반례] $x=-\dfrac{1}{2}$일 때, $x^2+x<0$ (거짓)
⑤ [반례] $x=1$일 때, $\sqrt{x}$는 유리수이다. (거짓)
따라서 부정이 거짓인 명제는 ①이다.

17 주어진 명제의 부정은
'모든 실수 x에 대하여 $x^2-18x+k\ge0$'
이다. 실수 전체의 집합에서 모든 실수 x에 대하여 이차부등식
$x^2-18x+k\ge0$이 성립해야 하므로 이차방정식
$x^2-18x+k=0$의 판별식을 D라 하면
$\dfrac{D}{4}=(-9)^2-k\le0$　　$\therefore k\ge81$
따라서 k의 최솟값은 81이다.

18 세 조건 p, q, r의 진리집합을 각각 P, Q, R라 하면
$P=\{x|x<-4\ 또는\ x>4\}$,
$Q=\{x|-3\le x\le3\}$, $R=\{x|x\le3\}$
ㄱ. $Q\subset R$이므로 명제 $q\longrightarrow r$는 참이다.
ㄴ. $Q^C=\{x|x<-3\ 또는\ x>3\}$이므로 $P\subset Q^C$
　　따라서 명제 $p\longrightarrow \sim q$는 참이다.
ㄷ. $P^C=\{x|-4\le x\le4\}$이므로 $R\not\subset P^C$
　　따라서 명제 $r\longrightarrow \sim p$는 거짓이다.
따라서 참인 명제만을 있는 대로 고른 것은 ㄱ, ㄴ이다.

19 실수 x에 대한 세 조건 p, q, r의 진리집합을 각각 P, Q, R라
하면
$P=\{x|0\le x\le3\}$,
$Q=\{x|x>4\}$,
$R=\{x|-1\le x\le3\}$
ㄱ. $P\not\subset Q$이므로 명제 $p\longrightarrow q$는 거짓이다.
ㄴ. $P\subset R$이므로 명제 $p\longrightarrow r$는 참이다.
ㄷ. $Q^C=\{x|x\le4\}$이므로 $R\subset Q^C$
　　따라서 명제 $r\longrightarrow \sim q$는 참이다.
따라서 참인 명제만을 있는 대로 고른 것은 ㄴ, ㄷ이다.

20 세 조건 p, q, r의 진리집합을 각각 P, Q, R라 하면
$P=\{x|x>4\}$, $Q=\{x|x>5-a\}$,
$R=\{x|(x-a)(x+a)>0\}$

두 명제 $p \longrightarrow q$, $q \longrightarrow r$가 참이 되려면
$P \subset Q \subset R$이어야 한다.
(i) $P \subset Q$에서 $5 - a \leq 4$
$\quad \therefore a \geq 1$
(ii) a는 양수이므로
$\quad R = \{x \mid x < -a$ 또는 $x > a\}$
$\quad Q \subset R$에서 $a \leq 5 - a$
$\quad \therefore a \leq \dfrac{5}{2}$

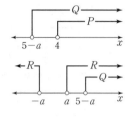

(i), (ii)에 의하여 $1 \leq a \leq \dfrac{5}{2}$
따라서 실수 a의 최댓값과 최솟값의 합은
$\dfrac{5}{2} + 1 = \dfrac{7}{2}$

21 명제 $p \longrightarrow {\sim}q$가 참이므로 $P \subset Q^C$
$\therefore \{(P \cap Q) \cup (P \cap Q^C)\} \cap Q^C = \{P \cap (Q \cup Q^C)\} \cap Q^C$
$\qquad\qquad\qquad\qquad\qquad\quad = (P \cap U) \cap Q^C$
$\qquad\qquad\qquad\qquad\qquad\quad = P \cap Q^C = P$

22 명제 ${\sim}p \longrightarrow q$가 참이기 위해서는 $P^C \subset Q$
$P^C = \{x \mid x < -4$ 또는 $x > 5\}$이므로

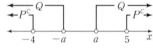

위의 수직선에서 $-4 \leq -a$이고 $a \leq 5$
따라서 $a \leq 4$이므로 자연수 a의 개수는 1, 2, 3, 4의 4이다.

23 $P = \{x \mid 0 \leq x \leq a\}$, $Q = \left\{x \mid 1 - \dfrac{a}{2} \leq x \leq 5\right\}$
에서 명제 $p \longrightarrow q$가 참이 되려면 $P \subset Q$이어야 한다.
즉, $1 - \dfrac{a}{2} \leq 0$, $a \leq 5$에서
$2 \leq a \leq 5$
따라서 자연수 a는 2, 3, 4, 5의
4개이다.

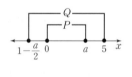

24 ㄱ. $a = 0$이면
$\quad p : 0 \times (x-1)(x-2) = 0$이 되어 이 부등식을 만족하는
$\quad$ 실수 x는 존재하지 않으므로 $P = \varnothing$이다. (참)
ㄴ. $a > 0$, $b = 0$이면
$\quad$ 조건 p의 진리집합은 $P = \{x \mid 1 < x < 2\}$이고,
$\quad$ 조건 q의 진리집합은 $Q = \{x \mid x > 0\}$이므로
$\quad P \subset Q$이다. (참)
ㄷ. $a < 0$, $b = 3$이면
$\quad$ 조건 p의 진리집합은 $P = \{x \mid x < 1$ 또는 $x > 2\}$이므로
$\quad$ 조건 ${\sim}p$의 진리집합은 $P^C = \{x \mid 1 \leq x \leq 2\}$이다.
$\quad$ 조건 q의 진리집합은 $Q = \{x \mid x > 3\}$이므로
$\quad P^C \not\subset Q$
$\quad$ 따라서 명제 '${\sim}p$이면 q이다.'는 거짓이다. (거짓)
따라서 옳은 것은 ㄱ, ㄴ이다.

25 주어진 명제가 참이 되도록 하는 집합 P의 개수는 집합 U의
부분집합의 개수에서 집합 U의 원소 중에서 4의 배수가 아닌
1, 2로 이루어진 부분집합의 개수를 뺀 값과 같다.
$\therefore 2^4 - 2^2 = 16 - 4 = 12$

26 명제의 부정이 거짓이 되려면 원래 명제가 참이면 된다.
즉, 명제 '모든 실수 x에 대하여 $x^2 + 6x - a \geq 0$이다.'가 참이면
된다.
방정식 $x^2 + 6x - a = 0$의 판별식을 D라 하면
$\dfrac{D}{4} = 3^2 - (-a) \leq 0$
$\therefore a \leq -9$
따라서 상수 a의 최댓값은 -9이다.

27 $P = \{2, 3, 5, 7\}$
명제 ${\sim}p \longrightarrow q$가 참이 되려면 $P^C \subset Q$이어야 한다.
즉, $\{1, 4, 6, 8, 9, 10\} \subset Q \subset U$이므로 집합 Q는 전체집합 U의
부분집합 중에서 1, 4, 6, 8, 9, 10을 원소로 가지는 집합이다.
따라서 집합 Q의 개수는
$2^{10-6} = 16$

28 세 조건 p, q, r의 진리집합을 각각 P, Q, R라 하면
$P = \{x \mid -2 \leq x \leq 2$ 또는 $x \geq 3\}$,
$Q = \{x \mid a \leq x \leq 1\}$, $R = \{x \mid x \geq b\}$
명제 $q \longrightarrow p$, $p \longrightarrow r$가 참이므로
$Q \subset P \subset R$

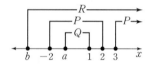

즉, $b \leq -2$, $-2 \leq a \leq 1$에서 a의 최솟값은 -2, b의 최댓값은
-2이므로 그 곱은 4이다.

29 ㄱ. $P \cap Q = P$에서 $P \subset Q$이므로 명제 $p \longrightarrow q$는 참이다.
ㄴ. $R^C \cup Q = U$에서
$\quad R \cap Q^C = R - Q = \varnothing$이므로 $R \subset Q$
$\quad$ 따라서 명제 $r \longrightarrow q$는 참이다.
ㄷ. $P \cap R \neq \varnothing$일 때, $P \not\subset R^C$이므로
$\quad$ 명제 $p \longrightarrow {\sim}r$는 거짓이다.
따라서 옳은 것은 ㄱ, ㄴ이다.

30 $x^2 \leq 2x + 8$에서 $x^2 - 2x - 8 \leq 0$
$(x+2)(x-4) \leq 0$ $\quad \therefore -2 \leq x \leq 4$
$\therefore P = \{1, 2, 3, 4\}$
$p \longrightarrow q$에서 $P \subset Q$
${\sim}p \longrightarrow r$에서 $P^C \subset R$, 즉 $R^C \subset P$
$\therefore R^C \subset P \subset Q$
$P \subset Q$를 만족시키는 집합 Q의 개수는 U의 부분집합 중 1, 2,
3, 4를 반드시 원소로 갖는 집합의 개수와 같으므로
$2^{8-4} = 2^4 = 16$
또, 집합 R^C가 정해지면 집합 R도 정해지므로 집합 R의 개수
는 R^C의 개수와 같다.
$R^C \subset P$를 만족시키는 집합 R^C의 개수는 집합 P의 부분집합의
개수와 같으므로
$2^4 = 16$
즉, 집합 R의 개수도 16이다.
따라서 순서쌍 (Q, R)의 개수는
$16 \times 16 = 256$

07 명제 사이의 관계

본문 043~047쪽

01 ③	02 ⑤	03 ①	04 ①
05 ②	06 ⑤	07 ③	08 ④
09 ②	10 3	11 ②	12 ⑤
13 ③	14 ⑤	15 ②	16 ③
17 ⑤	18 ④	19 26	20 ③
21 8	22 ④	23 ⑤	24 ④
25 ③	26 ⑤	27 ④	28 ①
29 ④	30 ③		

01 $|x-n| \leq 1$에서 $-1 \leq x-n \leq 1$

$\therefore n-1 \leq x \leq n+1$

두 조건 p, q의 진리집합을 각각 P, Q라 하면

$P = \{x \mid -1 \leq x < 4\}$, $Q = \{x \mid n-1 \leq x \leq n+1\}$

명제 $p \longrightarrow q$의 역 $q \longrightarrow p$가 참이 되려면 $Q \subset P$이어야 하므로

다음 그림에서

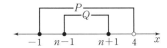

$-1 \leq n-1$에서

$n \geq 0$ …… ㉠

$n+1 < 4$에서

$n < 3$ …… ㉡

㉠, ㉡에서 $0 \leq n < 3$이므로

구하는 정수 n의 개수는 0, 1, 2의 3이다.

02 대우는 주어진 명제의 참, 거짓과 일치하므로 주어진 명제와 역이 모두 참인 명제를 찾으면 된다.

① 명제 $ab<0$이면 $a^2+b^2>0$이다. (참)

역: $a^2+b^2>0$이면 $ab<0$이다. (거짓)

[반례] $a=1$, $b=2$이면 $a^2+b^2>0$이지만 $ab>0$이다.

② 명제 $ab>0$이면 $a>0$이고 $b>0$이다. (거짓)

[반례] $a=-1$, $b=-2$이면 $ab>0$이지만 $a<0$이고 $b<0$이다.

③ 명제 $ab \neq 8$이면 $a \neq 2$ 또는 $b \neq 4$이다. (참)

역: $a \neq 2$ 또는 $b \neq 4$이면 $ab \neq 8$이다. (거짓)

[반례] $a=1$, $b=8$이면 $a \neq 2$ 또는 $b \neq 4$이지만 $ab=8$이다.

④ 명제 $a>1$이고 $b>1$이면 $a+b>2$이다. (참)

역: $a+b>2$이면 $a>1$이고 $b>1$이다. (거짓)

[반례] $a=5$, $b=-1$이면 $a+b>2$이지만 $a>1$이고 $b<1$이다.

⑤ 명제 $|a|+|b|=0$이면 $a^2+b^2=0$이다. (참)

역: $a^2+b^2=0$이면 $|a|+|b|=0$이다. (참)

따라서 역과 대우가 모두 참인 명제는 ⑤이다.

03 명제 '$x^2+ax+2 \neq 0$이면 $x \neq 1$이다.'가 참이므로 그 대우

'$x=1$이면 $x^2+ax+2=0$이다.'도 참이다.

즉, $x=1$을 $x^2+ax+2=0$에 대입하면

$1+a+2=0$

$\therefore a=-3$

04 명제 $p \longrightarrow \sim q$와 $r \longrightarrow q$가 모두 참이므로

각각의 대우 $q \longrightarrow \sim p$와 $\sim q \longrightarrow \sim r$도 참이다.

또한, $r \longrightarrow q$와 $q \longrightarrow \sim p$가 참이므로

삼단논법에 의해

$r \longrightarrow \sim p$와 그 대우 $p \longrightarrow \sim r$도 참이다.

따라서 항상 참인 것은 ①이다.

05 주어진 벤다이어그램에서 $P \subset R^C$이므로 항상 참인 명제는

② $p \longrightarrow \sim r$이다.

06 ㄱ. $a^2+b^2=0$이면 $a=0$, $b=0$이므로 $a=b$이다.

$\therefore p \Longrightarrow q$

[$\longleftarrow$의 반례] $a=1$, $b=1$이면 $a^2+b^2 \neq 0$이다.

ㄴ. $ab<0$이면 $a>0$, $b<0$ 또는 $a<0$, $b>0$이므로

$a<0$ 또는 $b<0$이다.

$\therefore p \Longrightarrow q$

[$\longleftarrow$의 반례] $a<0$, $b<0$이면 $ab>0$이다.

ㄷ. $a^3-b^3=(a-b)(a^2+ab+b^2)=0$에서

$a-b=0$ 또는 $a^2+ab+b^2=0$

$\therefore a=b$

$a=b$이므로 $a^2-b^2=0$

$\therefore p \Longrightarrow q$

$a^2-b^2=(a+b)(a-b)=0$에서

$a=-b$ 또는 $a=b$

$a=-b$이면 $a^3-b^3 \neq 0$이다.

$\therefore q \not\Longrightarrow p$

따라서 p는 q이기 위한 충분조건이지만 필요조건이 아닌 것은 ㄱ, ㄴ, ㄷ이다.

07 ㄱ. p: $ab>0$ $\xrightarrow{\;\;\circ\;\;}_{\times}$ q: $|a+b|=|a|+|b|$ (충분조건)

[반례] $a=0$, $b=1$이면 $|a+b|=|a|+|b|$이지만 $ab=0$이다.

ㄴ. p: $a+b \geq 2$ $\xrightarrow{\;\;\circ\;\;}_{\times}$ q: $a \geq 1$ 또는 $b \geq 1$ (충분조건)

[반례] $a=-3$, $b=2$이면 $a \geq 1$ 또는 $b \geq 1$이지만 $a+b<2$이다.

ㄷ. p: $|a+b|=|a-b|$ $\xrightarrow{\;\;\times\;\;}_{\circ}$ q: $a^2+ab+b^2 \leq 0$ (필요조건)

[반례] $a=0$, $b=1$이면 $|a+b|=|a-b|$이지만 $a^2+ab+b^2>0$이다.

따라서 p는 q이기 위한 충분조건이지만 필요조건이 아닌 것은 ㄱ, ㄴ이다.

08 ㈎에서

$A \cap B = \varnothing$이면 $A-B=A$

$A-B=A$이면 $A \cap B = \varnothing$

즉, $A \cap B = \varnothing$인 것은 $A-B=A$이기 위한 필요충분 조건이다.

㈏에서

$A=B$이면 $A \cap B = A \cap A = A$

[반례] $A=\{1, 2\}$, $B=\{1, 2, 3\}$일 때,

$A \cap B = A$이지만 $A \neq B$

즉, $A=B$는 $A \cap B = A$이기 위한 충분 조건이다.

(대)에서

[반례] 세 집합 A, B, C 사이의 관계
가 오른쪽 그림과 같을 때,
$A\cap C=B\cap C$이지만 $A\neq B$
$A=B$이면 임의의 집합 C에 대하여
$A\cap C=B\cap C$
즉, $A\cap C=B\cap C$인 것은 $A=B$이기 위한 $\boxed{\text{필요}}$조건이다.

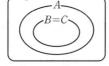

09 두 조건 $|x|\leq a$, $3x-7<x-1$의 진리집합을 각각 P, Q라
하면
$P=\{x\,|\,|x|\leq a\}=\{x\,|\,-a\leq x\leq a\}$
$Q=\{x\,|\,3x-7<x-1\}=\{x\,|\,x<3\}$
$|x|\leq a$가 $3x-7<x-1$이기 위한 충분조건이 되려면 $P\subset Q$
이어야 한다.

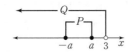

따라서 a의 값의 범위는 $0\leq a<3$이다.

10 두 조건 p, q의 진리집합을 각각 P, Q라 하면
$P=\{x\,|\,x<a\}$, $Q=\{x\,|\,-1<x<3\}$
p가 q이기 위한 필요조건이므로 $q\Longrightarrow p$
즉, $Q\subset P$이다.

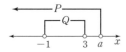

$\therefore a\geq 3$
따라서 a의 최솟값은 3이다.

11 ① $P\not\subset R$이므로 $p\not\Longrightarrow r$
② $R\subset P^C$이므로 $r\Longrightarrow\sim p$
　　즉, $\sim p$는 r이기 위한 필요조건이다.
③ $R\not\subset Q^C$이므로 $r\not\Longrightarrow\sim q$
④ $R^C\not\subset P$이므로 $\sim r\not\Longrightarrow p$
⑤ $R^C\neq P$이므로 $\sim r\not\Longleftrightarrow p$
따라서 항상 옳은 것은 ②이다.

12 $\sim p$가 q이기 위한 충분조건이므로 $\sim p\Longrightarrow q$
$\sim p\Longrightarrow q$의 대우도 참이므로 $\sim q\Longrightarrow p$
따라서 반드시 참인 명제는 ③이다.

13 명제 $\sim q\longrightarrow\sim p$와 $q\longrightarrow\sim r$가 모두 참이므로 각각의 대우
$p\longrightarrow q$와 $r\longrightarrow\sim q$도 참이다.
또한, $p\longrightarrow q$와 $q\longrightarrow\sim r$가 참이므로 삼단논법에 의해
$p\longrightarrow\sim r$와 그 대우 $r\longrightarrow\sim p$도 참이다.
따라서 항상 참이라고 할 수 없는 것은 ③이다.

14 두 명제 $\sim p\longrightarrow q$, $p\longrightarrow\sim r$가 참이므로
$P^C\subset Q$, $P\subset R^C$
$R\subset P^C$이므로 $R\subset Q$
즉, P, Q, R의 포함 관계를 벤다이어
그램으로 나타내면 오른쪽 그림과 같다.
따라서 항상 옳은 것은 ⑤ $R\subset Q$이다.

15 두 명제 $p\longrightarrow r$, $q\longrightarrow r$가 참이므로
$P\subset R$, $Q\subset R$
ㄱ. [반례] $P=\{1,2\}$, $Q=\{2,3\}$, $R=\{1,2,3\}$이면
　　$P\subset R$, $Q\subset R$이지만 $P\cap Q=\{2\}$ (거짓)
ㄴ. $P\subset R$이므로 $P\cap R=P$ (참)
ㄷ. [반례] $U=\{1,2,3,4\}$, $P=\{1\}$, $Q=\{2\}$, $R=\{1,2,3\}$
　　이면
　　$P\subset R$, $Q\subset R$이지만 $P^C\cap Q^C=\{3,4\}$, $R^C=\{4\}$이므로
　　$R^C\subset(P^C\cap Q^C)$ (거짓)
따라서 항상 옳은 것은 ㄴ뿐이다.

16 세 명제 $p\longrightarrow q$, $\sim p\longrightarrow q$, $\sim r\longrightarrow p$가 참이므로
$P\subset Q$, $P^C\subset Q$에서 $Q=U$이고, $R^C\subset P$
즉, P, Q, R의 포함 관계를 벤다이어
그램으로 나타내면 오른쪽 그림과 같다.
ㄱ. $P^C\subset Q$ (참)
ㄴ. [반례] $Q=\{1,2,3\}$, $P=\{1,2\}$,
　　$R=\{2,3\}$이면
　　$R-P^C=R\cap P=\{2\}\neq\varnothing$ (거짓)
ㄷ. $U=Q$이므로 $R^C\cup P^C\subset Q$ (참)
따라서 옳은 것은 ㄱ, ㄷ이다.

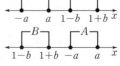

17 p: $|a|+|b|=0\Longleftrightarrow a=b=0$
q: $a^2-2ab+b^2=0\Longleftrightarrow(a-b)^2=0$
　　　　　　　　　　$\Longleftrightarrow a=b$
r: $|a+b|=|a-b|\Longleftrightarrow|a+b|^2=|a-b|^2$
　　　　　　　　　　$\Longleftrightarrow ab=0$
　　　　　　　　　　$\Longleftrightarrow a=0$ 또는 $b=0$
ㄱ. p는 q이기 위한 충분조건이다. (참)
ㄴ. $\sim p$: $a\neq 0$ 또는 $b\neq 0$
　　$\sim r$: $a\neq 0$이고 $b\neq 0$
　　즉, $\sim p$는 $\sim r$이기 위한 필요조건이다. (참)
ㄷ. q이고 r이면 $a=b=0$이므로
　　q이고 r는 p이기 위한 필요충분조건이다. (참)
따라서 ㄱ, ㄴ, ㄷ 모두 옳다.

18 $A=\{x\,|\,(x-a)(x+a)\leq 0\}$
　　$=\{x\,|\,-a\leq x\leq a\}$
$B=\{x\,|\,|x-1|\leq b\}$
　　$=\{x\,|\,1-b\leq x\leq 1+b\}$
$A\cap B=\varnothing$이려면
(i) $a<1-b$인 경우
　$a+b<1$
(ii) $1+b<-a$인 경우
　$a+b<-1$
　그런데 a, b는 양의 실수이므로 성립하지 않는다.
(i), (ii)에 의하여 $a+b<1$

19 두 조건 p, q의 진리집합을 각각 P, Q라 하면
$P=\{x\,|\,-3<x-a\leq 3\}$
　　$=\{x\,|\,a-3<x\leq a+3\}$
$Q=\{x\,|\,-1\leq 2x-5<19\}$
　　$=\{x\,|\,2\leq x<12\}$

p는 q이기 위한 충분조건이 되려면 $P \subset Q$이어야 한다.

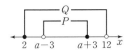

즉, $a-3 \geq 2$, $a+3 < 12$에서 $5 \leq a < 9$

따라서 정수 a는 5, 6, 7, 8이므로 그 합은 26이다.

20 $a \leq x \leq 5$는 $2 \leq x \leq 3$이기 위한 필요조건이므로
$\{x | a \leq x \leq 5\} \supset \{x | 2 \leq x \leq 3\}$

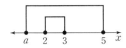

$\therefore a \leq 2$

즉, a의 최댓값은 2이다.

$b \leq x \leq 2$는 $-2 \leq x \leq 2$이기 위한 충분조건이므로
$\{x | b \leq x \leq 2\} \subset \{x | -2 \leq x \leq 2\}$

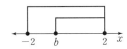

$\therefore -2 \leq b \leq 2$

즉, b의 최솟값은 -2이다.

따라서 a의 최댓값과 b의 최솟값의 합은 0이다.

21 세 조건 p, q, r의 진리집합을 각각 P, Q, R라 하면
$P = \{x | 0 < x \leq 7\}$
$Q = \{x | -1 \leq x \leq a\}$
$R = \{x | x \geq b\}$

p는 q이기 위한 충분조건이므로 $P \subset Q$
r는 q이기 위한 필요조건이므로 $Q \subset R$
$\therefore P \subset Q \subset R$

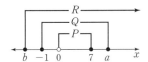

즉, $a \geq 7$, $b \leq -1$이므로 $a-b$의 최솟값은
$7-(-1) = 8$

22 q는 p이기 위한 필요조건이므로 $P \subset Q$
q는 r이기 위한 충분조건이므로 $Q \subset R$
r는 p이기 위한 충분조건이므로 $R \subset P$
$\therefore P = Q = R$

따라서 항상 옳은 것은 ④ $Q \cap R = P$이다.

23 $P = \{x | |x-a| < 1\}$
$\quad = \{x | a-1 < x < a+1\}$

p가 q이기 위한 충분조건이 되려면 $P \subset Q$이어야 한다.

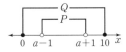

즉, $a-1 \geq 0$, $a+1 \leq 10$에서
$1 \leq a \leq 9$
$\therefore \alpha + \beta = 1+9 = 10$

24 q는 $\sim p$이기 위한 충분조건이므로 $q \Longrightarrow \sim p$
$q \Longrightarrow \sim p$의 대우도 참이므로 $p \Longrightarrow \sim q$
q는 r이기 위한 필요조건이므로 $r \Longrightarrow q$
$r \Longrightarrow q$의 대우도 참이므로 $\sim q \Longrightarrow \sim r$
또 $r \Longrightarrow q$, $q \Longrightarrow \sim p$이므로 삼단논법에 의해
$r \Longrightarrow \sim p$

따라서 항상 참인 명제는 ④ $r \longrightarrow \sim p$이다.

25 두 명제 $p \longrightarrow q$, $q \longrightarrow r$가 참이므로
$P \subset Q$, $Q \subset R$

즉, P, Q, R의 포함 관계를 벤다이어
그램으로 나타내면 오른쪽 그림과 같다.

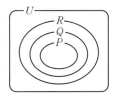

ㄱ. $P \subset R$ (참)

ㄴ. $(P \cup Q) \subset R$ (거짓)

ㄷ. $P^C \cap R^C = (P \cup R)^C = R^C$이므로
$\quad R^C \subset Q^C$ (참)

따라서 옳은 것은 ㄱ, ㄷ이다.

26 $P \cap Q = Q$이므로
$Q \subset P$

즉, $q \longrightarrow p$는 참인 명제이다.

$Q \cup R = Q$이므로
$R \subset Q$

즉, $r \longrightarrow q$는 참인 명제이다.

$r \longrightarrow q$, $q \longrightarrow p$가 참이므로 삼단논법에 의해 $r \longrightarrow p$가 참이고 그 대우 $\sim p \longrightarrow \sim r$도 참이다.

따라서 반드시 참인 명제가 아닌 것은 ⑤이다.

27 두 조건 p, q의 진리집합을 각각 P, Q라 하면
$P = \{x | |x-1| \leq 3\}$
$\quad = \{x | -3 \leq x-1 \leq 3\}$
$\quad = \{x | -2 \leq x \leq 4\}$ ...... ㉠

또한, a가 자연수이므로
$Q = \{x | |x| \leq a\}$
$\quad = \{x | -a \leq x \leq a\}$ ...... ㉡

한편, p가 q이기 위한 충분조건 즉, $p \Longrightarrow q$이므로 $P \subset Q$이어야 한다.

㉠, ㉡에서
$-a \leq -2$이고 $a \geq 4$이므로 $a \geq 4$

따라서 자연수 a의 최솟값은 4이다.

28 p가 q이기 위한 필요조건이므로
$Q \subset P$

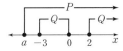

$\therefore a \leq -3$

따라서 a의 최댓값은 -3이다.

29 p는 $\sim r$이기 위한 충분조건이므로
$P \subset R^C$

q는 r이기 위한 필요조건이므로
$R \subset Q$

즉, P, Q, R의 포함 관계를 벤다이어
그램으로 나타내면 오른쪽 그림과 같다.

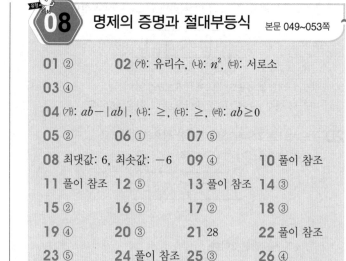

ㄱ. $P \cap Q = \varnothing$인지 알 수 없다. (거짓)

ㄴ. $P \cap R = \varnothing$ (참)

ㄷ. $Q \cap R = R$ (참)

따라서 항상 옳은 것은 ㄴ, ㄷ이다.

30 p는 $\sim r$이기 위한 충분조건이므로 $p \Longrightarrow \sim r$

r는 q이기 위한 필요조건이므로 $q \Longrightarrow r$

$q \Longrightarrow r$의 대우도 참이므로 $\sim r \Longrightarrow \sim q$

또 $p \Longrightarrow \sim r$, $\sim r \Longrightarrow \sim q$이므로 삼단논법에 의해

$p \Longrightarrow \sim q$

따라서 항상 참인 명제는 ③이다.

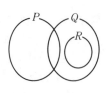

명제의 증명과 절대부등식 본문 049~053쪽

01 ②	**02** ㈎: 유리수, ㈏: n^2, ㈐: 서로소	
03 ④		
04 ㈎: $ab - \lvert ab \rvert$, ㈏: $\geq$, ㈐: $\geq$, ㈑: $ab \geq 0$		
05 ②	**06** ①	**07** ⑤
08 최댓값: 6, 최솟값: -6	**09** ④	**10** 풀이 참조
11 풀이 참조	**12** ⑤	**13** 풀이 참조	**14** ③
15 ②	**16** ⑤	**17** ②	**18** ③
19 ④	**20** ③	**21** 28	**22** 풀이 참조
23 ⑤	**24** 풀이 참조	**25** ③	**26** ④
27 $\dfrac{16}{5}\pi^2$		

01 주어진 명제의 대우는

'자연수 n이 3의 배수가 아니면 n^2도 3의 배수가 아니다.'

이다. n이 3의 배수가 아니면 $n = \boxed{3k-2}$ 또는 $n = 3k-1$

(k는 자연수)로 놓을 수 있다.

(i) $n = \boxed{3k-2}$일 때, $n^2 = 3(\boxed{3k^2 - 4k + 1}) + 1$

(ii) $n = 3k-1$일 때, $n^2 = 3(\boxed{3k^2 - 2k}) + 1$

따라서

$f(k) = 3k-2$, $g(k) = 3k^2 - 4k + 1$, $h(k) = 3k^2 - 2k$

이므로 $f(1) = 1$, $g(2) = 5$, $h(3) = 21$

$\therefore f(1) + g(2) + h(3) = 1 + 5 + 21 = 27$

02 $\sqrt{2}$가 $\boxed{\text{유리수}}$라 가정하면

$\sqrt{2} = \dfrac{n}{m}$ (단, m, n은 서로소인 자연수이다.) ······ ㉠

㉠의 양변을 제곱하면

$2 = \dfrac{n^2}{m^2}$이므로 $n^2 = 2m^2$ ······ ㉡

여기서 $\boxed{n^2}$이 짝수이므로 n도 짝수이다.

$n = 2k$ (k는 자연수)로 나타낼 수 있으므로

㉡에 대입하면

$(2k)^2 = 2m^2$, 즉 $m^2 = 2k^2$

여기서 m^2이 짝수이므로 m도 짝수이다.

즉, m, n이 모두 짝수이므로

m, n이 $\boxed{\text{서로소}}$라는 가정에 모순이다.

따라서 $\sqrt{2}$는 유리수가 아니다.

$\therefore$ ㈎: 유리수, ㈏: n^2, ㈐: 서로소

03 ㄱ. $a^2 + b^2 - ab = a^2 - ab + \dfrac{1}{4}b^2 + \dfrac{3}{4}b^2$

$= \left(a - \dfrac{1}{2}b\right)^2 + \dfrac{3}{4}b^2 \geq 0$

$\therefore a^2 + b^2 \geq ab$

ㄴ. [반례] $a = -2$, $b = -2$일 때,

$\dfrac{-2 + (-2)}{2} < \sqrt{(-2) \times (-2)}$

ㄷ. $3(a^2+b^2+c^2)-(a+b+c)^2$
$\quad =2a^2+2b^2+2c^2-2ab-2bc-2ca$
$\quad =(a-b)^2+(b-c)^2+(c-a)^2\geq0$
$\quad \therefore 3(a^2+b^2+c^2)\geq(a+b+c)^2$
따라서 항상 성립하는 부등식은 ㄱ, ㄷ이다.

04 $(|a+b|)^2-(|a|+|b|)^2$
$=a^2+2ab+b^2-(a^2+2|a||b|+b^2)$
$=a^2+2ab+b^2-(a^2+2|ab|+b^2)$
$=2ab-2|ab|$
$=2(\boxed{ab-|ab|})\leq0\ (\because |ab|\geq ab)$
$\therefore (|a+b|)^2\leq(|a|+|b|)^2$
그런데 $|a+b|\boxed{\geq}0$, $|a|+|b|\boxed{\geq}0$이므로
$|a+b|\leq|a|+|b|$ (단, 등호는 $\boxed{ab\geq0}$일 때 성립한다.)
$\therefore$ ㈎: $ab-|ab|$, ㈏: $\geq$, ㈐: $\geq$, ㈑: $ab\geq0$

05 $x>1$에서 $x-1>0$이므로 산술평균과 기하평균의 관계에 의하여
$2x+\dfrac{2}{x-1}=2(x-1)+\dfrac{2}{x-1}+2$
$\qquad\qquad\ \geq2\sqrt{2(x-1)\times\dfrac{2}{x-1}}+2$
$\qquad\qquad\ =4+2=6$
$\left(\text{단, 등호는 } 2(x-1)=\dfrac{2}{x-1}, \text{ 즉 } x=2\text{일 때 성립한다.}\right)$
따라서 $2x+\dfrac{2}{x-1}$의 최솟값은 6이다.

06 $a>0$, $b>0$이므로 산술평균과 기하평균의 관계에 의하여
$(a+2b)\left(\dfrac{2}{a}+\dfrac{1}{b}\right)=2+\dfrac{a}{b}+\dfrac{4b}{a}+2$
$\qquad\qquad\qquad\quad\ \geq2\sqrt{\dfrac{a}{b}\times\dfrac{4b}{a}}+4$
$\qquad\qquad\qquad\quad\ =4+4=8$
$\left(\text{단, 등호는 } \dfrac{a}{b}=\dfrac{4b}{a}, \text{ 즉 } a=2b\text{일 때 성립한다.}\right)$
따라서 $(a+2b)\left(\dfrac{2}{a}+\dfrac{1}{b}\right)$의 최솟값은 8이다.

07 $4a>0$, $b>0$이므로 산술평균과 기하평균의 관계에 의하여
$4a+b\geq2\sqrt{4ab}$, $20\geq4\sqrt{ab}$ $\quad\therefore \sqrt{ab}\leq5$
$\therefore 0<ab\leq25$ (단, 등호는 $4a=b$일 때 성립한다.)
따라서 ab의 최댓값은 25이다.

08 a, b, x, y가 실수이므로 코시-슈바르츠의 부등식에 의하여
$(a^2+b^2)(x^2+y^2)\geq(ax+by)^2$
$a^2+b^2=4$, $x^2+y^2=9$이므로
$(ax+by)^2\leq36\left(\text{단, 등호는 } \dfrac{x}{a}=\dfrac{y}{b}\text{일 때 성립한다.}\right)$
$\therefore -6\leq ax+by\leq6$
따라서 $ax+by$의 최댓값은 6, 최솟값은 -6이다.

09 주어진 명제의 대우는
'두 자연수 a, b에 대하여 ab가 홀수이면 a^2+b^2이 $\boxed{\text{짝수}}$이다.'
ab가 홀수이면 a, b는 모두 $\boxed{\text{홀수}}$이므로
$a=2m+1$, $b=2n+1$ (m, n은 0 또는 자연수)로 놓으면
$a^2+b^2=(2m+1)^2+(2n+1)^2$
$\qquad\quad\ =2(2m^2+2n^2+2m+2n+1)$

이때, $2m^2+2n^2+2m+2n+1$은 자연수이므로 a^2+b^2은 $\boxed{\text{짝수}}$이다.
따라서 주어진 명제의 대우가 참이므로 주어진 명제도 참이다.
$\therefore$ ㈎: 짝수, ㈏: 홀수, ㈐: 짝수

10 주어진 명제의 대우 '자연수 n에 대하여 n이 홀수이면 n^2도 홀수이다.'가 참임을 증명하면 된다.
n이 홀수라 하면 $n=2k-1$ (k는 자연수)이므로
$n^2=(2k-1)^2$
$\quad\ =4k^2-4k+1$
$\quad\ =2(2k^2-2k)+1$
즉, n^2도 홀수이다.
따라서 주어진 명제의 대우가 참이므로 명제 '자연수 n에 대하여 n^2이 짝수이면 n도 짝수이다.'도 참이다.

11 $b\neq0$이라 가정하면 $a+b\sqrt{2}=0$에서
$\sqrt{2}=-\dfrac{a}{b}$
즉, (무리수)=(유리수)가 되어 모순이다.
$\therefore b=0$
$b=0$을 $a+b\sqrt{2}=0$에 대입하면 $a=0$
따라서 명제 '두 유리수 a, b에 대하여 $a+b\sqrt{2}=0$이면 $a=b=0$이다.'는 참이다.

12 ㄱ. $a^2-ab+b^2=\left(a-\dfrac{b}{2}\right)^2+\dfrac{3}{4}b^2\geq0$ (참)
ㄴ. $(a^2+b^2)(x^2+y^2)-(ax+by)^2=a^2y^2-2abxy+b^2x^2$
$\qquad\qquad\qquad\qquad\qquad\qquad\qquad =(ay-bx)^2\geq0$
$\quad\ \therefore (a^2+b^2)(x^2+y^2)\geq(ax+by)^2$ (참)
ㄷ. $(|a|+|b|)^2-|a+b|^2=2(|ab|-ab)\geq0$
$\quad\ \therefore |a|+|b|\geq|a+b|$ (참)
따라서 ㄱ, ㄴ, ㄷ 모두 항상 성립한다.

13 $(a^2+b^2)-ab=\left(a-\dfrac{b}{2}\right)^2+\dfrac{3}{4}b^2$
그런데 a, b는 실수이므로
$\left(a-\dfrac{b}{2}\right)^2\geq0$, $\dfrac{3}{4}b^2\geq0$
$\therefore \left(a-\dfrac{b}{2}\right)^2+\dfrac{3}{4}b^2\geq0$
즉, $a^2+b^2\geq ab$
등호는 $a-\dfrac{b}{2}=0$, $b=0$, 즉 $a=b=0$일 때에만 성립한다.

14 $(a^2+c^2)(b^2+d^2)=a^2b^2+a^2d^2+b^2c^2+c^2d^2$
$\qquad\qquad\qquad\qquad =a^2b^2+2abcd+c^2d^2+a^2d^2-2abcd+b^2c^2$
$\qquad\qquad\qquad\qquad =(\boxed{ab+cd})^2+(\boxed{ad-bc})^2$ $\quad$ …… ㉠
a, b, c, d는 실수이므로
$(\boxed{ad-bc})^2\geq0$
따라서 ㉠에서
$(a^2+c^2)(b^2+d^2)=(ab+cd)^2+(ad-bc)^2$
$\qquad\qquad\qquad\qquad \geq(ab+cd)^2$
$\therefore (a^2+c^2)(b^2+d^2)\geq(ab+cd)^2$
이때, 등호는 $ad-bc=0$, 즉 $\boxed{ad=bc}$일 때 성립한다.
$\therefore$ ㈎: $ab+cd$, ㈏: $ad-bc$, ㈐: $ad=bc$

15 $x>0$, $y>0$에서 $xy>0$이므로 산술평균과 기하평균의 관계에 의하여

$$\left(4x+\dfrac{1}{y}\right)\left(\dfrac{1}{x}+16y\right)=4+16+64xy+\dfrac{1}{xy}$$

$$\geq 20+2\sqrt{64xy\times\dfrac{1}{xy}}$$

$$=20+16=36$$

$$\left(\text{단, 등호는 } xy=\dfrac{1}{8}\text{일 때 성립한다.}\right)$$

따라서 $\left(4x+\dfrac{1}{y}\right)\left(\dfrac{1}{x}+16y\right)$의 최솟값은 36이다.

16 $x^2+y^2=\left(a+\dfrac{1}{b}\right)^2+\left(b+\dfrac{1}{a}\right)^2$

$$=\left(a^2+\dfrac{2a}{b}+\dfrac{1}{b^2}\right)+\left(b^2+\dfrac{2b}{a}+\dfrac{1}{a^2}\right)$$

$$=\left(a^2+\dfrac{1}{a^2}\right)+2\left(\dfrac{a}{b}+\dfrac{b}{a}\right)+\left(b^2+\dfrac{1}{b^2}\right)$$

$a>0$, $b>0$이므로 산술평균과 기하평균의 관계에 의하여

$a^2+\dfrac{1}{a^2}\geq 2\sqrt{a^2\times\dfrac{1}{a^2}}=2$ $\left(\text{단, 등호는 } a^2=\dfrac{1}{a^2}\text{일 때 성립한다.}\right)$

$\dfrac{a}{b}+\dfrac{b}{a}\geq 2\sqrt{\dfrac{a}{b}\times\dfrac{b}{a}}=2$ $\left(\text{단, 등호는 } \dfrac{a}{b}=\dfrac{b}{a}\text{일 때 성립한다.}\right)$

$b^2+\dfrac{1}{b^2}\geq 2\sqrt{b^2\times\dfrac{1}{b^2}}=2$ $\left(\text{단, 등호는 } b^2=\dfrac{1}{b^2}\text{일 때 성립한다.}\right)$

$\therefore x^2+y^2\geq 2+2\times 2+2=8$

따라서 x^2+y^2의 최솟값은 8이다.

17 $\dfrac{1}{x}+\dfrac{1}{y}=\dfrac{x+y}{xy}=\dfrac{3}{xy}$ ...... ㉠

$x>0$, $y>0$이므로 산술평균과 기하평균의 관계에 의하여

$x+y\geq 2\sqrt{xy}$

$x+y=3$이므로

$3\geq 2\sqrt{xy}$ (단, 등호는 $x=y$일 때 성립한다.)

양변을 제곱하면

$9\geq 4xy$

$\therefore \dfrac{3}{xy}\geq \dfrac{4}{3}$

따라서 ㉠에서 $\dfrac{1}{x}+\dfrac{1}{y}$의 최솟값은 $\dfrac{4}{3}$이다.

[다른 풀이]

$x>0$, $y>0$이므로 산술평균과 기하평균의 관계에 의하여

$$\dfrac{1}{x}+\dfrac{1}{y}=\dfrac{1}{3}\left(\dfrac{1}{x}+\dfrac{1}{y}\right)(x+y)$$

$$=\dfrac{1}{3}\left(2+\dfrac{y}{x}+\dfrac{x}{y}\right)$$

$$\geq \dfrac{1}{3}\left(2+2\sqrt{\dfrac{y}{x}\times\dfrac{x}{y}}\right)=\dfrac{4}{3}$$

$$(\text{단, 등호는 } x=y\text{일 때 성립한다.})$$

따라서 $\dfrac{1}{x}+\dfrac{1}{y}$의 최솟값은 $\dfrac{4}{3}$이다.

18 x, y가 실수이므로 코시-슈바르츠의 부등식에 의하여

$(3^2+2^2)(x^2+y^2)\geq (3x+2y)^2$

$x^2+y^2=6$이므로 $13\times 6\geq (3x+2y)^2$

$\therefore -\sqrt{78}\leq 3x+2y\leq \sqrt{78}$ $\left(\text{단, 등호는 } \dfrac{x}{3}=\dfrac{y}{2}\text{일 때 성립한다.}\right)$

따라서 $M=\sqrt{78}$이므로

$M^2=78$

19 x, y가 실수이므로 코시-슈바르츠의 부등식에 의하여

$$\left\{\left(\dfrac{1}{2}\right)^2+\left(\dfrac{1}{4}\right)^2\right\}(x^2+y^2)\geq \left(\dfrac{x}{2}+\dfrac{y}{4}\right)^2$$

$x^2+y^2=32$이므로

$$\dfrac{5}{16}\times 32\geq \left(\dfrac{x}{2}+\dfrac{y}{4}\right)^2, \left(\dfrac{x}{2}+\dfrac{y}{4}\right)^2\leq 10$$

$\therefore -\sqrt{10}\leq \dfrac{x}{2}+\dfrac{y}{4}\leq \sqrt{10}$ (단, 등호는 $2x=4y$일 때 성립한다.)

따라서 $M=\sqrt{10}$, $m=-\sqrt{10}$이므로

$M-m=2\sqrt{10}$

20 우리의 바깥쪽 직사각형의 가로의 길이를 x m, 세로의 길이를 y m로 놓으면 전체 우리의 둘레의 길이는 $2x+5y$이고, 넓이는 xy이다.

$x>0$, $y>0$이므로 산술평균과 기하평균의 관계에 의하여

$2x+5y\geq 2\sqrt{2x\times 5y}=2\sqrt{10xy}$ ...... ㉠

㉠의 등호는 $2x=5y$일 때 성립하고, 이때 xy도 최댓값을 가지므로 $y=70$(m)이다. 즉,

$2x=5\times 70$

$\therefore x=175$(m)

따라서 철망의 길이는

$2x+5y=2\times 175+5\times 70=700$(m)

21 오른쪽 그림과 같이 $\overline{PM}=x$, $\overline{PN}=y$라 하면

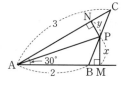

$\triangle ABC=\triangle ABP+\triangle APC$이므로

$$\dfrac{1}{2}\times 2\times 3\times \sin 30°$$

$$=\dfrac{1}{2}\times 2\times x+\dfrac{1}{2}\times 3\times y$$

$$\dfrac{3}{2}=x+\dfrac{3}{2}y$$

$\therefore 2x+3y=3$

$\dfrac{\overline{AB}}{\overline{PM}}+\dfrac{\overline{AC}}{\overline{PN}}=\dfrac{2}{x}+\dfrac{3}{y}$이고, $2x+3y=3$이므로

$$3\left(\dfrac{\overline{AB}}{\overline{PM}}+\dfrac{\overline{AC}}{\overline{PN}}\right)=(2x+3y)\left(\dfrac{2}{x}+\dfrac{3}{y}\right)$$

$$=13+\dfrac{6x}{y}+\dfrac{6y}{x}$$

이때 $x>0$, $y>0$이므로 산술평균과 기하평균의 관계에 의하여

$$13+\dfrac{6x}{y}+\dfrac{6y}{x}\geq 13+2\sqrt{\dfrac{6x}{y}\times\dfrac{6y}{x}}$$

$$=13+2\times 6=25$$

$$\left(\text{단, 등호는 } \dfrac{6x}{y}=\dfrac{6y}{x}, \text{즉 } x=y\text{일 때 성립한다.}\right)$$

$\therefore 3\left(\dfrac{\overline{AB}}{\overline{PM}}+\dfrac{\overline{AC}}{\overline{PN}}\right)\geq 25$

즉, $\dfrac{\overline{AB}}{\overline{PM}}+\dfrac{\overline{AC}}{\overline{PN}}\geq \dfrac{25}{3}$이므로 $\dfrac{\overline{AB}}{\overline{PM}}+\dfrac{\overline{AC}}{\overline{PN}}$의 최솟값은 $\dfrac{25}{3}$이다.

따라서 $p=3$, $q=25$이므로 $p+q=3+25=28$

22 주어진 명제의 대우 '$a\neq 0$ 또는 $b\neq 0$이면 $a^2+b^2\neq 0$이다.' 가 참임을 증명하면 된다.

(i) $a \neq 0$이면

　　$a^2 > 0$이고 $b^2 \geq 0$이므로 $a^2 + b^2 > 0$, 즉 $a^2 + b^2 \neq 0$이다.

(ii) $b \neq 0$이면

　　$b^2 > 0$이고 $a^2 \geq 0$이므로 $a^2 + b^2 > 0$, 즉 $a^2 + b^2 \neq 0$이다.

따라서 주어진 명제의 대우가 참이므로 명제 '$a^2 + b^2 = 0$이면 $a = 0$이고 $b = 0$이다.'도 참이다.

23 m, n을 모두 $\boxed{\text{짝수}}$라고 가정하면

$m = 2k$, $n = 2l$ $(k, l$은 자연수)

로 나타낼 수 있다.

이때, $m + n = 2(k + l)$이므로 $m + n$은 $\boxed{\text{짝수}}$이다.

이것은 $m + n$이 $\boxed{\text{홀수}}$라는 가정에 모순이다.

따라서 주어진 명제는 참이다.

∴ ㈎: 짝수, ㈏: 짝수, ㈐: 홀수

24 (i) $|a| < |b|$일 때,

　　$|a - b| > 0$, $|a| - |b| < 0$이므로 주어진 부등식은 성립한다.

(ii) $|a| \geq |b|$일 때,

　　$(|a - b|)^2 - (|a| - |b|)^2$

　　$= (a - b)^2 - |a|^2 + 2|ab| - |b|^2$

　　$= a^2 - 2ab + b^2 - a^2 + 2|ab| - b^2$

　　$= 2(|ab| - ab)$　……㉠

　　㉠에서

　　$ab \geq 0$일 때, $|ab| - ab = ab - ab = 0$

　　$ab < 0$일 때, $|ab| - ab = -ab - ab = -2ab > 0$

　　∴ $2(|ab| - ab) \geq 0$

　　따라서 $(|a - b|)^2 - (|a| - |b|)^2 \geq 0$이므로

　　$(|a - b|)^2 \geq (|a| - |b|)^2$

　　∴ $|a - b| \geq |a| - |b|$

(i), (ii)에서 $|a - b| \geq |a| - |b|$

　　　　(단, 등호는 $|ab| = ab$, $|a| \geq |b|$일 때 성립한다.)

25 주어진 식을 전개하면

$(a + b + c)\left(\dfrac{1}{a} + \dfrac{1}{b} + \dfrac{1}{c} \right)$

$= 1 + \dfrac{a}{b} + \dfrac{a}{c} + \dfrac{b}{a} + 1 + \dfrac{b}{c} + \dfrac{c}{a} + \dfrac{c}{b} + 1$

$= \left(\dfrac{b}{a} + \dfrac{a}{b} \right) + \left(\dfrac{c}{b} + \dfrac{b}{c} \right) + \left(\dfrac{a}{c} + \dfrac{c}{a} \right) + 3$

$a > 0$, $b > 0$, $c > 0$이므로 산술평균과 기하평균의 관계에서

$\dfrac{b}{a} + \dfrac{a}{b} \geq 2$, $\dfrac{c}{b} + \dfrac{b}{c} \geq 2$, $\dfrac{a}{c} + \dfrac{c}{a} \geq 2$

　　　　(단, 등호는 각각 $a = b$, $b = c$, $c = a$일 때 성립한다.)

∴ $\left(\dfrac{b}{a} + \dfrac{a}{b} \right) + \left(\dfrac{c}{b} + \dfrac{b}{c} \right) + \left(\dfrac{a}{c} + \dfrac{c}{a} \right) \geq 2 + 2 + 2 = 6$

따라서 주어진 식의 최솟값은

$6 + 3 = 9$

26 $a^2 - 6a + \dfrac{a}{b} + \dfrac{9b}{a} = (a - 3)^2 - 9 + \dfrac{a}{b} + \dfrac{9b}{a}$

이때, $\dfrac{a}{b} > 0$, $\dfrac{9b}{a} > 0$이므로 산술평균과 기하평균의 관계에 의하여

$\dfrac{a}{b} + \dfrac{9b}{a} \geq 2\sqrt{\dfrac{a}{b} \times \dfrac{9b}{a}} = 6$

$\left(\text{단, 등호는 } \dfrac{a}{b} = \dfrac{9b}{a}, \text{ 즉 } a = 3b \text{일 때 성립한다.} \right)$

$(a - 3)^2 - 9 + \dfrac{a}{b} + \dfrac{9b}{a} \geq (a - 3)^2 - 9 + 6 = (a - 3)^2 - 3$

$(a - 3)^2$은 $a = 3$일 때 최솟값을 가지므로 등호는 $a = 3$, $b = 1$일 때 성립하고, 이때 최솟값을 갖는다.

따라서 $m = 3$, $n = 1$이므로 $m + n = 4$

27 S_1, S_2는 실수이고, $S_1 + S_2 = 2\pi$이므로 코시$-$슈바르츠의 부등식에 의하여

$\left\{ \left(\dfrac{1}{2} \right)^2 + 1^2 \right\} \left\{ (2S_1)^2 + S_2^2 \right\} \geq \left\{ \dfrac{1}{2} \times 2S_1 + S_2 \right\}^2$

$\dfrac{5}{4}(4S_1^2 + S_2^2) \geq (2\pi)^2$

$4S_1^2 + S_2^2 \geq 4\pi^2 \times \dfrac{4}{5}$

　　　　$= \dfrac{16}{5}\pi^2$ (단, 등호는 $4S_1 = S_2$일 때 성립한다.)

따라서 $4S_1^2 + S_2^2$의 최솟값은 $\dfrac{16}{5}\pi^2$이다.

09 함수

본문 055~059쪽

01 ④	02 ⑤	03 8	04 ①
05 ②	06 $a \leq 2$	07 ②	08 ④
09 ③	10 ③	11 ①	12 ④
13 ④	14 172	15 ㄱ	16 ②
17 ④	18 ①	19 ④	20 ②
21 ①	22 ②	23 ⑤	24 25
25 ⑤	26 ③	27 1	28 ①
29 ②	30 ④		

01 각 대응을 그림으로 나타내면 다음과 같다.

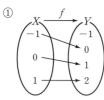

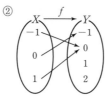

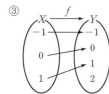

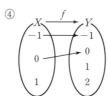

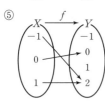

따라서 X에서 Y로의 함수가 아닌 것은 ④이다.

02 $a > 0$이므로 $x_1 < x_2$이면 $f(x_1) < f(x_2)$이다.
$f(-1) = -a + b = 1$ ······ ㉠
$f(3) = 3a + b = 9$ ······ ㉡
㉠, ㉡을 연립하여 풀면
$a = 2$, $b = 3$
$\therefore a + b = 5$

03 $0 \leq x \leq 4$일 때, $f(x) = x + 1$이므로
$f(3) = 3 + 1 = 4$
$x > 4$일 때, $f(x) = f(x-4)$이므로
$f(27) = f(23) = f(19) = \cdots = f(7) = f(3) = 4$
$\therefore f(3) + f(27) = 4 + 4 = 8$

04 $f(a+b) = f(a) + f(b) + 3$ ······ ㉠
㉠에 $a = b = 0$을 대입하면
$f(0) = f(0) + f(0) + 3$
$\therefore f(0) = -3$
㉠에 $a = 3$, $b = -3$을 대입하면
$f(0) = f(3) + f(-3) + 3$
$\therefore f(3) + f(-3) = f(0) - 3 = -6$

05 $f(-1) = g(-1)$에서
$1 - a + 3 = 2 + b$
$\therefore a + b = 2$ ······ ㉠
$f(2) = g(2)$에서
$4 + 2a + 3 = -4 + b$
$\therefore 2a - b = -11$ ······ ㉡
㉠, ㉡을 연립하여 풀면
$a = -3$, $b = 5$
따라서 $f(x) = x^2 - 3x + 3$, $g(x) = -2x + 5$이므로
$f(1) + g(2) = 1 + 1 = 2$

06 주어진 조건을 만족시키는 함수는 일대일함수이다.
함수 $y = f(x)$의 그래프는 기울기가
양수인 직선이므로 집합 $S = \{x \mid x \geq 4\}$
에 대하여 S에서 S로의 함수
$f(x) = 3x - 4a$가 일대일함수가 되려면
$x = 4$일 때의 함숫값이 공역 안에 포함되
어야한다. 즉, $12 - 4a \geq 4$
$\therefore a \leq 2$

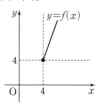

07 함수 $f(x)$가 일대일대응이려면 함수 $f(x) = x + b$의 그래프가
두 점 $(-1, 2)$, $(1, a)$를 지나야 하므로
$f(-1) = 2$에서 $-1 + b = 2$ ······ ㉠
$f(1) = a$에서 $1 + b = a$ ······ ㉡
㉠, ㉡에서 $a = 4$, $b = 3$이므로
$a + b = 7$

08 $f(x) = x^2 - 2x - 4 = (x-1)^2 - 5$
함수 $f(x)$의 그래프는 오른쪽 그림과
같으므로 함수 f가 일대일대응이려면
$k \geq 1$이어야 하고, 치역과 공역이 같
아야 한다.
함수 $f(x)$는 X에서 X로의 함수이
므로
$f(k) = k^2 - 2k - 4 = k$
$k^2 - 3k - 4 = 0$, $(k+1)(k-4) = 0$
$\therefore k = 4$ ($\because k \geq 1$)

09 $f(x)$가 항등함수이므로
$f(1) = 1$
따라서 $f(1) + g(1) = 100$에서
$g(1) = 99$
$g(x)$는 상수함수이므로
$g(x) = 99$
따라서 $f(2) = 2$, $g(2) = 99$이므로
$f(2) + g(2) = 2 + 99 = 101$

10 함수 f가 항등함수이므로
(i) $x < -2$일 때, $x = -3$
(ii) $-2 \leq x < 1$일 때,
$2x - 1 = x$ $\therefore x = 1$
(iii) $x \geq 1$일 때, $x = 2$
(i)~(iii)에서 $X = \{-3, 1, 2\}$이므로
$a + b + c = -3 + 1 + 2 = 0$

11 X에서 X로의 일대일대응의 개수는
$4 \times 3 \times 2 \times 1 = 24$
X에서 X로의 상수함수의 개수는
$f(x)=1$, $f(x)=2$, $f(x)=3$, $f(x)=4$의 4이다.
X에서 X로의 항등함수의 개수는
$f(x)=x$의 1이다.
따라서 $a=24$, $b=4$, $c=1$이므로
$a+b+c=29$

12 $f(1)$과 $f(3)$의 함숫값은 정해져 있으므로 $\{5, 7\}$에서 $\{2, 4, 6\}$으로의 함수의 개수를 구하면 된다.
따라서 구하는 함수의 개수는
$3^2=9$

13 조건 ㈎에서 $f(4)=12$이고
조건 ㈏에 의하여
$f(6)=\dfrac{f(4)-1}{f(4)+1}=\dfrac{12-1}{12+1}=\dfrac{11}{13}$

$f(8)=\dfrac{f(6)-1}{f(6)+1}=\dfrac{\dfrac{11}{13}-1}{\dfrac{11}{13}+1}=\dfrac{-\dfrac{2}{13}}{\dfrac{24}{13}}=-\dfrac{1}{12}$

$f(10)=\dfrac{f(8)-1}{f(8)+1}=\dfrac{-\dfrac{1}{12}-1}{-\dfrac{1}{12}+1}=\dfrac{-\dfrac{13}{12}}{\dfrac{11}{12}}=-\dfrac{13}{11}$

$f(12)=\dfrac{f(10)-1}{f(10)+1}=\dfrac{-\dfrac{13}{11}-1}{-\dfrac{13}{11}+1}=\dfrac{-\dfrac{24}{11}}{-\dfrac{2}{11}}=12$

$\vdots$

$f(12)=12$이므로
$f(14)=f(6)=\dfrac{11}{13}$

$f(16)=f(8)=-\dfrac{1}{12}$

$f(18)=f(10)=-\dfrac{13}{11}$

$f(20)=f(12)=12$

따라서 위의 규칙성에 의하여
$f(70)=f(62)=\cdots=f(14)=f(6)=\dfrac{11}{13}$

14 조건 ㈎에 의하여
$f(x)=\begin{cases} x-1 & (1 \le x \le 2) \\ -x+3 & (2 < x \le 3) \end{cases}$ $\cdots\cdots$ ㉠

조건 ㈏에 의하여
$f(2015)=f\left(3 \times \dfrac{2015}{3}\right)$

$\qquad = 3f\left(\dfrac{2015}{3}\right)=3f\left(3 \times \dfrac{2015}{3^2}\right)$

$\qquad = 3^2 f\left(\dfrac{2015}{3^2}\right)=3^2 f\left(3 \times \dfrac{2015}{3^3}\right)$

$\qquad \vdots$

$\qquad = 3^6 f\left(\dfrac{2015}{3^6}\right)$

$2 < \dfrac{2015}{3^6} \le 3$이므로

$f(2015)=3^6 f\left(\dfrac{2015}{3^6}\right)=3^6 \times \left(-\dfrac{2015}{3^6}+3\right)$ $(\because$ ㉠$)$

$\qquad = 3^6 \times \dfrac{172}{3^6}=172$

15 $f(a+b)=f(a)+f(b)+1$이므로
ㄱ. $a=b=0$을 대입하면
$\quad f(0)=f(0)+f(0)+1$
$\quad \therefore f(0)=-1$ (참)
ㄴ. $a=x$, $b=-x$를 대입하면
$\quad f(0)=f(x)+f(-x)+1$
$\quad$ 이때, $f(0)=-1$이므로
$\quad f(x)+f(-x)=f(0)-1=-2$ (거짓)
ㄷ. $a=b=1$을 대입하면
$\quad f(2)=f(1)+f(1)+1=2f(1)+1$
$\quad$ 이때, $f(2)=k$이면 $f(1)=\dfrac{1}{2}(k-1)$ (거짓)

따라서 옳은 것은 ㄱ뿐이다.

16 $2|x|=x^2+1$에서
(i) $x \ge 0$일 때,
$\quad 2x=x^2+1$, $(x-1)^2=0$
$\quad \therefore x=1$
(ii) $x < 0$일 때,
$\quad -2x=x^2+1$, $(x+1)^2=0$
$\quad \therefore x=-1$
(i), (ii)에서 공집합이 아닌 집합 X는 $\{-1, 1\}$의 부분집합이므로 집합 X의 개수는 $\{-1\}$, $\{1\}$, $\{-1, 1\}$의 3이다.

17 $f(0)=3$, $f(1)=1$, $f(2)=3$
$g(0)=a+b$, $g(1)=b$, $g(2)=a+b$
두 함수 f와 g가 서로 같으므로
$f(0)=g(0)$, $f(1)=g(1)$, $f(2)=g(2)$
따라서 $a+b=3$, $b=1$이므로 $a=2$, $b=1$
$\therefore 2a-b=3$

18 $f(x)=x^2-4x+5=(x-2)^2+1$
의 그래프는 오른쪽 그림과 같다. 한편,
$f(x)=mx-m-1=m(x-1)-1$
의 그래프는 점 $(1, -1)$을 지나는 직선이다.

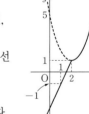

(i) $a < 2$인 경우
$\quad$ 주어진 함수는 일대일대응이 아니다.
(ii) $a \ge 2$인 경우
$\quad$ 주어진 함수가 일대일대응이 되도록 하는 a의 최솟값은 2이고, 직선은 점 $(2, 1)$을 지나야 하므로
$\quad 1=2m-m-1$ $\quad \therefore m=2$
$\therefore am=2 \times 2=4$

19 $X=\{x \,|\, x^2-9 \le 0\}=\{x \,|\, (x+3)(x-3) \le 0\}$
$\therefore X=\{x \,|\, -3 \le x \le 3\}$
$Y=\{y \,|\, y^2-14y+13 \le 0\}=\{y \,|\, (y-1)(y-13) \le 0\}$
$\therefore Y=\{y \,|\, 1 \le y \le 13\}$
함수 $f(x)=ax+b$에 대하여
$x_1 < x_2$이면 $f(x_1) < f(x_2)$이므로 $a > 0$이다.

함수 f가 일대일대응이 되려면
$f(-3)=1$, $f(3)=13$이므로
$f(-3)=-3a+b=1$, $f(3)=3a+b=13$
위의 두 식을 연립하여 풀면 $a=2$, $b=7$
따라서 $f(x)=2x+7$이므로
$f(1)=2+7=9$

20 $f(x)=ax+|x-1|+2=\begin{cases}(a+1)x+1 & (x\geq1) \\ (a-1)x+3 & (x<1)\end{cases}$

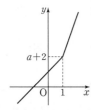 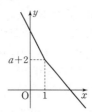

(i) 주어진 함수가 일대일대응이 되려면
이 함수의 그래프는 $x\geq1$, $x<1$일 때,
기울기의 부호가 같아야 하므로
$(a+1)(a-1)>0$
$\therefore a<-1$ 또는 $a>1$
(ii) 그림에서 두 직선은 모두 점 $(1, a+2)$에서
만나므로 치역은 실수 전체의 집합이다.
(i), (ii)에 의하여 주어진 함수가 일대일대응이 되도록 하는 상수
a의 값의 범위는
$a<-1$ 또는 $a>1$

21 함수 g는 항등함수이므로
$g(2)=2$, $g(3)=3$, $g(6)=6$
$f(2)=g(3)=h(6)$에서
$f(2)=h(6)=3$
$f(2)\times f(3)=f(6)$에서
$3f(3)=f(6)$
이때, 함수 f는 일대일대응이므로
$f(3)=2$, $f(6)=6$ 또는 $f(3)=6$, $f(6)=2$
그런데 $f(3)=6$, $f(6)=2$이면 $3f(3)\neq f(6)$이므로
$f(3)=2$, $f(6)=6$
또, 함수 h는 상수함수이므로
$h(2)=h(3)=h(6)=3$
$\therefore f(3)\times g(2)\times h(3)=2\times2\times3=12$

22 조건 ㈎를 만족하려면 집합 B의 원소 6, 7, 8, 9, 10에서 서로
다른 세 수를 택하여 작은 수부터 차례로 $f(1)$, $f(3)$, $f(5)$의
값으로 정하면 된다.
이 경우는
$(6, 7, 8)$, $(6, 7, 9)$, $(6, 7, 10)$, $(6, 8, 9)$, $(6, 8, 10)$,
$(6, 9, 10)$, $(7, 8, 9)$, $(7, 8, 10)$, $(7, 9, 10)$, $(8, 9, 10)$
의 10가지
조건 ㈏를 만족하려면 $f(4)\geq f(2)+2$이므로 $f(2)$, $f(4)$의
값은 순서대로
$(6, 8)$, $(6, 9)$, $(6, 10)$, $(7, 9)$, $(7, 10)$, $(8, 10)$
의 6가지이다.
따라서 두 조건을 모두 만족시키는 함수 f의 개수는
$10\times6=60$

23 조건 ㈏에서 $f(n+1)=f(n)+5$를 만족하는 경우는
$f(1)=1$, $f(2)=6$
$f(2)=1$, $f(3)=6$
$f(3)=1$, $f(4)=6$
$f(4)=1$, $f(5)=6$
$f(5)=1$, $f(6)=6$
의 5가지이다.
각각의 경우에 대하여 나머지 원소가 일대일대응하는 경우는
$4\times3\times2\times1=24$(가지)
따라서 구하는 함수 f의 개수는
$5\times24=120$

24 $f(2)$의 값이 될 수 있는 것은 -2, -1, 0, 1, 2 중 하나이므
로 5개
$f(-2)=-f(2)$이므로 $f(-2)$의 값이 될 수 있는 것은
$-f(2)$의 값과 같으므로 1개
$f(1)$의 값이 될 수 있는 것은 -2, -1, 0, 1, 2 중 하나이므
로 5개
$f(-1)=-f(1)$이므로 $f(-1)$의 값이 될 수 있는 것은
$-f(1)$의 값과 같으므로 1개
$f(0)=-f(0)$에서 $f(0)=0$이므로 $f(0)$의 값이 될 수 있는 것
은 0의 1개
따라서 구하는 함수 f의 개수는
$5\times5\times1=25$

25 함수 f의 치역을 A라 하면 두 조건 ㈎, ㈏에서
$A=\{1, 2, 3, 4, 5, 6\}$ 또는 $A=\{2, 3, 4, 5, 6, 7\}$
이다.
(i) $A=\{1, 2, 3, 4, 5, 6\}$인 경우
치역의 합
$f(1)+f(2)+f(3)+f(4)+f(5)+f(6)+f(7)$
의 값이 최대인 경우는
$1+2+3+4+5+6+6=27$
이므로 가능하지 않다.
(ii) $A=\{2, 3, 4, 5, 6, 7\}$인 경우
$f(1)+f(2)+f(3)+f(4)+f(5)+f(6)+f(7)=33$
을 만족하려면
$2+3+4+5+6+7+k=33$
에서 $k=6$
(i), (ii)에서 치역은 $\{2, 3, 4, 5, 6, 7\}$이고,
$f(x_1)=f(x_2)=n$을 만족하는 자연수 n의 값은 6이다.

26 ㄱ. $f(0)=1-0=1$,
$g(0)=f(0)+f(1)=1+0=1$ (참)
ㄴ. $g(x)=f(x)+f(1-x)$에서
(i) x가 유리수일 때
$(1-x)+\{1-(1-x)\}=1$
(ii) x가 무리수일 때
$x+(1-x)=1$
(i), (ii)에서 함수 g의 치역은 $\{1\}$이므로 함수 g의 치역의
원소의 개수는 1이다. (참)
ㄷ. [반례] $g(x+y)=1$, $g(x)+g(y)=1+1=2$ (거짓)
따라서 옳은 것은 ㄱ, ㄴ이다.

27 정의역 $X=\{-1, 0, 1\}$에 대하여 $f=g$가 되도록 하려면 $f(-1)=g(-1)$, $f(0)=g(0)$, $f(1)=g(1)$을 모두 만족해야 한다.

$f(-1)=g(-1)$에서 $-1+a=-a+b$

$\therefore 2a-b=1$ ...... ㉠

$f(0)=g(0)$에서 $a=b$ ...... ㉡

$f(1)=g(1)$에서 $1+a=a+b$

$\therefore b=1$ ...... ㉢

㉠, ㉡, ㉢에서 $a=1$, $b=1$이므로

$ab=1$

28 $f(x)=x^2-x+k$

$\qquad =\left(x-\dfrac{1}{2}\right)^2+k-\dfrac{1}{4}$

이므로 오른쪽 그림에서 함수 $f(x)$는 $x\geq 2$일 때 x의 값이 증가하면 $f(x)$의 값도 증가한다.

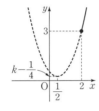

따라서 함수 f가 일대일대응이려면 $f(2)=3$이어야 하므로

$4-2+k=3$

$\therefore k=1$

29 조건 ㈎의 $f(xy)=f(x)f(y)$에 집합 A의 원소를 대입해보면

$f(0)=f(-2)\times f(0)=f(-1)\times f(0)$

$\qquad =f(0)\times f(0)=f(0)\times f(1)$

$\qquad =f(0)\times f(2)$

에서 $f(0)=0$

$f(-2)\times f(1)=f(-2)$에서

$f(-2)\{f(1)-1\}=0$

$\therefore f(1)=1$ ($\because f(-2)\neq 0$)

또한, $f(-1)\times f(1)=f(-1)$, $f(1)\times f(1)=f(1)$, $f(1)\times f(2)=f(2)$에서 $f(1)=1$이다.

$f(-1)\times f(-1)=f(1)$에서 $f(1)=1$이므로

$f(-1)=-1$ 또는 $f(-1)=1$

조건 ㈏에 의하여

$f(-1)<f(0)$이므로 $f(-1)=-1$

$f(-2)\times f(-2)=f(4)$, $f(-2)\times f(2)=f(-4)$, $f(2)\times f(2)=f(4)$는 조건 ㈎의 $xy\in A$를 만족시키지 않는다.

$f(-2)\times f(-1)=f(2)$, $f(-1)\times f(2)=f(-2)$에서 $f(-2)\times f(-1)=f(2)$이므로 $f(2)$와 $f(-2)$가 취할 수 있는 값은 서로 절댓값이 같고 부호만 다른 ± 3 또는 ± 5이므로 조건을 만족시키는 함수 f의 개수는 2이다.

30 $X=\{1, 2, 3, 4\}$에 대하여 함수 f는 X에서 X로의 일대일대응이고 $f(4)=3$이므로

$\{f(1), f(2), f(3)\}=\{1, 2, 4\}$

이때, $f(1)>f(2)>f(3)$이어야 하므로

$f(1)=4$, $f(2)=2$, $f(3)=1$

$\therefore f(1)-f(2)-f(3)=4-2-1=1$

---

01 ①	**02** ②	**03** ③	**04** ②
05 ③			

06 (1) $f(x)=-x+4(0\leq x\leq 4)$, $g(x)=\begin{cases} 2x & (0\leq x<2) \\ 4 & (2\leq x\leq 4) \end{cases}$

(2) $(g\circ f)(x)=\begin{cases} 4 & (0\leq x\leq 2) \\ -2x+8 & (2<x\leq 4) \end{cases}$

07 ②	**08** ②	**09** ③	**10** ①
11 ②	**12** ①	**13** ③	**14** ④
15 ①	**16** (1) 풀이 참조 (2) 풀이 참조		
17 ①	**18** ③	**19** 7	**20** ④
21 ③	**22** ①	**23** ⑤	**24** 90
25 10	**26** ②	**27** ⑤	**28** 3
29 ①	**30** ⑤		

01 $(g\circ f)(1)=g(f(1))=g(-1)=-2$

02 $(f\circ g)(x)=f(g(x))=f(4x+a)$

$\qquad =-2(4x+a)+1$

$\qquad =-8x-2a+1$

$(g\circ f)(x)=g(f(x))=g(-2x+1)$

$\qquad =4(-2x+1)+a$

$\qquad =-8x+4+a$

모든 실수 x에 대하여

$(f\circ g)(x)=(g\circ f)(x)$를 만족시키므로

$-8x-2a+1=-8x+4+a$에서

$-2a+1=4+a$

$\therefore a=-1$

03 $(h\circ(g\circ f))(3)=((h\circ g)\circ f)(3)$

$\qquad\qquad\qquad =(h\circ g)(f(3))$

$\qquad\qquad\qquad =(h\circ g)(7)$

$\qquad\qquad\qquad =6\times 7+2=44$

04 $f(x)=2x-4$, $g(x)=3x+2$에 대하여

$(g\circ h)(x)=f(x)$이므로

$g(h(x))=f(x)$

$3h(x)+2=2x-4$

$\therefore h(x)=\dfrac{2}{3}x-2$

$\therefore h(6)=4-2=2$

05

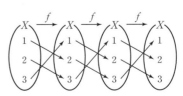

위의 그림과 같이 대응관계를 이용하여 합성함수의 값을 구하면

$f^1(1)=f(1)=2$

$$f^2(1)=f(f(1))=f(2)=3$$
$$f^3(1)=f(f^2(1))=f(3)=1$$
$$f^4(1)=f(f^3(1))=f(1)=2$$
$$\vdots$$

마찬가지 방법에 의하여 $f^3(2)=2$, $f^3(3)=3$
즉, $f^3(x)=x$이므로
$$f^{100}(1)-f^{200}(3)=f^{3\times33+1}(1)-f^{3\times66+2}(3)$$
$$=f(1)-f^2(3)$$
$$=2-f(f(3))=2-f(1)$$
$$=2-2=0$$

06 (1) 두 함수 f, g의 식을 구하면
$$f(x)=-x+4 \ (0\leq x\leq 4)$$
$$g(x)=\begin{cases}2x & (0\leq x<2)\\4 & (2\leq x\leq 4)\end{cases}$$

(2) $(g\circ f)(x)=g(f(x))$
$$=\begin{cases}2f(x) & (0\leq f(x)<2)\\4 & (2\leq f(x)\leq 4)\end{cases}$$
$$=\begin{cases}-2x+8 & (0\leq -x+4<2)\\4 & (2\leq -x+4\leq 4)\end{cases}$$
$$=\begin{cases}4 & (0\leq x\leq 2)\\-2x+8 & (2<x\leq 4)\end{cases}$$

07 $(f\circ g)(4)=f(g(4))=f(6)=-6+5=-1$
$f^{-1}(-3)=k$라 하면
$f(k)=-3$이므로
$$-k+5=-3$$
$$\therefore k=8$$
$$\therefore (f\circ g)(4)+f^{-1}(-3)=-1+8=7$$

08 $f(2)=-1$에서 $2a+b=-1$ $\cdots\cdots\ \bigcirc$
$f^{-1}(4)=-3$에서 $f(-3)=4$이므로
$$-3a+b=4 \qquad\cdots\cdots\ \bigcirc$$
$\bigcirc$, $\bigcirc$을 연립하여 풀면
$$a=-1,\ b=1$$
따라서 $f(x)=-x+1$이므로
$$f(3)=-3+1=-2$$

09 $f(2x+1)=4x+7$에서
$f^{-1}(4x+7)=2x+1$이므로
$$4x+7=11,\ 4x=4$$
$$\therefore x=1$$
따라서 $x=1$일 때,
$$f^{-1}(11)=2\times1+1=3$$

10 $(f\circ(g\circ f)^{-1})(2)=(f\circ f^{-1}\circ g^{-1})(2)=g^{-1}(2)$
$g^{-1}(2)=k$라 하면 $g(k)=2$이므로
$$3k-1=2$$
$$\therefore k=1$$
$$\therefore (f\circ(g\circ f)^{-1})(2)=1$$

11 $(g^{-1}\circ f)^{-1}(13)=(f^{-1}\circ g)(13)=f^{-1}(g(13))=f^{-1}(23)$
$f^{-1}(23)=a$라 하면 $f(a)=23$이므로
$$2a+5=23 \qquad\therefore a=9$$
$$\therefore (g^{-1}\circ f)^{-1}(13)=9$$

$$(g\circ f^{-1})^{-1}(16)=(f\circ g^{-1})(16)=f(g^{-1}(16))$$
$g^{-1}(16)=b$라 하면 $g(b)=16$이므로
$$2b=16 \qquad\therefore b=8$$
$$\therefore (g\circ f^{-1})^{-1}(16)=f(g^{-1}(16))=f(8)=21$$
$$\therefore (g^{-1}\circ f)^{-1}(13)+(g\circ f^{-1})^{-1}(16)=9+21=30$$

12 $f^{-1}(d)=k$라 하면
$f(k)=d$ $\therefore k=b$
$$\therefore (f\circ g\circ f^{-1})(d)$$
$$=f(g(f^{-1}(d)))$$
$$=f(g(b))$$
$$=f(a)$$
$$=c$$

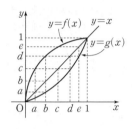

13 조건 ㈏에서
$g\circ f=f\circ g$이므로
$$g(f(x))=f(g(x)) \qquad\cdots\cdots\ \bigcirc$$
(i) $\bigcirc$에 $x=2$를 대입하면
$$g(f(2))=f(g(2))$$
$$g(10)=f(8)=6$$
(ii) $\bigcirc$에 $x=10$을 대입하면
$$g(f(10))=f(g(10))$$
$$g(8)=f(6)=4$$
(iii) $\bigcirc$에 $x=8$을 대입하면
$$g(f(8))=f(g(8))$$
$$g(6)=f(4)=2$$
(i)~(iii)에 의하여
$$g(6)+g(10)=2+6=8$$

14 $(f\circ g)(x)\geq 0$, $f(g(x))\geq 0$
$$\{g(x)\}^2-g(x)-6\geq 0,\ \{g(x)-3\}\{g(x)+2\}\geq 0$$
$$\therefore g(x)\geq 3 \ \text{또는} \ g(x)\leq -2$$
모든 실수 x에 대하여 $g(x)=x^2-ax+4\leq -2$일 수는 없으므로 모든 실수 x에 대하여 $g(x)=x^2-ax+4\geq 3$이어야 한다.
$x^2-ax+4=3$, 즉 $x^2-ax+1=0$의 판별식을 D라 하면
$$D=a^2-4\leq 0$$
$$\therefore -2\leq a\leq 2$$

15 함수 $y=f(x)$의 그래프에서
$$f\left(\frac{5}{4}\right)=\frac{3}{2},\ f\left(\frac{3}{2}\right)=1,\ f(1)=2,\ f(2)=0,\ f(0)=1\text{이므로}$$
$$f^2\left(\frac{5}{4}\right)=f\left(f\left(\frac{5}{4}\right)\right)=f\left(\frac{3}{2}\right)=1$$
$$f^3\left(\frac{5}{4}\right)=f\left(f^2\left(\frac{5}{4}\right)\right)=f(1)=2$$
$$f^4\left(\frac{5}{4}\right)=f\left(f^3\left(\frac{5}{4}\right)\right)=f(2)=0$$
$$f^5\left(\frac{5}{4}\right)=f\left(f^4\left(\frac{5}{4}\right)\right)=f(0)=1$$
$$f^6\left(\frac{5}{4}\right)=f\left(f^5\left(\frac{5}{4}\right)\right)=f(1)=2$$
$$\vdots$$
따라서 $f^n\left(\frac{5}{4}\right)$는 $\frac{3}{2}$, 1, 2, 0, 1, 2, 0, $\cdots$과 같이 $n\geq 2$일 때, 1, 2, 0이 반복되므로

$$f^{2002}\left(\frac{5}{4}\right)=f^{3\times666+4}\left(\frac{5}{4}\right)=f^4\left(\frac{5}{4}\right)=0$$

16 (1) 두 함수 f, g의 식을 구하면
$$f(x)=\begin{cases}2x & (0\leq x\leq 1) \\ -2x+4 & (1<x\leq 2)\end{cases}$$
$$g(x)=\begin{cases}2 & (0\leq x\leq 1) \\ -x+3 & (1<x\leq 2)\end{cases}$$

(i) $0\leq x\leq\frac{1}{2}$일 때,
$$(g\circ f)(x)=g(f(x))=g(2x)=2$$

(ii) $\frac{1}{2}<x\leq 1$일 때,
$$(g\circ f)(x)=g(f(x))=g(2x)=-2x+3$$

(iii) $1<x\leq\frac{3}{2}$일 때,
$$(g\circ f)(x)=g(f(x))=g(-2x+4)=2x-1$$

(iv) $\frac{3}{2}<x\leq 2$일 때,
$$(g\circ f)(x)=g(f(x))=g(-2x+4)=2$$

$$\therefore (g\circ f)(x)=\begin{cases}2 & \left(0\leq x\leq\frac{1}{2}\right) \\ -2x+3 & \left(\frac{1}{2}<x\leq 1\right) \\ 2x-1 & \left(1<x\leq\frac{3}{2}\right) \\ 2 & \left(\frac{3}{2}<x\leq 2\right)\end{cases}$$

(2)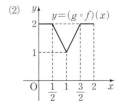

17 $3x-1=t$로 놓으면 $x=\dfrac{t+1}{3}$

$f(3x-1)=6x+4$에서
$$f(t)=6\times\frac{t+1}{3}+4=2t+6$$
$$\therefore f(x)=2x+6$$
$y=2x+6$으로 놓으면 $2x=y-6$
$$\therefore x=\frac{y-6}{2}$$
x와 y를 바꾸면 $y=\dfrac{x-6}{2}$
$$\therefore g(x)=\frac{x-6}{2}=\frac{1}{2}x-3$$

18 조건 ㈎에 의하여 함수 f의 치역은 $X=\{1, 2, 3, 4\}$이고
조건 ㈏와 $f(1)+f(4)=7$에 의하여 $f(4)\neq 4$이므로
$$f(1)=4, f(2)=1, f(3)=2, f(4)=3$$
따라서 $f^{-1}(1)=2$이므로
$$f(1)+f^{-1}(1)=4+2=6$$

19 함수 g의 역함수가 존재하므로 함수 g는 일대일대응이다.
$g^{-1}(1)=3$이므로 $g(3)=1$
$$(g\circ f)(2)=g(f(2))=g(1)=2$$
$$\therefore g(4)=2, g^{-1}(4)=4$$

$$\therefore g^{-1}(4)+(f\circ g)(2)=4+f(g(2))$$
$$=4+f(3)$$
$$=4+3=7$$

20 함수 $f(x)$의 역함수가 존재하려면 함수 $f(x)$가 일대일대응이 되어야 하므로 함수 $y=f(x)$의 그래프가 아래 그림과 같은 형태가 되어야 한다.

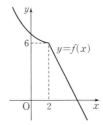

즉, 곡선 $y=a(x-2)^2+b$가 점 $(2, 6)$을 지나야 하므로 $b=6$이다.

또, $x\geq 2$일 때, 함수 $f(x)$의 그래프가 기울기가 음수인 직선이므로 $x<2$일 때, 곡선 $y=a(x-2)^2+b$의 모양은 아래로 볼록이어야 한다. 즉, $a>0$이다. 따라서 정수 a의 최솟값은 1이므로 $a+b$의 최솟값은 7이다.

> **참고** 역함수의 존재 조건
> 함수 f의 역함수 f^{-1}가 존재한다.
> ➡ 함수 f가 일대일대응이다.

21 $f(x)=2x+1-a|x-2|$
$$=\begin{cases}(2-a)x+2a+1 & (x\geq 2) \\ (2+a)x-2a+1 & (x<2)\end{cases}$$
함수 $f(x)$의 역함수가 존재하려면 함수 $f(x)$는 일대일대응이어야 하므로 $x\geq 2$일 때와 $x<2$일 때의 직선의 기울기의 부호가 서로 같아야 한다.
즉, $(2-a)(2+a)>0$이므로
$$-2<a<2$$
따라서 정수 a는 -1, 0, 1의 3개이다.

22 $f^{-1}(2)=-1$에서 $f(-1)=2$이므로
$$f(-1)=-1\times|-1|+a=-1+a=2$$
$$\therefore a=3$$
즉, $f(x)=x|x|+3=\begin{cases}x^2+3 & (x\geq 0) \\ -x^2+3 & (x<0)\end{cases}$
이므로 $f^{-1}(-1)=p$라 하면 $f(p)=-1$
$$f(p)=-p^2+3=-1$$
$$p^2=4$$
$$\therefore p=-2 \ (\because p<0)$$
$$\therefore f^{-1}(-1)=-2$$
또, $f^{-1}(-2)=q$라 하면 $f(q)=-2$이므로
$$f(q)=-q^2+3=-2$$
$$q^2=5$$
$$\therefore q=-\sqrt{5} \ (\because q<0)$$
$$\therefore f^{-1}(-2)=-\sqrt{5}$$
$$\therefore (f\circ f)^{-1}(-1)=(f^{-1}\circ f^{-1})(-1)$$
$$=f^{-1}(f^{-1}(-1))$$
$$=f^{-1}(-2)$$
$$=-\sqrt{5}$$

23 두 함수 $y=f(x)$와 $y=f^{-1}(x)$의 그래프의 교점은 직선 $y=x$ 위에 있으므로 함수 $y=f(x)$와 직선 $y=x$의 교점과 같다.
$x^2-2x+2=x$, $x^2-3x+2=0$
$(x-1)(x-2)=0$
$\therefore x=1$ 또는 $x=2$
따라서 두 교점의 좌표는 $(1,\ 1)$, $(2,\ 2)$이다.
두 교점 사이의 거리를 d라 하면
$d=\sqrt{(2-1)^2+(2-1)^2}=\sqrt{2}$

24 $f(x)=\dfrac{5}{3}x+3-|x-3|$

$=\begin{cases}\dfrac{2}{3}x+6 & (x\geq3) \\ \dfrac{8}{3}x & (x<3)\end{cases}$

$y=f(x)$의 그래프는 오른쪽 그림과 같고, $y=g(x)$의 그래프는 $y=f(x)$의 그래프와 $y=x$에 대하여 대칭이므로 $y=f(x)$와 $y=g(x)$로 둘러싸인 부분의 넓이는 $y=f(x)$의 그래프와 $y=x$로 둘러싸인 부분의 넓이의 2배이다.

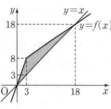

$y=f(x)$의 그래프와 $y=x$의 교점의 x좌표를 구하면
(i) $x\geq3$일 때
$\quad\dfrac{2}{3}x+6=x$, $\dfrac{1}{3}x=6$ $\quad\therefore x=18$
(ii) $x<3$일 때
$\quad\dfrac{8}{3}x=x$ $\quad\therefore x=0$
(i), (ii)에서 교점의 좌표는 $(0,\ 0)$, $(18,\ 18)$이므로 구하는 넓이는
$2\left(\dfrac{1}{2}\times5\times3+\dfrac{1}{2}\times5\times15\right)=90$

25 $y=g(x)$의 그래프는 오른쪽 그림과 같다.

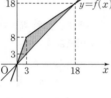

$g(f(k))=3$에서 $f(k)>0$이므로
$-\{f(k)\}^2+4=3$
$\therefore f(k)=1$
$f(k)=|k|-4=1$, $|k|=5$
$\therefore k=\pm5$
따라서 $\alpha=5$, $\beta=-5$이므로
$\alpha-\beta=10$

26 $f^{n+1}=f^n\circ f=f\circ f^n$이고
$f^1(100)=f(100)=\dfrac{100}{2}=50$이므로
$f^2(100)=(f\circ f)(100)=f(f(100))$
$\qquad=f(50)=\dfrac{50}{2}=25$
$f^3(100)=(f\circ f^2)(100)=f(f^2(100))$
$\qquad=f(25)=\dfrac{25+1}{2}=13$
$f^4(100)=(f\circ f^3)(100)=f(f^3(100))$
$\qquad=f(13)=\dfrac{13+1}{2}=7$

$f^5(100)=(f\circ f^4)(100)=f(f^4(100))$
$\qquad=f(7)=\dfrac{7+1}{2}=4$
$f^6(100)=(f\circ f^5)(100)=f(f^5(100))$
$\qquad=f(4)=\dfrac{4}{2}=2$
$f^7(100)=(f\circ f^6)(100)=f(f^6(100))$
$\qquad=f(2)=\dfrac{2}{2}=1$
따라서 자연수 n의 최솟값은 7이다.

27 $f(f(x))=0$에서 $f(x)=t$라 하면
$f(t)=0$
즉, $t=0$ 또는 $t=10$이므로
$f(x)=0$ 또는 $f(x)=10$
$f(x)=0$에서 $x=0$ 또는 $x=10$
한편, 이차함수 $y=f(x)$의 그래프는 $x=5$에 대하여 대칭이므로 $f(x)=10$의 근은 $x=5+\alpha$ 또는 $x=5-\alpha$ (α는 실수)꼴이다.
따라서 모든 근의 합은
$0+10+(5+\alpha)+(5-\alpha)=20$

28 함수 f는 X에서 X로의 일대일대응이고
$f(1)=2$, $f(1)>f(3)$이므로
$f(3)=1$
$f(4)>f(2)$이므로
$f(2)=3$, $f(4)=4$
따라서 $(f\circ f)(2)=f(3)=1$
$f(2)=3$이므로 $f^{-1}(3)=2$
$\therefore (f\circ f)(2)+f^{-1}(3)=1+2=3$

29 $(g\circ f)(x)=x$이므로 함수 $g(x)$는 함수 $f(x)$의 역함수이다.
즉, $g(x)=f^{-1}(x)$, $g^{-1}(x)=f(x)$
$g(a)=k$라 하면
$(g\circ g)(a)=g(g(a))=g(k)=5$에서
$g^{-1}(5)=f(5)=k$
$\therefore k=-5+3=-2$
$g(a)=-2$에서 $g^{-1}(-2)=f(-2)=a$이므로
$a=(-2)^2+3=7$

30 $f(g(1))=2$이고 $f(1)=2$이므로 $g(1)=1$
이와 같은 방법으로
$g(2)=5$, $g(3)=2$, $g(4)=3$, $g(5)=4$
이고 $f(5)=1$이므로 $f^{-1}(1)=5$
$\therefore g(2)+(g\circ f)^{-1}(1)=5+f^{-1}(g^{-1}(1))$
$\qquad\qquad=5+f^{-1}(1)=5+5$
$\qquad\qquad=10$

11 유리함수

본문 067~071쪽

01 ①	02 ④	03 ⑤	04 ①
05 ①	06 ④	07 ③	08 ③
09 5	10 ①	11 ②	12 14
13 ②	14 ③	15 ⑤	16 −3
17 ④	18 ②	19 ⑤	20 4
21 ①	22 ⑤	23 ③	24 ①
25 ②	26 ③	27 11	28 ③
29 ①	30 ⑤		

01 $y=\dfrac{2x-3}{x+2}=\dfrac{-7}{x+2}+2$

이므로 점근선의 방정식은 $x=-2$, $y=2$

따라서 $p=-2$, $q=2$이므로

$pq=-4$

02

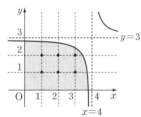

$y=\dfrac{1}{2x-8}+3$의 그래프의 개형은 그림과 같고

$f(x)=\dfrac{1}{2x-8}+3$이라 하면

$2<f(1)<3$, $2<f(2)<3$, $2<f(3)<3$이므로

둘러싸인 영역의 내부에 포함되고 x좌표와 y좌표가 모두 자연수인 점의 개수는

$(1, 1)$, $(1, 2)$, $(2, 1)$, $(2, 2)$, $(3, 1)$, $(3, 2)$의 6이다.

03 유리함수 $f(x)=\dfrac{1}{x+2}+a$의 그래프의 점근선의 방정식이

$x=b$, $y=3$이므로

$a=3$, $b=-2$

$\therefore a-b=5$

04 직선 $x=2$가 유리함수 $y=\dfrac{3x+a}{x+b}$의 그래프의 점근선이므로

$b=-2$

즉, $y=\dfrac{3x+a}{x-2}$의 그래프가 점 $(1, -4)$를 지나므로

$-4=\dfrac{3+a}{1-2}$

$\therefore a=1$

$\therefore ab=1\times(-2)=-2$

05 $y=\dfrac{-3x+7}{x-2}=\dfrac{1}{x-2}-3$

이므로 $y=x$와 $y=-x$에 대하여 대칭인 유리함수 $y=\dfrac{1}{x}$을

x축의 방향으로 2만큼, y축의 방향으로 -3만큼 평행이동한 유리함수이다.

따라서 유리함수 $y=\dfrac{-3x+7}{x-2}$은 두 직선 $y=x$와 $y=-x$를 x축의 방향으로 2만큼, y축의 방향으로 -3만큼 평행이동한 직선에 대하여 각각 대칭이다. 즉, $y=x-5$와 $y=-x-1$에 대하여 대칭이다.

$\therefore a+b+c+d=-6$

06 ㄱ. $y=\dfrac{-1}{x+3}$에서 $y=0$을 만족시키는 x의 값이 존재하지 않으므로 그래프는 x축과 만나지 않는다. (참)

ㄴ. $y=\dfrac{-1}{x+3}$의 그래프를 x축에 대하여 대칭이동하면

$-y=\dfrac{-1}{x+3}$이므로

$\dfrac{1}{x+3}\ne\dfrac{-1}{x+3}$이다.

따라서 이 그래프는 x축에 대하여 대칭이 아니다. (거짓)

ㄷ. $y=\dfrac{-1}{x+3}$의 점근선은 $x=-3$, $y=0$이므로

그래프는 점 $(-3, 0)$에 대하여 대칭이다. (참)

따라서 옳은 것은 ㄱ, ㄷ이다.

07 ㄱ. $y=\dfrac{x+1}{x}=\dfrac{1}{x}+1$

이므로 주어진 함수의 그래프는 함수 $y=\dfrac{1}{x}$의 그래프를 y축의 방향으로 1만큼 평행이동한 것이다.

ㄴ. $y=\dfrac{x+1}{x-1}=\dfrac{(x-1)+2}{x-1}=\dfrac{2}{x-1}+1$

이므로 주어진 함수의 그래프는 함수 $y=\dfrac{2}{x}$의 그래프를 x축의 방향으로 1만큼, y축의 방향으로 1만큼 평행이동한 것이다.

ㄷ. $y=\dfrac{-2x-3}{x+1}=\dfrac{-2(x+1)-1}{x+1}=-\dfrac{1}{x+1}-2$

이므로 주어진 함수의 그래프는 함수 $y=-\dfrac{1}{x}$의 그래프를 x축의 방향으로 -1만큼, y축의 방향으로 -2만큼 평행이동한 것이다.

ㄹ. $y=\dfrac{-x-1}{x+2}+1=\dfrac{-x-1+(x+2)}{x+2}=\dfrac{1}{x+2}$

이므로 주어진 함수의 그래프는 함수 $y=\dfrac{1}{x}$의 그래프를 x축의 방향으로 -2만큼 평행이동한 것이다.

따라서 평행이동에 의하여 함수 $y=\dfrac{1}{x}$의 그래프와 완전히 겹쳐질 수 있는 것은 ㄱ, ㄹ이다.

08 $y=\dfrac{-2x+6}{x-2}=\dfrac{2}{x-2}-2$이므로 $y=\dfrac{2}{x+3}+1$의 그래프를 x축의 방향으로 5만큼, y축의 방향으로 -3만큼 평행이동한 것이다.

따라서 $m=5$, $n=-3$이므로 $m+n=2$

09 $3\le x\le4$에서 함수 $y=\dfrac{2}{x-2}+k$는 $x=3$일 때 최댓값을 가지므로

$\dfrac{2}{3-2}+k=6$

$\therefore k=4$

한편, $x=4$일 때 최솟값을 가지므로 최솟값은

$$\frac{2}{4-2}+k=1+4=5$$

10 $f^1(1)=f(1)=\dfrac{1}{1+1}=\dfrac{1}{2}$

$$f^2(1)=f(f(1))=f\left(\frac{1}{2}\right)=\frac{\frac{1}{2}}{\frac{1}{2}+1}=\frac{1}{3}$$

$$f^3(1)=f(f^2(1))=f\left(\frac{1}{3}\right)=\frac{\frac{1}{3}}{\frac{1}{3}+1}=\frac{1}{4}$$

$$f^4(1)=f(f^3(1))=f\left(\frac{1}{4}\right)=\frac{\frac{1}{4}}{\frac{1}{4}+1}=\frac{1}{5}$$

$$f^5(1)=f(f^4(1))=f\left(\frac{1}{5}\right)=\frac{\frac{1}{5}}{\frac{1}{5}+1}=\frac{1}{6}$$

11 $y=\dfrac{x-1}{x-2}$로 놓고 x에 대하여 풀면

$$x=\frac{2y-1}{y-1}$$

x와 y를 서로 바꾸면

$$y=\frac{2x-1}{x-1}$$

$$\therefore f^{-1}(x)=\frac{2x-1}{x-1}$$

따라서 $a=2$, $b=-1$, $c=-1$이므로

$a+b+c=0$

12 $y=f(x)$와 $y=f^{-1}(x)$의 그래프가 모두 점 $(2, 1)$을 지나므로

$f(2)=1$, $f^{-1}(2)=1$

$f(2)=1$에서 $\dfrac{-6+a}{2+b}=1$

$\therefore a-b=8$ ······ ㉠

$f^{-1}(2)=1$에서

$f(1)=2$이므로

$$\frac{-3+a}{1+b}=2$$

$\therefore a-2b=5$ ······ ㉡

㉠, ㉡을 연립하여 풀면

$a=11$, $b=3$

$\therefore a+b=14$

13 유리함수 $f(x)=\dfrac{k-3}{x+1}+3$의 그래
프의 두 점근선의 방정식은 $x=-1$, $y=3$이므로 이 그래프가 모든 사분면을 지나려면 오른쪽 그림과 같아야 하므로

$k-3<0$

즉, $k<3$ ······ ㉠

이고

$f(0)=k<0$ ······ ㉡

이어야 한다.

㉠, ㉡을 동시에 만족시키는 k의 값의 범위는 $k<0$이므로 구하는 정수 k의 최댓값은 -1이다.

14 주어진 유리함수의 점근선의 방정식이 $x=1$, $y=2$이므로

$a=-1$, $c=2$

또 주어진 함수의 그래프가 점 $(0, 1)$을 지나므로

$1=\dfrac{b}{-1}+2$ $\therefore b=1$

따라서 $f(x)=\dfrac{1}{x-1}+2$이고,

$a+b+c=-1+1+2=2$이므로

$f(a+b+c)=f(2)=\dfrac{1}{2-1}+2=3$

15 $f(x)=\dfrac{3x+k}{x+4}$

$=\dfrac{3(x+4)+k-12}{x+4}$

$=\dfrac{k-12}{x+4}+3$

이고 곡선 $y=f(x)$를 x축의 방향으로 -2만큼, y축의 방향으로 3만큼 평행이동하면

$$y-3=\frac{k-12}{(x+2)+4}+3$$

$$\therefore y=\frac{k-12}{x+6}+6$$

즉, $g(x)=\dfrac{k-12}{x+6}+6$이므로 곡선 $y=g(x)$의 두 점근선의 교점의 좌표는 $(-6, 6)$이다.

점 $(-6, 6)$이 곡선 $y=f(x)$ 위의 점이므로

$$6=\frac{3\times(-6)+k}{-6+4}$$

$\therefore k=6$

16 $y=\dfrac{2x+k}{x-1}=\dfrac{2(x-1)+k+2}{x-1}=\dfrac{k+2}{x-1}+2$에서

$k>-2$일 때, $k+2>0$이므로 그래프는 오른쪽 그림과 같다.

따라서 $a\le x\le-1$일 때, 함수 $y=\dfrac{k+2}{x-1}+2$는 $x=-1$에서 최솟값 1을 가지므로

$\dfrac{k+2}{-1-1}+2=1$ $\therefore k=0$

또 $y=\dfrac{2}{x-1}+2$는 $x=a$에서 최댓값 $\dfrac{3}{2}$을 가지므로

$\dfrac{2}{a-1}+2=\dfrac{3}{2}$ $\therefore a=-3$

$\therefore a+k=-3$

17 $y=\dfrac{x+1}{x-1}=\dfrac{(x-1)+2}{x-1}=\dfrac{2}{x-1}+1$

이므로 $2\le x\le3$에서 $y=\dfrac{x+1}{x-1}$의 그래프는 오른쪽 그림과 같다.

이때, 두 직선 $y=ax+1$, $y=bx+1$은 a, b의 값에 관계없이 각각 점 $(0, 1)$을 지난다.

$ax+1\le\dfrac{x+1}{x-1}\le bx+1$이 항상 성립하려면 기울기 a의 값은 $(3, 2)$를 지날 때보다 작거나 같고, 기울기 b의 값은 점 $(2, 3)$을 지날 때보다 크거나 같아야 한다.

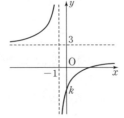

직선 $y=ax+1$이 점 $(3, 2)$를 지날 때

$a=\dfrac{1}{3}$

직선 $y=bx+1$이 점 $(2, 3)$를 지날 때

$b=1$

$\therefore a \leq \dfrac{1}{3}$, $b \geq 1$

따라서 $b-a$의 최솟값은

$1-\dfrac{1}{3}=\dfrac{2}{3}$

18 함수 $y=-\dfrac{4x}{x-1}$의 그래프와 직선 $y=kx-1$이 만나지 않으므로

$-\dfrac{4x}{x-1}=kx-1$에서

$-4x=(kx-1)(x-1)$ (단, $x \neq 1$)

$-4x=kx^2-kx-x+1$

$\therefore kx^2-(k-3)x+1=0$

이 이차방정식의 판별식을 D라 하면

$D=(k-3)^2-4 \times k \times 1 < 0$

$k^2-10k+9 < 0$

$(k-1)(k-9) < 0$

$\therefore 1 < k < 9$

따라서 정수 k의 개수는 2, 3, 4, 5, 6, 7, 8의 7이다.

19 $y=\dfrac{2x+2}{x-1}=\dfrac{2(x-1)+4}{x-1}=\dfrac{4}{x-1}+2$

이 함수의 그래프의 점근선이 $x=1$, $y=2$이므로

그래프는 점 $A(1, 2)$에 대하여 대칭이고, 기울기가 ± 1이고

점 $A(1, 2)$를 지나는 직선 $y-2=\pm(x-1)$에도 대칭이다.

이때, 기울기가 양수인 직선이 이 함수의 그래프와 만나므로 직선 $y=x+1$과 곡선 $y=\dfrac{2x+2}{x-1}$의 교점의 좌표를 구해보면

$\dfrac{2x+2}{x-1}=x+1$

$2x+2=x^2-1$

$x^2-2x-3=0$

$(x+1)(x-3)=0$

$\therefore x=-1$, $y=0$ 또는 $x=3$, $y=4$

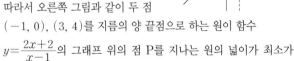

따라서 오른쪽 그림과 같이 두 점 $(-1, 0)$, $(3, 4)$를 지름의 양 끝점으로 하는 원이 함수

$y=\dfrac{2x+2}{x-1}$의 그래프 위의 점 P를 지나는 원의 넓이가 최소가 되는 경우이다.

지름의 길이가

$\sqrt{(3-(-1))^2+(4-0)^2}=4\sqrt{2}$

이므로 구하는 원의 넓이의 최솟값은

$(2\sqrt{2})^2\pi=8\pi$

20 직선 l과 함수 $y=\dfrac{2}{x}$의 두 교점 P, Q는 원점에 대하여 대칭이고 함수 $y=\dfrac{2}{x}$ 위의 점이므로

$P\left(a, \dfrac{2}{a}\right)$, $Q\left(-a, -\dfrac{2}{a}\right)$라 하면 점 R의 좌표는

$\left(a, -\dfrac{2}{a}\right)$이고, 삼각형 PQR는 다음 그림과 같다.

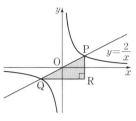

$\overline{QR}=|a-(-a)|=|2a|$, $\overline{PR}=\left|\dfrac{2}{a}-\left(-\dfrac{2}{a}\right)\right|=\left|\dfrac{4}{a}\right|$

따라서 삼각형 PQR의 넓이는 $\dfrac{1}{2} \times |2a| \times \left|\dfrac{4}{a}\right|=4$

21

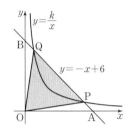

직선 $y=-x+6$이 x축, y축과 만나는 점을 각각 A, B라 하면

$A(6, 0)$, $B(0, 6)$

삼각형 OAB의 넓이는

$\triangle OAB=\dfrac{1}{2} \times 6 \times 6=18$

함수 $y=\dfrac{k}{x}$의 그래프와 직선 $y=-x+6$은 모두 직선 $y=x$에 대하여 대칭이므로 삼각형 OAP와 삼각형 OQB의 넓이는 서로 같다.

삼각형 OPQ의 넓이가 14이므로

$\triangle OAP=\triangle OQB=\dfrac{1}{2}(18-14)=2$

점 P의 좌표를 (a, b)라 하면

$\triangle OAP=\dfrac{1}{2} \times 6 \times b=2$

$\therefore b=\dfrac{2}{3}$

점 P는 직선 $y=-x+6$ 위의 점이므로

$b=-a+6=\dfrac{2}{3}$

$\therefore a=\dfrac{16}{3}$

또, 점 P는 함수 $y=\dfrac{k}{x}$의 그래프 위의 점이므로

$k=xy=ab=\dfrac{16}{3} \times \dfrac{2}{3}=\dfrac{32}{9}$

다른풀이 1

직선 $y=-x+6$이 x축, y축과 만나는 점을 각각 A, B라 하면

$A(6, 0)$, $B(0, 6)$

삼각형 OAB의 넓이는

$\triangle OAB=\dfrac{1}{2} \times 6 \times 6=18$

함수 $y=\dfrac{k}{x}$의 그래프와 직선 $y=-x+6$은 모두 직선 $y=x$에 대하여 대칭이므로 삼각형 OAP와 삼각형 OQB의 넓이는 서로 같다.

삼각형 OPQ의 넓이가 14이므로

$\triangle \text{OAP} = \triangle \text{OQB} = \dfrac{1}{2}(18-14) = 2$

세 삼각형 OAP, OPQ, OQB의 넓이의 비와 세 선분
AP, PQ, QB의 길이의 비가 같으므로

$\overline{\text{AP}} : \overline{\text{PQ}} : \overline{\text{QB}} = 2 : 14 : 2 = 1 : 7 : 1$

따라서 점 P는 선분 AB를 $1 : 8$로 내분하는 점이므로

$\text{P}\left(\dfrac{1 \times 0 + 8 \times 6}{1+8}, \dfrac{1 \times 6 + 8 \times 0}{1+8}\right)$

즉, $\text{P}\left(\dfrac{16}{3}, \dfrac{2}{3}\right)$

이때 점 P는 함수 $y = \dfrac{k}{x}$의 그래프 위의 점이므로

$k = \dfrac{16}{3} \times \dfrac{2}{3} = \dfrac{32}{9}$

다른 풀이 2

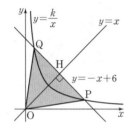

원점에서 직선 $y = -x + 6$에 내린 수선의 발을 H라 하면 직선
OH와 직선 $y = -x + 6$은 서로 수직이므로 기울기의 곱이 -1
이어야 한다.

따라서 직선 OH의 방정식은 $y = x$이고, 점 H의 좌표는 $(3, 3)$
이다.

$\overline{\text{OH}} = \sqrt{3^2 + 3^2} = 3\sqrt{2}$

삼각형 OPQ의 넓이가 14이므로 삼각형 OPH의 넓이는 7이다.

$\dfrac{1}{2} \times \overline{\text{OH}} \times \overline{\text{PH}} = 7$, $\dfrac{1}{2} \times 3\sqrt{2} \times \overline{\text{PH}} = 7$

$\therefore \overline{\text{PH}} = \dfrac{7\sqrt{2}}{3}$

점 P의 좌표를 $(a, -a+6)$이라 하면 점 P와 직선 $x - y = 0$
사이의 거리는 선분 PH의 길이와 같으므로

$\dfrac{|2a-6|}{\sqrt{2}} = \dfrac{7\sqrt{2}}{3}$, $|2a-6| = \dfrac{14}{3}$

$a > 3$이므로 $2a - 6 = \dfrac{14}{3}$

$\therefore a = \dfrac{16}{3}$

따라서 점 P의 좌표는 $\left(\dfrac{16}{3}, \dfrac{2}{3}\right)$이므로

$k = \dfrac{16}{3} \times \dfrac{2}{3} = \dfrac{32}{9}$

22 $f^{n+1} = f^n \circ f = f \circ f^n$이므로 $f(x) = \dfrac{x-1}{x+1}$에서

$f^1(3) = f(3) = \dfrac{3-1}{3+1} = \dfrac{1}{2}$,

$f^2(3) = f(f(3)) = f\left(\dfrac{1}{2}\right) = \dfrac{\frac{1}{2}-1}{\frac{1}{2}+1} = -\dfrac{1}{3}$

이므로

$f^3(3) = f(f^2(3)) = f\left(-\dfrac{1}{3}\right) = \dfrac{-\frac{1}{3}-1}{-\frac{1}{3}+1} = -2$

$f^4(3) = f(f^3(3)) = f(-2) = \dfrac{-2-1}{-2+1} = 3$

$f^5(3) = f(f^4(3)) = f(3) = \dfrac{1}{2}$

$\vdots$

위에서 $\dfrac{1}{2}$, $-\dfrac{1}{3}$, -2, 3이 순서대로 반복됨을 알 수 있다.

따라서

$f^2(3) = f^6(3) = f^{10}(3) = \cdots = -\dfrac{1}{3}$

$f^4(3) = f^8(3) = f^{12}(3) = \cdots = f^{100}(3) = 3$

이므로

$f^{10}(3) + f^{100}(3) = -\dfrac{1}{3} + 3 = \dfrac{8}{3}$

23 $(f \circ g)(x) = x$에서 $g(x) = f^{-1}(x)$이므로 $y = g(x)$는
$y = f(x)$의 역함수이다.

$y = \dfrac{2x+5}{x-3}$로 놓고 x에 대하여 정리하면

$(x-3)y = 2x+5$, $(y-2)x = 3y+5$

$\therefore x = \dfrac{3y+5}{y-2}$

x와 y를 서로 바꾸면 $y = \dfrac{3x+5}{x-2}$

즉, $g(x) = \dfrac{3x+5}{x-2}$이므로

$a = 3$, $b = 5$, $c = -2$

$\therefore a+b+c = 6$

24 $f^{-1}(2) = 6$에서 $f(6) = 2$이므로

$f(6) = \dfrac{6b+4}{6a-1} = 2$

$6b+4 = 12a-2$, $12a - 6b = 6$

$\therefore 2a - b = 1$ ...... ㉠

$f^{-1}(7) = 1$에서 $f(1) = 7$이므로

$f(1) = \dfrac{b+4}{a-1} = 7$, $b+4 = 7a-7$

$\therefore 7a - b = 11$ ...... ㉡

㉠, ㉡을 연립하여 풀면 $a = 2$, $b = 3$이므로

$f(x) = \dfrac{3x+4}{2x-1}$

$\therefore f\left(\dfrac{1}{3}\right) = \dfrac{3 \times \frac{1}{3} + 4}{2 \times \frac{1}{3} - 1} = -15$

25 점 $(1, -2)$에 대하여 대칭인 유리함수의 점근선의 방정식은
$x = 1$, $y = -2$이므로 유리함수의 식을

$y = \dfrac{k}{x-1} - 2 \ (k \neq 0)$ ...... ㉠

로 놓을 수 있다.

㉠의 그래프가 점 $(2, -4)$를 지나므로

$-4 = \dfrac{k}{2-1} - 2$

$\therefore k = -2$

따라서 $y = \dfrac{-2}{x-1} - 2 = \dfrac{-2x}{x-1}$이므로

$a = -2$, $b = 0$, $c = -1$

$\therefore a+b+c = -3$

26 $y=\dfrac{|x|}{x+1}=\begin{cases}\dfrac{x}{x+1} & (x\geq0) \\[2mm] \dfrac{-x}{x+1} & (x<0)\end{cases}$

이므로

$y=\begin{cases}\dfrac{-1}{x+1}+1 & (x\geq0) \\[2mm] \dfrac{1}{x+1}-1 & (x<0)\end{cases}$

$y=\dfrac{|x|}{x+1}$와 $y=mx-1$이 만나지 않으려면 $m<0$이어야 하므로 함수의 그래프는 오른쪽 그림과 같다.

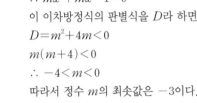

$y=\dfrac{-x}{x+1}$와 $y=mx-1$을 연립하면

$\dfrac{-x}{x+1}=mx-1$

$-x=(mx-1)(x+1)$

$\therefore mx^2+mx-1=0$

이 이차방정식의 판별식을 D라 하면

$D=m^2+4m<0$

$m(m+4)<0$

$\therefore -4<m<0$

따라서 정수 m의 최솟값은 -3이다.

27 점 $A\left(p,\dfrac{1}{p}\right)(p>0)$이라 하면 점 $B\left(kp,\dfrac{1}{p}\right)$, 점 $C\left(p,\dfrac{k}{p}\right)$이다.

$\overline{AB}=|kp-p|=|(k-1)p|$

$\overline{AC}=\left|\dfrac{k}{p}-\dfrac{1}{p}\right|=\left|\dfrac{k-1}{p}\right|$

$\triangle ABC$의 넓이가 50이므로

$\dfrac{1}{2}\times\overline{AB}\times\overline{AC}=\dfrac{1}{2}\times|(k-1)p|\times\left|\dfrac{k-1}{p}\right|=50$

$(k-1)^2=100$, $k-1=\pm10$

$\therefore k=11\ (\because k>0)$

28 $x>2$에서 $y=\dfrac{k}{x-2}+1$의 그래프 위의 점 P의 좌표를

$P\left(t,\dfrac{k}{t-2}+1\right)$이라 하면

$\overline{PA}+\overline{PB}=\left(\dfrac{k}{t-2}+1-1\right)+(t-2)$

$\qquad\qquad\quad=\dfrac{k}{t-2}+t-2$

$k>0$이고, $t>2$에서 $t-2>0$이므로 산술평균과 기하평균의 관계에 의하여

$\overline{PA}+\overline{PB}=\dfrac{k}{t-2}+t-2$

$\qquad\qquad\quad\geq2\sqrt{\dfrac{k}{t-2}\times(t-2)}=2\sqrt{k}$

$\qquad$ (단, 등호는 $\dfrac{k}{t-2}=t-2$일 때 성립한다.)

즉, $2\sqrt{k}=4$이므로

$k=4$

29 $f(-1)=4$이므로

$\dfrac{-b+2}{-1-a}=4$

$-b+2=-4-4a$

$\therefore 4a-b=-6$ ...... ㉠

$(f\circ f)(x)=x$에서 $f(x)=f^{-1}(x)$

즉, $f^{-1}(-1)=4$에서 $f(4)=-1$이므로

$\dfrac{4b+2}{4-a}=-1$

$4b+2=-4+a$

$\therefore a-4b=6$ ...... ㉡

㉠, ㉡을 연립하며 풀면

$a=-2$, $b=-2$

$\therefore a+b=-4$

다른풀이

$(f\circ f)(x)=x$에서 $f(x)=f^{-1}(x)$

$y=\dfrac{bx+2}{x-a}$로 놓고 x에 대하여 정리하면

$(x-a)y=bx+2$

$(y-b)x=ay+2$

$\therefore x=\dfrac{ay+2}{y-b}$

x와 y를 서로 바꾸면

$y=\dfrac{ax+2}{x-b}$

즉, $f^{-1}(x)=\dfrac{ax+2}{x-b}$이므로

$a=b$ ...... ㉠

또 $f(-1)=4$이므로

$\dfrac{-b+2}{-1-a}=4$, $-b+2=-4-4a$

$\therefore 4a-b=-6$ ...... ㉡

㉠, ㉡을 연립하여 풀면

$a=-2$, $b=-2$

$\therefore a+b=-4$

30 $f(x)=\dfrac{2x+b}{x-a}$

$\qquad\quad=\dfrac{2(x-a)+2a+b}{x-a}$

$\qquad\quad=\dfrac{2a+b}{x-a}+2$

에서 함수 $y=f(x)$의 그래프의 두 점근선의 교점은 점 $(a,2)$이다.

함수 $y=f^{-1}(x)$의 그래프의 두 점근선의 교점은 점 $(a,2)$를 직선 $y=x$에 대하여 대칭이동한 점이므로 그 좌표는 $(2,a)$와 같다.

조건 ㈎에서 함수 $y=f(x-4)-4$의 그래프는 함수 $y=f(x)$의 그래프를 x축의 방향으로 4만큼 y축의 방향으로 -4만큼 평행 이동한 그래프와 일치하므로 함수 $y=f(x-4)-4$의 그래프의 두 점근선의 교점은 점 $(a+4,-2)$이다.

점 $(2,a)$와 점 $(a+4,-2)$가 같으므로

$a=-2$

함수 $y=f(x)$의 그래프는 함수 $y=\dfrac{2a+b}{x}$의 그래프를 평행 이동한 그래프와 일치하므로 조건 ㈏에서

$2a+b=3$, $-4+b=3$

$\therefore b=7$

$\therefore a+b=-2+7=5$

다른 풀이

$y=\dfrac{2x+b}{x-a}$에서

$(x-a)y=2x+b$

$xy-ay=2x+b$

$(y-2)x=ay+b$

$\therefore x=\dfrac{ay+b}{y-2}$

x와 y를 서로 바꾸면

$f^{-1}(x)=\dfrac{ax+b}{x-2}$

조건 ㈎에서

$\dfrac{ax+b}{x-2}=\dfrac{2(x-4)+b}{(x-4)-a}-4$

$=\dfrac{2(x-4)+b}{(x-4)-a}-\dfrac{4(x-4-a)}{(x-4-a)}$

$=\dfrac{-2x+4a+8+b}{x-4-a}$

$-2=-4-a$에서

$a=-2$

$f(x)=\dfrac{2x+b}{x+2}$

$=\dfrac{2(x+2)+b-4}{x+2}$

$=2+\dfrac{b-4}{x+2}$

이므로 조건 ㈏에서 $b-4=3$

$\therefore b=7$

$\therefore a+b=-2+7=5$

---

01 ⑤	02 ①	03 ④	04 ④
05 ①	06 ③	07 ②	08 ⑤
09 ②	10 ①	11 ②	12 7
13 ②	14 ⑤	15 ③	16 ①
17 16	18 ②	19 48	20 ③
21 ③	22 ①	23 ④	24 ①
25 ㄱ, ㄷ	26 ⑤	27 $0<k<\dfrac{2}{3}$	
28 10	29 ⑤	30 ③	

01 $\dfrac{\sqrt{x}+2}{\sqrt{x}-2}+\dfrac{\sqrt{x}-2}{\sqrt{x}+2}$

$=\dfrac{(\sqrt{x}+2)^2}{(\sqrt{x}-2)(\sqrt{x}+2)}+\dfrac{(\sqrt{x}-2)^2}{(\sqrt{x}+2)(\sqrt{x}-2)}$

$=\dfrac{x+4\sqrt{x}+4}{x-4}+\dfrac{x-4\sqrt{x}+4}{x-4}$

$=\dfrac{2x+8}{x-4}$

따라서 $a=2$, $b=8$이므로

$a+b=10$

02 ㄱ. $3x+9\geq0$에서 $x\geq-3$이므로 정의역은
$\{x\,|\,x\geq-3\}$이다. (참)

ㄴ. $\sqrt{3x+9}\geq0$에서 $\sqrt{3x+9}-2\geq-2$이므로 치역은
$\{y\,|\,y\geq-2\}$이다. (거짓)

ㄷ. $y=\sqrt{3x+9}-2=\sqrt{3(x+3)}-2$

$y=\sqrt{3x+9}-2$의 그래프는
$y=\sqrt{3x}$의 그래프를 x축의 방향
으로 -3만큼, y축의 방향으로
-2만큼 평행이동한 것이다.
그래프는 오른쪽 그림과 같으므
로 제4사분면을 지나지 않는다. (거짓)

따라서 옳은 것은 ㄱ뿐이다.

03 주어진 그래프는 $y=-\sqrt{ax}$ $(a<0)$의 그래프를 x축의 방향으
로 4만큼, y축의 방향으로 2만큼 평행이동한 것이므로

$f(x)=-\sqrt{a(x-4)}+2$

$f(0)=-2$이므로

$-\sqrt{-4a}+2=-2$

$\sqrt{-4a}=4$, $-4a=16$

$\therefore a=-4$

따라서 $f(x)=-\sqrt{-4(x-4)}+2$이므로

$f(-5)=-6+2=-4$

04 ① $4-2x\geq0$에서 $x\leq2$이므로 정의역은 $\{x\,|\,x\leq2\}$이다.

② $\sqrt{4-2x}\geq0$에서 $\sqrt{4-2x}+1\geq1$이므로 치역은 $\{y\,|\,y\geq1\}$
이다.

③ 주어진 그래프를 y축에 대하여 대칭이동하면
$y=\sqrt{4+2x}+1$

④ $y=\sqrt{4-2x}+1=\sqrt{-2(x-2)}+1$
이므로 그래프는 오른쪽 그림과 같다.
그래프는 제1, 2사분면을 지난다.

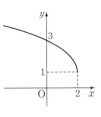

⑤ $y=\sqrt{-2x}$의 그래프를 x축의 방향으
로 2만큼, y축의 방향으로 1만큼 평
행이동하면
$y=\sqrt{-2(x-2)}+1=\sqrt{4-2x}+1$
따라서 옳지 않은 것은 ④이다.

05 함수 $y=a\sqrt{x}+4$의 그래프를 x축의 방향으로 m만큼, y축의
방향으로 n만큼 평행이동하면
$y=a\sqrt{x-m}+4+n$
이 함수의 그래프와 $y=\sqrt{9x-18}=3\sqrt{x-2}$의 그래프가 일치하
므로 $a=3$, $m=2$, $n+4=0$
따라서 $a=3$, $m=2$, $n=-4$이므로
$a+m+n=1$

06 $y=-\sqrt{2x+a}+4$는 감소함수이다.
$x=5$일 때 최솟값 1을 가지므로 $1=-\sqrt{10+a}+4$
$\sqrt{10+a}=3$, $10+a=9$
$\therefore a=-1$
$x=1$일 때 최댓값 b를 가지므로 $b=-\sqrt{2-1}+4=3$
$\therefore ab=(-1)\times3=-3$

07 $y=\sqrt{x-2}+2$로 놓으면 $y-2=\sqrt{x-2}$
양변을 제곱하면 $(y-2)^2=x-2$
$\therefore x=(y-2)^2+2$
x와 y를 서로 바꾸면 $y=(x-2)^2+2=x^2-4x+6$
즉, $x\geq2$에서 두 함수 $y=f(x)$와 $y=g(x)$는 서로 역함수 관
계이므로 $y=f(x)$와 $y=g(x)$의 그래프의 교점은 $y=g(x)$의
그래프와 직선 $y=x$의 교점과 같다.
$x^2-4x+6=x$, $x^2-5x+6=0$
$(x-2)(x-3)=0$
$\therefore x=2$ 또는 $x=3$
따라서 두 교점의 좌표는 $(2, 2)$와 $(3, 3)$이므로 두 점 사이의
거리는
$\sqrt{(2-3)^2+(2-3)^2}=\sqrt{2}$

08 무리함수 $y=\sqrt{2x+11}-1$에서
$x=-1$일 때,
$y=\sqrt{-2+11}-1=3-1=2$
$\therefore \text{A}(-1, 2)$
$y=0$일 때,
$\sqrt{2x+11}-1=0$, $\sqrt{2x+11}=1$
$2x+11=1$, $2x=-10$
$\therefore x=-5$
$\therefore \text{B}(-5, 0)$
따라서 삼각형 OAB의 넓이는
$\frac{1}{2}\times5\times2=5$

09 함수 $y=\sqrt{x-2}+1$의 치역은 $\{y|y\geq1\}$이므로 역함수의 정의
역은 $\{x|x\geq1\}$이다.
$y=\sqrt{x-2}+1$에서 x, y를 서로 바꾸면

$x=\sqrt{y-2}+1$
$x-1=\sqrt{y-2}$
양변을 제곱하면
$(x-1)^2=y-2$, $y=(x-1)^2+2$
즉, 구하는 역함수는
$y=(x-1)^2+2=x^2-2x+3$ $(x\geq1)$
따라서 $a=-2$, $b=3$, $c=1$이므로
$a+b+c=2$

10 주어진 함수의 그래프는 $y=\sqrt{ax}$ $(a<0)$의 그래프를 x축의 방
향으로 1만큼, y축의 방향으로 1만큼 평행이동한 것이므로
$y=\sqrt{a(x-1)}+1$ ······ ㉠
㉠의 그래프가 점 $(0, 2)$를 지나므로
$2=\sqrt{-a}+1$, $\sqrt{-a}=1$
$\therefore a=-1$
$a=-1$을 ㉠에 대입하면
$y=\sqrt{-(x-1)}+1=\sqrt{-x+1}+1$
$\therefore f(x)=\sqrt{-x+1}+1$
$f(-3)=\sqrt{3+1}+1=3$
$f^{-1}(5)=k$라 하면 $f(k)=5$이므로
$\sqrt{-k+1}+1=5$, $\sqrt{-k+1}=4$
$-k+1=16$ $\therefore k=-15$
따라서 $f^{-1}(5)=-15$이므로
$f(-3)+f^{-1}(5)=3+(-15)=-12$

11 $(f\circ(g\circ f)^{-1}\circ f)(2)=(f\circ f^{-1}\circ g^{-1}\circ f)(2)$
$=(g^{-1}\circ f)(2)=g^{-1}(f(2))$
$f(2)=\frac{2+5}{2-1}=7$이므로 $g^{-1}(f(2))=g^{-1}(7)$
$g^{-1}(7)=k$라 하면 $g(k)=7$
$\sqrt{k-2}+1=7$, $\sqrt{k-2}=6$
$k-2=36$ $\therefore k=38$
$\therefore (f\circ(g\circ f)^{-1}\circ f)(2)=38$

12 무리함수 $y=\sqrt{ax+b}$의 역함수의 그래프가 두 점 $(2, 0)$, $(5, 7)$
을 지나므로 무리함수 $y=\sqrt{ax+b}$의 그래프는 두 점 $(0, 2)$,
$(7, 5)$를 지난다.
$2=\sqrt{b}$에서 $b=4$
$5=\sqrt{7a+b}$에서 $7a+b=25$
$7a=21$ $\therefore a=3$
$\therefore a+b=7$

13 $p(x)=\frac{1}{\sqrt{2x-1}+\sqrt{2x+1}}$
$=\frac{\sqrt{2x-1}-\sqrt{2x+1}}{(\sqrt{2x-1}+\sqrt{2x+1})(\sqrt{2x-1}-\sqrt{2x+1})}$
$=\frac{\sqrt{2x-1}-\sqrt{2x+1}}{(2x-1)-(2x+1)}$
$=-\frac{1}{2}(\sqrt{2x-1}-\sqrt{2x+1})$
$\therefore p(1)+p(2)+p(3)+\cdots+p(40)$
$=-\frac{1}{2}\{(1-\sqrt{3})+(\sqrt{3}-\sqrt{5})+\cdots+(\sqrt{79}-\sqrt{81})\}$
$=-\frac{1}{2}(1-\sqrt{81})=-\frac{1}{2}(1-9)=4$

14 함수 $y=\sqrt{x+a}$의 그래프는 함수 $y=\sqrt{x}$의 그래프를 x축의 방향으로 $-a$만큼 평행이동한 것이므로 다음 그림과 같다.

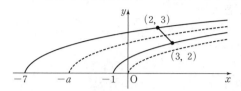

함수 $y=\sqrt{x+a}$의 그래프가 두 점 $(2, 3)$, $(3, 2)$를 지나는 선분과 만나도록 평행이동하여 점 $(3, 2)$를 지날 때 실수 a는 최소이므로
$\sqrt{3+a}=2$, $3+a=4$
$\therefore a=1$
또, 점 $(2, 3)$을 지날 때 실수 a는 최대이므로
$\sqrt{2+a}=3$, $2+a=9$
$\therefore a=7$
따라서 $M=7$, $m=1$이므로
$M+m=7+1=8$

15 함수 $y=\dfrac{ax+b}{x+c}$의 점근선의 방정식이 $x=-c$, $y=a$이므로
$c>0$, $a>0$
또, $x=0$일 때, $y=\dfrac{b}{c}$이고 $\dfrac{b}{c}<0$이므로 $b<0$
한편, $y=\sqrt{bx+c}+a=\sqrt{b\left(x+\dfrac{c}{b}\right)}+a$
이므로 그래프는 제1사분면 위의 점 $\left(-\dfrac{c}{b}, a\right)$에서 출발하여 제2사분면 방향으로 그려지는 개형을 가지게 된다.

16 (i) 직선 $y=x+k$가 점 $(1, 0)$을 지날 때
$0=1+k$
$\therefore k=-1$
(ii) 직선 $y=x+k$가 $y=\sqrt{x-1}$의 그래프에 접할 때
$x+k=\sqrt{x-1}$
양변을 제곱하여 정리하면
$x^2+(2k-1)x+k^2+1=0$
이 이차방정식의 판별식을 D라 하면
$D=(2k-1)^2-4(k^2+1)=0$, $-4k-3=0$
$\therefore k=-\dfrac{3}{4}$
(i), (ii)에서 $-1\le k<-\dfrac{3}{4}$이므로
$\alpha=-1$, $\beta=-\dfrac{3}{4}$
$\therefore \alpha+\beta=-\dfrac{7}{4}$

17 $y=\dfrac{-2x+4}{x-1}=\dfrac{2}{x-1}-2$
이므로 $3\le x\le5$에서 그래프는 그림과 같다.

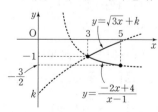

즉, 함수 $y=\sqrt{3x}+k$의 그래프가 점 $(3, -1)$을 지날 때, k의

값이 최대가 되므로
$-1=\sqrt{9}+k$ $\therefore k=-4$
$\therefore M^2=(-4)^2=16$

18 $y=\dfrac{1}{5}x^2+\dfrac{1}{5}k$ $(x\ge0)$로 놓으면
$5y=x^2+k$, $5y-k=x^2$
$\therefore x=\sqrt{5y-k}$ $(x\ge0)$
x와 y를 서로 바꾸면 $y=\sqrt{5x-k}$
두 함수 $y=f(x)$와 $y=g(x)$는 서로 역수 관계이므로
$y=f(x)$와 $y=g(x)$의 그래프의 교점은 직선 $y=x$ 위에 있다.
$\dfrac{1}{5}x^2+\dfrac{1}{5}k=x$, $x^2-5x+k=0$
$x^2-5x+k=0$은 음이 아닌 서로 다른 두 실근을 가져야 하므로
$k\ge0$, $D=(-5)^2-4k>0$
따라서 $0\le k<\dfrac{25}{4}$이므로 정수 k의 개수는 0, 1, 2, 3, 4, 5, 6의 7이다.

19 $y=\sqrt{x+4}-3$의 그래프는 $y=\sqrt{x}$의 그래프를 x축의 방향으로 -4만큼, y축의 방향으로 -3만큼 평행이동한 것이다.
또, $y=\sqrt{-x+4}+3$의 그래프는 $y=\sqrt{x}$의 그래프를 y축에 대하여 대칭이동한 다음 x축의 방향으로 4만큼, y축의 방향으로 3만큼 평행이동한 것이다.
두 함수 $f(x)$, $g(x)$와 두 직선 $x=-4$, $x=4$로 둘러싼 도형의 넓이는 다음 그림에서 빗금 친 부분과 같다.

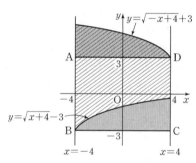

위의 그림에서 두 어두운 부분의 넓이가 같으므로 구하는 도형(빗금친 부분)의 넓이는 직사각형 ABCD의 넓이와 같다.
따라서 구하는 도형의 넓이는 $8\times6=48$

20 두 점 A_n, B_n의 좌표는 각각 $A_n(n, \sqrt{2n+2}+3)$, $B_n(n, 0)$이므로 $n=7$을 대입하면 $A_7(7, 7)$, $B_7(7, 0)$
따라서 삼각형 OA_7B_7의 넓이는 $\dfrac{1}{2}\times7\times7=\dfrac{49}{2}$

21 ㄱ. $-2x+6\ge0$에서 $x\le3$이므로
  정의역은 $\{x|x\le3\}$ (거짓)
ㄴ. $\sqrt{-2x+6}\ge0$에서 $\sqrt{-2x+6}-1\ge-1$이므로
  치역은 $\{y|y\ge-1\}$ (참)
ㄷ. $y=\sqrt{-2x+6}-1=\sqrt{-2(x-3)}-1$이므로 이 함수의 그래프는 $\sqrt{-2x}$의 그래프를 x축의 방향으로 3만큼, y축의 방향으로 -1만큼 평행이동한 것이다. (거짓)
ㄹ. $y=\sqrt{-2x+6}-1$에서
  $y+1=\sqrt{-2x+6}$
  양변을 제곱하면 $y^2+2y+1=-2x+6$
  $\therefore x=-\dfrac{1}{2}y^2-y+\dfrac{5}{2}$

x와 y를 서로 바꾸면
$$y=-\frac{1}{2}x^2-x+\frac{5}{2}\ (x\geq-1)\ (참)$$
따라서 옳은 것은 ㄴ, ㄹ이다.

22 곡선 $y=f(x)$와 곡선 $y=g(x)$가 점 $(1,\ 3)$에서 만나므로
$f(1)=3$이고 $g(1)=3$이다.
이때 함수 $g(x)$는 함수 $f(x)$의 역함수이므로
$g(1)=3$에서 $f(3)=1$
$f(1)=\sqrt{a+b}+1=3$에서 $a+b=4$ ······ ㉠
$f(3)=\sqrt{3a+b}+1=1$에서 $3a+b=0$ ······ ㉡
㉠, ㉡을 연립하여 풀면 $a=-2$, $b=6$
$\therefore\ f(x)=\sqrt{-2x+6}+1$
$g(5)=k$라 하면 $f(k)=5$이므로
$f(k)=\sqrt{-2k+6}+1=5$
$\sqrt{-2k+6}=4$, $-2k+6=16$
$\therefore\ k=-5$
$\therefore\ g(5)=-5$

23 무리함수 $f(x)=\sqrt{x+10}+a$의 그래프와 그 역함수의 그래프
가 서로 다른 두 점에서 만나므로 함수 $y=f(x)$의 그래프와
직선 $y=x$도 서로 다른 두 점에서 만난다.
$\sqrt{x+10}+a=x$, $\sqrt{x+10}=x-a$
양변을 제곱하면 $x+10=x^2-2ax+a^2$
$\therefore\ x^2-(2a+1)x+a^2-10=0$
이 이차방정식의 판별식을 D라 하면 서로 다른 두 실근을 가져
야하므로
$D=(2a+1)^2-4(a^2-10)>0$, $4a+41>0$
$\therefore\ a>-10.25$
따라서 정수 a의 최솟값은 -10이다.

24 함수 $y=f(x)$의 그래프와 그 역함수 $y=f^{-1}(x)$의 그래프의 교
점은 함수 $y=f(x)$의 그래프와 직선 $y=x$의 교점과 같으므로
$\sqrt{2x-2}+k=x$, $\sqrt{2x-2}=x-k$
양변을 제곱하면 $2x-2=x^2-2kx+k^2$
$\therefore\ x^2-2(k+1)x+k^2+2=0$
이 이차방정식의 두 근을 α, β라 하면 근과 계수의 관계에 의하여
$\alpha+\beta=2(k+1)$, $\alpha\beta=k^2+2$
두 교점의 좌표는 $(\alpha,\ \alpha)$, $(\beta,\ \beta)$이므로 두 점 사이의 거리는
$\sqrt{(\alpha-\beta)^2+(\alpha-\beta)^2}=\sqrt{2(\alpha+\beta)^2-8\alpha\beta}$
$\qquad\qquad\qquad\qquad\qquad=\sqrt{8(k+1)^2-8(k^2+2)}$
$\qquad\qquad\qquad\qquad\qquad=\sqrt{16k-8}$
즉, $\sqrt{16k-8}=2\sqrt{2}$이므로 $16k-8=8$
$\therefore\ k=1$

25 두 함수 $f(x)$, $g(x)$를 $f(x)=-\sqrt{kx+2k}+4$,
$g(x)=\sqrt{-kx+2k}-4$라 하자.
ㄱ. $f(-x)=-\sqrt{-kx+2k}+4=-(\sqrt{-kx+2k}-4)$
$\qquad\qquad=-g(x)$
이므로 $g(x)=-f(-x)$
따라서 두 곡선 $y=-\sqrt{kx+2k}+4$, $y=\sqrt{-kx+2k}-4$는
원점에 대하여 대칭이다. (참)
ㄴ. $k<0$이면 두 곡선은 다음과 같다.

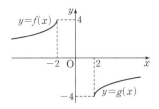

따라서 두 곡선은 만나지 않는다. (거짓)
ㄷ. (i) $k<0$일 때, ㄴ에 의하여 두 곡선은 만나지 않는다.
(ii) $k>0$일 때, ㄱ에서 두 곡선은 원점에 대하여 대칭이고 k
의 값이 커질수록 곡선 $y=f(x)$는 직선 $y=4$와 멀어지
고 곡선 $y=g(x)$는 직선 $y=-4$와 멀어진다. 따라서
두 곡선이 서로 다른 두 점에서 만나도록 하는 k의 최댓
값은 다음 그림과 같이 곡선 $y=f(x)$가 곡선 $y=g(x)$
위의 점 $(2,\ -4)$를 지날 때이다.

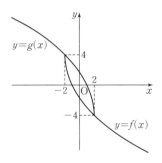

$-4=-\sqrt{2k+2k}+4$, $\sqrt{4k}=8$
$4k=64$ $\qquad\therefore\ k=16$ (참)
따라서 옳은 것은 ㄱ, ㄷ이다.

26 $y=a\sqrt{bx+c}$의 그래프에서 $a<0$, $b<0$, $c>0$이다.
따라서 $y=\dfrac{b}{x+a}+c$는 점근선이 $x=-a>0$, $y=c>0$이고,
$b<0$인 그래프이므로 그래프의 개형은 ⑤이다.

27 (i) $k\leq0$이면 두 그래프는 항상 한 점에서 만난다.
(ii) $k>0$일 때,
$\sqrt{2kx}=x+1-k$, $2kx=(x+1-k)^2$
$x^2-2(2k-1)x+(k-1)^2=0$
이 이차방정식의 판별식을 D라 하면
$\dfrac{D}{4}=(2k-1)^2-(k-1)^2<0$
$3k^2-2k<0$, $k(3k-2)<0$ $\qquad\therefore\ 0<k<\dfrac{2}{3}$
(i), (ii)에 의하여 $0<k<\dfrac{2}{3}$일 때 두 그래프는 만나지 않는다.

28 함수 $y=x^2\ (x\leq0)$의 그래프를 y축에 대하여 대칭이동한 후,
$y=x$에 대하여 대칭이동하면 $y=\sqrt{x}$의 그래프가 된다.
같은 방법으로 점 $A(-2,\ 4)$를 대칭이동하면 점 $B(4,\ 2)$가
되므로 그림의 두 영역 S, S'의 넓이는 서로 같다.

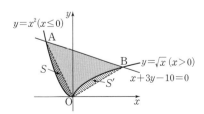

즉, 구하는 넓이는 삼각형 OAB의 넓이와 같으므로 밑변 AB의 길이는 $\overline{AB}=\sqrt{(4+2)^2+(2-4)^2}=2\sqrt{10}$

높이는 원점과 직선 $x+3y-10=0$ 사이의 거리이므로

$$\frac{|0+3\times0-10|}{\sqrt{1^2+3^2}}=\sqrt{10}$$

따라서 구하는 넓이는 $\dfrac{1}{2}\times2\sqrt{10}\times\sqrt{10}=10$

29 삼각형 ABP의 넓이는 점 P가 직선 AB와 평행한 접선 위의 접점일 때 최대이다.

직선 AB의 방정식은

$y=\dfrac{3-0}{5-2}(x-2)$, 즉 $y=x-2$

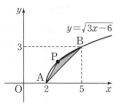

이므로 직선 AB와 평행한 접선의 방정식을 $y=x+k$ (k는 실수)라 하면 $\sqrt{3x-6}=x+k$

위의 식의 양변을 제곱하면 $3x-6=x^2+2kx+k^2$

$\therefore x^2+(2k-3)x+k^2+6=0$

이 이차방정식의 판별식을 D라 하면

$D=(2k-3)^2-4(k^2+6)=0$

$-12k-15=0$ $\therefore k=-\dfrac{5}{4}$

두 직선 $y=x-2$, $y=x-\dfrac{5}{4}$ 사이의 거리는

직선 $y=x-2$ 위의 점 $(2, 0)$과 직선 $4x-4y-5=0$ 사이의 거리와 같으므로

$$\frac{|8-5|}{\sqrt{4^2+(-4)^2}}=\frac{3\sqrt{2}}{8}$$

이때 $\overline{AB}=\sqrt{(5-2)^2+3^2}=3\sqrt{2}$이므로

삼각형 ABP의 넓이의 최댓값은

$\dfrac{1}{2}\times3\sqrt{2}\times\dfrac{3\sqrt{2}}{8}=\dfrac{9}{8}$

30 오른쪽 그림에서

$a=4$, $b=1$이므로

$f(x)=\sqrt{x+4}+1$이고

$y=f(x)$의 역함수는

$f^{-1}(x)=(x-1)^2-4$

(단, $x\geq1$)

함수 $y=f(x)$의 그래프와 그 역함수 $y=f^{-1}(x)$의 그래프의 교점은 역함수 $y=f^{-1}(x)$의 그래프와 직선 $y=x$의 교점과 같다.

$(x-1)^2-4=x$, $x^2-3x-3=0$

$\therefore x=\dfrac{3+\sqrt{21}}{2}$ $(\because x\geq1)$

따라서 $(p, q)=\left(\dfrac{3+\sqrt{21}}{2}, \dfrac{3+\sqrt{21}}{2}\right)$이므로

$p+q=3+\sqrt{21}$

---

13 경우의 수

본문 079~083쪽

01 ①	**02** ②	**03** ③	**04** ③
05 ②	**06** ③	**07** 12가지	**08** ③
09 ⑤	**10** (1) 12 (2) 12		**11** ④
12 ⑤	**13** ②	**14** ⑤	**15** ④
16 ④	**17** ③	**18** 336	**19** 32
20 ③	**21** 240	**22** ⑤	**23** ①
24 ⑤	**25** ②	**26** ⑤	**27** ①
28 ②	**29** ④	**30** 36	

01 눈의 수의 합이 4의 배수인 경우는 4, 8, 12이다.
(i) 눈의 수의 합이 4인 경우
$(1, 3)$, $(2, 2)$, $(3, 1)$의 3가지
(ii) 눈의 수의 합이 8인 경우
$(2, 6)$, $(3, 5)$, $(4, 4)$, $(5, 3)$, $(6, 2)$의 5가지
(iii) 눈의 수의 합이 12인 경우
$(6, 6)$의 1가지
(i)~(iii)에 의하여 구하는 경우의 수는
$3+5+1=9$

02 $a_1<a_2<a_3$이고 $2a_2=a_1+a_3$이므로 a_1, a_2, a_3은 이 순서대로 등차수열을 이룬다.
따라서 주어진 조건을 만족시키는 경우는
$(2, 4, 6)$, $(2, 6, 10)$, $(4, 6, 8)$, $(4, 8, 12)$, $(6, 8, 10)$, $(8, 10, 12)$의 6가지이다.

03 x, y, z가 자연수이므로 $x\geq1$, $y\geq1$, $z\geq1$
주어진 방정식에서 z의 계수가 가장 크므로 z가 될 수 있는 자연수를 구하면
$3z<12$에서 $z=1, 2, 3$
(i) $z=1$일 때, $x+2y=9$이므로 순서쌍 (x, y)는
$(7, 1)$, $(5, 2)$, $(3, 3)$, $(1, 4)$의 4개
(ii) $z=2$일 때, $x+2y=6$이므로 순서쌍 (x, y)는
$(4, 1)$, $(2, 2)$의 2개
(iii) $z=3$일 때, $x+2y=3$이므로 순서쌍 (x, y)는
$(1, 1)$의 1개
(i)~(iii)에 의하여 구하는 순서쌍 (x, y, z)의 개수는
$4+2+1=7$

04 4종류의 빵을 택하는 방법 4가지, 3종류의 우유를 택하는 방법 3가지에서 각각 1가지씩 택하는 방법의 수이므로
$4\times3=12$

05 백의 자리에 올 수 있는 숫자는 2, 4, 6, 8의 4가지
십의 자리와 일의 자리에 올 수 있는 숫자는 각각
0, 2, 4, 6, 8의 5가지
따라서 구하는 자연수의 개수는
$4\times5\times5=100$

06 $N=100\times a+10\times b+c$

$\quad\quad =4\times 25\times a+10\times b+c$

이므로 자연수 N이 4의 배수가 되려면 $10\times b+c$가 4의 배수가 되어야 한다.

(i) b가 홀수일 때, $c=2$ 또는 $c=6$

　　즉, 12, 16, 32, 36, 52, 56의 6가지

(ii) b가 짝수일 때, $10\times b$는 4의 배수이므로 $c=4$

　　즉, 24, 44, 64의 3가지

(i), (ii)에 의하여 a를 택하는 경우는 각각 6가지이므로 구하는 경우의 수는

$6\times 6+6\times 3=54$

07

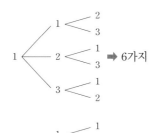

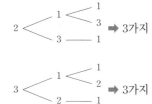

따라서 구하는 경우의 수는 $6+3+3=12$(가지)

08 (i) P $\longrightarrow$ X $\longrightarrow$ Q인 경우: $4\times 2=8$

(ii) P $\longrightarrow$ Y $\longrightarrow$ Q인 경우: $3\times 3=9$

(iii) P $\longrightarrow$ X $\longrightarrow$ Y $\longrightarrow$ Q인 경우: $4\times 1\times 3=12$

(iv) P $\longrightarrow$ Y $\longrightarrow$ X $\longrightarrow$ Q인 경우: $3\times 1\times 2=6$

(i)~(iv)에 의하여 구하는 방법의 수는

$8+9+12+6=35$

09 $(a+b+c)(x+y+z)$를 전개할 때 생기는 항의 개수는

$3\times 3=9$

$(a+b)(p+q)$를 전개할 때 생기는 항의 개수는

$2\times 2=4$

따라서 주어진 식을 전개할 때 생기는 항의 개수는

$9+4=13$

10 (1) $200=2^3\times 5^2$이므로 양의 약수의 개수는

$\quad\quad (3+1)(2+1)=4\times 3=12$

(2) $90=2\times 3^2\times 5$이므로 양의 약수의 개수는

$\quad\quad (1+1)(2+1)(1+1)=2\times 3\times 2=12$

11 10원짜리 동전 3개로 지불할 수 있는 방법은

0개, 1개, 2개, 3개의 4가지

100원짜리 동전 4개로 지불할 수 있는 방법은

0개, 1개, 2개, 3개, 4개의 5가지

500원짜리 동전 3개로 지불할 수 있는 방법은

0개, 1개, 2개, 3개의 4가지

따라서 지불할 수 있는 방법의 수는 0원을 지불하는 경우를 제외하므로

$4\times 5\times 4-1=79$

12 (i) 가장 많은 영역과 인접하고 있는 영역 A에 칠할 수 있는 색은 5가지

(ii) 영역 B에 칠할 수 있는 색은 영역 A에 칠한 색을 제외한 4가지

(iii) 영역 C에 칠할 수 있는 색은 영역 A와 B에 칠한 색을 제외한 3가지

(iv) 영역 D에 칠할 수 있는 색은 영역 A와 C에 칠한 색을 제외한 3가지

(v) 영역 E에 칠할 수 있는 색은 영역 A와 D에 칠한 색을 제외한 3가지

(i)~(v)에 의하여 구하는 방법의 수는

$5\times 4\times 3\times 3\times 3=540$

13 (i) b가 둘째 자리에 올 경우

a를 첫째 자리에 놓고 나머지 문자 c, d, e를 조건에 맞게 배열하는 경우는 4가지

c를 첫째 자리에 놓고 나머지 문자 a, d, e를 조건에 맞게 배열하는 경우는 4가지

d 또는 e를 첫째 자리에 놓고 나머지 문자들을 조건에 맞게 배열하는 경우는 각각 3가지

∴ $4+4+2\times 3=14$

(ii) b가 넷째 자리에 올 경우

(i)과 같은 방법으로 배열하면 14가지

(i), (ii)에 의하여 구하는 경우의 수는

$14+14=28$

14 세 자리 자연수를 $100a+10b+c$라 하자.

　　　　　　(단, $1\leq a\leq 9$, $0\leq b\leq 9$, $0\leq c\leq 9$인 정수)

(i) b, c 중 하나가 0인 경우

나머지 두 수가 같으면 되므로 $9\times 2=18$(가지)

(ii) b, c에 0을 포함하지 않는 경우

b, c의 순서쌍을 (b, c)라 하면

$a=b+c$인 경우

$a=1$일 때,

만족시키는 순서쌍은 없다.

$a=2$일 때,

$(1, 1)$의 1가지

$a=3$일 때,

$(1, 2)$, $(2, 1)$의 2가지

$a=4$일 때,

$(1, 3)$, $(2, 2)$, $(3, 1)$의 3가지

　　　⋮

$a=9$일 때,

$(1, 8)$, $(2, 7)$, $(3, 6)$, $(4, 5)$, $(5, 4)$, $(6, 3)$, $(7, 2)$, $(8, 1)$의 8가지

∴ $1+2+\cdots+8=36$(가지)

$b=a+c$와 $c=a+b$의 경우도 같은 방법으로 구하면 각각 36가지이다.

∴ $36\times 3=108$(가지)

(i), (ii)에 의하여 구하는 자연수의 개수는 $18+108=126$

15 (i) $A=\varnothing$인 경우

가능한 집합 B는 집합 $\{a, b, c, d\}$의 부분집합의 개수와

같다. 단, A, B는 서로 다른 집합이므로 $B \neq \varnothing$

$\therefore 2^4 - 1 = 15$

(ii) $n(A) = 1$인 경우

가능한 집합 A는 4가지이고, 각각의 경우에 대하여

가능한 집합 B는 $2^3 - 1 = 7$(가지)

$\therefore 4 \times 7 = 28$

(iii) $n(A) = 2$인 경우

가능한 집합 A는 6가지이고, 각각의 경우에 대하여

가능한 집합 B는 $2^2 - 1 = 3$(가지)

$\therefore 6 \times 3 = 18$

(iv) $n(A) = 3$인 경우

가능한 집합 A는 4가지이고, 각각의 경우에 대하여

가능한 집합 B는 $B = \{a, b, c, d\}$의 1가지

$\therefore 4 \times 1 = 4$

따라서 구하는 경우의 수는

$15 + 28 + 18 + 4 = 65$

16 직선 $ax + by - 9 = 0$과 원 $x^2 + y^2 = 9$의 중심 $(0, 0)$ 사이의 거리가 원의 반지름의 길이 3보다 작거나 같으면 직선과 원은 만난다.

$\dfrac{|0 + 0 - 9|}{\sqrt{a^2 + b^2}} \leq 3$, $3 \leq \sqrt{a^2 + b^2}$

$\therefore a^2 + b^2 \geq 9$

이때, $a^2 + b^2 < 9$인 경우의 순서쌍 (a, b)는

$(1, 1)$, $(1, 2)$, $(2, 1)$, $(2, 2)$

의 4가지이다.

두 개의 주사위를 던져서 나오는 전체 순서쌍 (a, b)는

$6 \times 6 = 36$(가지)

이므로 구하는 경우의 수는

$36 - 4 = 32$

17 $ax^2 + bx + c = 0$이 서로 다른 두 실근을 가지려면

이 이차방정식의 판별식을 D라 할 때,

$D = b^2 - 4ac > 0$이 성립해야 한다.

따라서 구하는 경우의 수는

$D = b^2 > 4ac$ ...... ㉠

을 만족하는 1 이상 6 이하의 세 자연수 a, b, c의 순서쌍 (a, b, c)의 개수와 같다.

(i) $b = 6$일 때, ㉠에서 $9 > ac$이므로

순서쌍 (a, c)는

$(1, 1)$, $(1, 2)$, $(1, 3)$, $(1, 4)$, $(1, 5)$, $(1, 6)$,

$(2, 1)$, $(2, 2)$, $(2, 3)$, $(2, 4)$, $(3, 1)$, $(3, 2)$,

$(4, 1)$, $(4, 2)$, $(5, 1)$, $(6, 1)$

의 16가지

(ii) $b = 5$일 때, ㉠에서 $\dfrac{25}{4} > ac$이므로

순서쌍 (a, c)는

$(1, 1)$, $(1, 2)$, $(1, 3)$, $(1, 4)$, $(1, 5)$, $(1, 6)$,

$(2, 1)$, $(2, 2)$, $(2, 3)$, $(3, 1)$, $(3, 2)$,

$(4, 1)$, $(5, 1)$, $(6, 1)$

의 14가지

(iii) $b = 4$일 때, ㉠에서 $4 > ac$이므로

순서쌍 (a, c)는

$(1, 1)$, $(1, 2)$, $(1, 3)$, $(2, 1)$, $(3, 1)$

의 5가지

(iv) $b = 3$일 때, ㉠에서 $\dfrac{9}{4} > ac$이므로

순서쌍 (a, c)는

$(1, 1)$, $(1, 2)$, $(2, 1)$의 3가지

(v) $b = 2$, $b = 1$일 때의 순서쌍 (a, c)는 존재하지 않는다.

(i)~(v)에서 구하는 경우의 수는 $16 + 14 + 5 + 3 = 38$

18 1부터 9까지 자연수 중에서 합이 9가 되는 순서쌍은

$(1, 8)$, $(2, 7)$, $(3, 6)$, $(4, 5)$

조건을 만족시키는 세 자리 자연수에 대하여

(i) 9가 포함된 경우

백의 자리수가 9이면 십의 자리의 수는 1부터 8까지 8가지

일의 자리의 수에는 9, 십의 자리의 수, 9에서 십의 자리의 수를 뺀 수를 제외한 6가지가 올 수 있다.

십의 자리의 수 또는 일의 자리의 수가 9인 경우도 마찬가지이므로 구하는 세 자리 자연수의 개수는

$8 \times 6 \times 3 = 144$

(ii) 9가 포함되지 않는 경우

백의 자리의 수는 1부터 8까지 8가지

십의 자리의 수에는 백의 자리의 수, 9에서 백의 자리의 수를 뺀 수를 제외한 6가지가 올 수 있다.

마찬가지 방법으로 생각하면 일의 자리에 올 수 있는 수는 4가지이다.

$8 \times 6 \times 4 = 192$

(i), (ii)에 의하여 구하는 세 자리 자연수의 개수는 336이다.

19 조건 ㈎에서 함수 f는 일대일대응이고

조건 ㈐에 의하여

$f(2)$의 값으로 가능한 값은 1, 2로 2가지

$f(3)$의 값으로 가능한 값은 1, 2, 3 중 $f(2)$의 값을 제외한 2가지

$f(4)$의 값으로 가능한 값은 1, 2, 3, 4 중 $f(2)$, $f(3)$의 값을 제외한 2가지

$f(5)$의 값으로 가능한 값은 1, 2, 3, 4, 5 중 $f(2)$, $f(3)$, $f(4)$의 값을 제외한 2가지

$f(6)$의 값으로 가능한 값은 1, 2, 3, 4, 5, 6 중 $f(2)$, $f(3)$, $f(4)$, $f(5)$의 값을 제외한 2가지

$f(7)$의 값으로 가능한 값은 1, 2, 3, 4, 5, 6, 7 중 $f(1)$, $f(2)$, $f(3)$, $f(4)$, $f(5)$, $f(6)$의 값을 제외한 1가지 ($\because$ 조건 ㈏)

따라서 구하는 함수 f의 개수는 $2 \times 2 \times 2 \times 2 \times 2 \times 1 = 32$

20 정육면체의 꼭짓점 A에서 꼭짓점 G로 이동하려면 가로, 세로, 높이의 방향으로 각각 1번씩 이동해야 하므로 최단 경로를 수형도로 나타내면 다음과 같다.

따라서 구하는 최단 경로의 수는 6이다.

21 문제의 조건에 적합한 경로를 세분화하여 세어보면 다음과 같다.

매표소 $\xrightarrow{\ \textcircled{\tiny ㄱ}\ }$ 약수터 $\xrightarrow{\ \textcircled{\tiny ㄴ}\ }$ 정상 $\xrightarrow{\ \textcircled{\tiny ㄷ}\ }$ 약수터 $\xrightarrow{\ \textcircled{\tiny ㄹ}\ }$ 매표소

$\textcircled{\tiny ㄱ}$의 경우의 수는 5

$\textcircled{\tiny ㄴ}$의 경우의 수는 4

$\textcircled{\tiny ㄷ}$의 경우의 수는 3 ($\because$ 올라온 길 제외)

$\textcircled{\tiny ㄹ}$의 경우의 수는 4 ($\because$ 올라온 길 제외)

따라서 구하는 경우의 수는

$5 \times 4 \times 3 \times 4 = 240$

22 $72 = 2^3 \times 3^2$이므로 양의 약수의 개수는

$(3+1)(2+1) = 4 \times 3 = 12$

$\therefore a = 12$

양의 약수의 총합은

$(2^0 + 2^1 + 2^2 + 2^3)(3^0 + 3^1 + 3^2) = 15 \times 13 = 195$

$\therefore b = 195$

$\therefore a + b = 12 + 195 = 207$

23 A, B, C, D, E의 순서로 색칠해 나갈 때,

(i) B와 D에 칠한 색이 다른 경우

A에 칠할 수 있는 색은 5가지

B에 칠할 수 있는 색은 A에 칠한 색을 제외한 4가지

C에 칠할 수 있는 색은 A와 B에 칠한 색을 제외한 3가지

D에 칠할 수 있는 색은 A, B, C에 칠한 색을 제외한 2가지

E에 칠할 수 있는 색은 A, B, D에 칠한 색을 제외한 2가지

따라서 구하는 방법의 수는

$5 \times 4 \times 3 \times 2 \times 2 = 240$

(ii) B와 D에 칠한 색이 같은 경우

A에 칠할 수 있는 색은 5가지

B와 D에 칠할 수 있는 색은 A에 칠한 색을 제외한 4가지

C에 칠할 수 있는 색은 A와 B(D)에 칠한 색을 제외한 3가지

E에 칠할 수 있는 색은 A와 B(D)에 칠한 색을 제외한 3가지

따라서 구하는 방법의 수는

$5 \times 4 \times 3 \times 3 = 180$

(i), (ii)에 의하여 구하는 방법의 수는

$240 + 180 = 420$

24 (i) B에 칠할 수 있는 색은 5가지

(ii) C에 칠할 수 있는 색은 B에 칠한 색을 제외한 4가지

(iii) E에 칠할 수 있는 색은 B와 C에 칠한 색을 제외한 3가지

(iv) A에 칠할 수 있는 색은 B에 칠한 색을 제외한 4가지

(v) D에 칠할 수 있는 색은 C에 칠한 색을 제외한 4가지

(i)~(v)에 의하여 구하는 방법의 수는

$5 \times 4 \times 3 \times 4 \times 4 = 960$

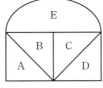

25 $f(1) = a$, $f(2) = b$라 하자.

조건을 만족시키는 순서쌍 (a, b)는

(i) $a + b = 4$일 때,

$(1, 3)$, $(2, 2)$, $(3, 1)$의 3가지

(ii) $a + b = 8$일 때,

$(2, 6)$, $(3, 5)$, $(4, 4)$, $(5, 3)$, $(6, 2)$의 5가지

(iii) $a + b = 12$일 때,

$(6, 6)$의 1가지

(i)~(iii)에 의하여 함수 f의 개수는 9이다.

26 $A \cap B = \varnothing$이므로

오른쪽 벤다이어그램과 같이 전체집합 U를 세 영역으로 나누어 원소를 하나씩 집어 넣는다고 생각하면 가능한 모든 경우는 각 원소가 3가지씩의 선택 경우를 가지므로

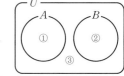

$3 \times 3 \times 3 \times 3 = 81$(가지)

이때, 조건에 맞지 않는 경우는 '$A = \varnothing$ 또는 $B = \varnothing$'인 경우이므로

(i) $A = \varnothing$인 경우는

네 원소 1, 2, 3, 4가 모두 ② 또는 ③의 영역을 선택하면 되므로

$2 \times 2 \times 2 \times 2 = 16$(가지)

(ii) $B = \varnothing$인 경우는

네 원소 1, 2, 3, 4가 모두 ① 또는 ③의 영역을 선택하면 되므로

$2 \times 2 \times 2 \times 2 = 16$(가지)

(iii) $A = \varnothing$, $B = \varnothing$인 경우는

네 원소 1, 2, 3, 4가 모두 ③의 영역을 선택하면 되므로 1가지

(i)~(iii)에 의하여 주어진 조건에 맞지 않는 경우는

$16 + 16 - 1 = 31$(가지)

따라서 구하는 경우의 수는 $81 - 31 = 50$

27 300원, 400원, 500원짜리 과일을 각각 x, y, z개 산다고 하면

$300x + 400y + 500z = 3000$

$\therefore 3x + 4y + 5z = 30$ ······ ㉠

이때, 3종류의 과일을 적어도 하나씩 사야 하므로

구하는 방법의 수는 자연수 x, y, z의 순서쌍 (x, y, z)의 개수와 같다.

(i) $z = 1$일 때,

㉠에서 $3x + 4y = 25$이므로

순서쌍 (x, y)는 $(3, 4)$, $(7, 1)$의 2가지

(ii) $z = 2$일 때,

㉠에서 $3x + 4y = 20$이므로

순서쌍 (x, y)는 $(4, 2)$의 1가지

(iii) $z = 3$일 때,

㉠에서 $3x + 4y = 15$이므로

순서쌍 (x, y)는 $(1, 3)$의 1가지

(iv) $z = 4$일 때,

㉠에서 $3x + 4y = 10$이므로

순서쌍 (x, y)는 $(2, 1)$의 1가지

(i)~(iv)에 의하여 구하는 방법의 수는

$2 + 1 + 1 + 1 = 5$

28 한 개의 주사위를 네 번 던져서 나오는 모든 경우의 수는

$6 \times 6 \times 6 \times 6 = 6^4$

$(a - b)(b - c)(c - d) \neq 0$,

즉 $a \neq b$, $b \neq c$, $c \neq d$인 경우의 수는

$6 \times 5 \times 5 \times 5 = 750$
따라서 구하는 경우의 수는
$6^4 - 750 = 546$

29 천의 자리에 오는 수는 3가지이고 규칙을 만족시키는 나머지 세 자리 수를 수형도로 나타내면 다음과 같다.

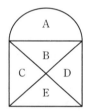

즉, 1, 2, 3을 중복 사용하여 만들 수 있는 세 자리 수의 개수는 13이므로 구하는 네 자리 자연수의 개수는
$3 \times 13 = 39$

30 오른쪽 그림에서 A, B 영역에 칠할 수 있는 색은 각각 3가지, 2가지이다.
(i) C, D 영역에 같은 색을 칠하고 E 영역을 칠하는 경우: $2 \times 2 = 4$(가지)
(ii) C, D 영역에 다른 색을 칠하고 E 영역을 칠하는 경우: $2 \times 1 = 2$(가지)
따라서 구하는 방법의 수는
$3 \times 2 \times (4+2) = 36$

---

14 순열
본문 085~089쪽

01 11	02 ③	03 ⑤	04 ③
05 ④	06 ②	07 ②	08 ④
09 ③	10 ⑤	11 ⑤	12 ②
13 ①	14 84	15 ②	16 ③
17 480	18 ③	19 ⑤	20 72
21 ⑤	22 48	23 ③	24 ④
25 ③	26 ③	27 ⑤	28 ①
29 2	30 ⑤		

01 ${}_nP_2 = \dfrac{n!}{(n-2)!} = n(n-1) = 110$
$n^2 - n - 110 = 0$
$(n-11)(n+10) = 0$
∴ $n = 11$ (∵ n은 자연수)

02 ${}_{n+1}P_2 = {}_nP_2 + 12$에서
$(n+1)n = n(n-1) + 12$
$n^2 + n = n^2 - n + 12$
$2n = 12$
∴ $n = 6$

03 여학생 4명을 일렬로 세우고, 그 뒤에 남학생 3명을 일렬로 세우는 방법의 수와 같으므로 구하는 방법의 수는
$4! \times 3! = 144$

04 $x_1 \neq x_2$이면 $f(x_1) \neq f(x_2)$이므로 f는 일대일함수이다.
즉, B의 원소 a, b, c, d의 4개에서 서로 다른 3개를 뽑아 일렬로 나열하는 경우의 수와 같으므로 구하는 함수의 개수는
${}_4P_3 = 24$

05 여학생 3명을 묶어서 한 사람으로 생각하면 6명을 일렬로 세우는 방법의 수는 $6!$
여학생끼리 자리를 바꾸는 방법의 수는 $3!$
따라서 구하는 방법의 수는
$6! \times 3! = 4320$

06 남자 2명이 일렬로 서는 방법의 수는 $2!$
남자의 양 끝과 사이의 3개의 자리에 여자가 서는 방법의 수는 $3!$
따라서 구하는 방법의 수는
$2! \times 3! = 12$

07 아버지를 먼저 한가운데 세우고 나머지 가족들을 일렬로 세우는 방법의 수와 같으므로
$6! = 720$

08 맨 앞과 맨 뒤에 여학생 2명을 세우는 방법의 수는 ${}_4P_2$
나머지 5명의 학생을 일렬로 세우는 방법의 수는 $5!$
즉, 구하는 방법의 수는
${}_4P_2 \times 5!$

따라서 $m=4$, $n=5$이므로
$m+n=9$

09 전체 순열의 수는 $5!$
모음은 a, e의 2개이므로 양 끝에 모두 모음이 오는 경우의 수는
$2!\times3!$
따라서 구하는 경우의 수는
$5!-2!\times3!=120-(2\times6)=108$

10 (i) 백의 자리에 4가 오는 경우
　　$4\square\square \Rightarrow {}_4P_2=4\times3=12$
　(ii) 백의 자리에 3이 오는 경우
　　$3\square\square \Rightarrow {}_4P_2=4\times3=12$
　(iii) 백의 자리에 2가 오는 경우
　　$24\square \Rightarrow {}_3P_1=3$
　　$23\square \Rightarrow P_1=2$ (0이 올 때 230과 같아지므로 0은 올 수 없다.)
　(i)~(iii)에서 구하는 개수는
　$12+12+3+2=29$

11 5의 배수는 일의 자리 숫자가 0 또는 5이므로 구하는 5의 배수의 개수는 일의 자리 숫자가 5인 여섯 자리의 자연수의 개수이다.
$\therefore 5!=120$

12 cbeda보다 앞에 오는 문자의 개수는 다음과 같다.
　(i) a$\square\square\square\square$, b$\square\square\square\square$ 꼴
　　$2\times4!=48$
　(ii) ca$\square\square\square$ 꼴
　　$3!=6$
　(iii) cba$\square\square$, cbd$\square\square$ 꼴
　　$2\times2!=4$
　(iv) cbead의 1
　(i)~(iv)에 의하여 $48+6+4+1=59$
　따라서 cbeda는 60번째 문자이다.

13 ${}_{n-1}P_r+r\times{}_{n-1}P_{r-1}$
$=\dfrac{(n-1)!}{\boxed{(n-1-r)!}}+r\times\dfrac{(n-1)!}{(n-r)!}$
$=\dfrac{(n-1)!(n-r)}{\boxed{(n-r)!}}+r\times\dfrac{(n-1)!}{(n-r)!}$
$=\dfrac{(n-1)!}{(n-r)!}\{(n-r)+r\}$
$=\dfrac{(n-1)!}{(n-r)!}\times\boxed{n}$
$=\dfrac{\boxed{n!}}{(n-r)!}={}_nP_r$
$\therefore$ (개): $(n-1-r)!$, (내): $(n-r)!$, (대): n, (래): $n!$

14 (i) $f(2)=1$인 경우
　　$f(1)=2$ 또는 $f(3)=2$이므로
　　$2\times3!=12$
　(ii) $f(2)=2$인 경우
　　$f(1)=4$이고 $f(3)=5$와
　　$f(1)=5$이고 $f(3)=4$가 제외되므로
　　$4!-2\times2!=20$

$f(2)=3$ 또는 $f(2)=4$인 경우는 (ii)와 같고 $f(2)=5$인 경우는 (i)과 같으므로 f의 개수는
$12\times2+20\times3=84$

15 $2+2^2+2^3+2^4+2^5<2^6$이므로
$2, 2^2, 2^3, 2^4, 2^5, 2^6$에서 가장 큰 수인 2^6은 오른쪽 그림과 같이 3열에 위치하여야 한다.

①	②	2^6
③	④	⑤

⑤에 위치할 수 있는 수는 2^6을 제외한 나머지 수 중에서 어떤 수가 위치하여도 되므로 5개이다.
같은 방법으로 ②에 위치할 수 있는 수는 나머지 4개의 수 중에서 가장 큰 수가 위치하여야 하므로 ④에 위치할 수 있는 수는 나머지 3개이다.
마지막으로 나머지 두 개의 수를 1열에 위치하도록 하면 된다.
이와 같이 수를 배열한 후 1행과 2행의 수를 바꾸는 경우는 각 열마다 2가지씩 있다.
따라서 구하는 경우의 수는
$5\times3\times1\times2^3=120$

16 남자 3명이 옆으로 나란히 이웃하여 서는 방법은 다음과 같이 3가지이다.

위의 그림의 어두운 부분의 자리에 남자 3명이 서는 방법의 수는 각각 $3!$
남은 4자리에 여자 4명이 서는 방법의 수는 $4!$
따라서 구하는 방법의 수는
$3\times3!\times4!=432$

17 아무도 앉지 않은 빈 의자를 a라 하면 여학생이 이웃하지 않게 앉는 경우의 수는 남학생 3명과 a의 양 끝과 그 사이사이의 5개의 자리에서 2개를 택하여 여학생이 앉는 경우의 수이다.

$$\wedge\text{남}\wedge\text{남}\wedge\text{남}\wedge\textcircled{a}\wedge$$

남학생 3명과 a를 일렬로 배열하는 경우의 수는 $4!$
양 끝과 그 사이사이에 여학생 2명이 앉는 경우의 수는 ${}_5P_2$
따라서 구하는 경우의 수는
$4!\times{}_5P_2=24\times20=480$

다른 풀이
의자 6개에 5명이 앉는 경우의 수는 ${}_6P_5$
여학생이 이웃하여 앉는 경우의 수는 $5!\times2!$
$\therefore {}_6P_5-5!\times2!=480$

18 먼저 남자 5명을 좌석에 배치하는 방법은 다음과 같이 3가지이다.

남		남
남		남
	남	

남		남
남		남
	남	

남		남
남		남
	남	

위의 그림에서 남자끼리 자리를 배치하는 방법은 $5!$
비어있는 4자리에 여자를 배치하는 방법은 $4!$
따라서 구하는 방법의 수는
$3\times4!\times5!$

19 (여, 남, 남, 여)를 한 묶음으로 생각하여 남자 3명과 일렬로 세우는 방법의 수는 4!
(여, 남, 남, 여)의 배열로 세우는 방법의 수는 $2! \times {}_5P_2$
따라서 구하는 방법의 수는
$4! \times (2! \times {}_5P_2) = 960$

20 운전석에는 아버지나 어머니만 앉을 수 있으므로 운전석에 앉는 경우의 수는 2가지
영희와 철수는 가운데 줄에만 앉을 수 있으므로 영희와 철수가 앉는 경우의 수는 ${}_3P_2$
운전석과 영희와 철수의 좌석이 정해지고 남아있는 3명이 앉는 경우의 수는 3!
따라서 구하는 경우의 수는
$2 \times {}_3P_2 \times 3! = 72$

21 전체 학생 7명을 일렬로 세우는 방법의 수는
$7! = 5040$
처음과 끝이 여학생인 경우는 여학생은 4명이므로 양 끝에 모두 여학생을 세우는 방법의 수는
${}_4P_2$
양 끝의 여학생 2명을 제외한 나머지 5명을 일렬로 세우는 방법의 수는
5!
따라서 처음 또는 마지막에 남학생이 주사를 맞는 방법의 수는
$7! - {}_4P_2 \times 5! = 5040 - 1440 = 3600$

22 일의 자리와 백의 자리에 3, 6을 나열하는 경우의 수는 2!
나머지 자리에 1, 2, 4, 5를 나열하는 경우의 수는 4!
따라서 구하는 자연수의 개수는
$2! \times 4! = 48$

23 (i) X의 원소 중에서 10의 배수는
10, 20, 30, ⋯, 90, 100, 110, 120, ⋯, 200의 20개이다.
서로 다른 두 수 x, y의 합 $x+y$가 10의 배수가 되는 순서쌍의 수는 20개의 수 중에서 서로 다른 두 수를 일렬로 배열하는 방법의 수와 같으므로
${}_{20}P_2 = 20 \times 19 = 380$
(ii) X의 원소 중에서 10의 배수가 아닌 것은
101, 102, ⋯, 109의 9개이고
$x+y$가 10의 배수가 되는 순서쌍은
(101, 109), (102, 108), (103, 107), (104, 106),
(106, 104), (107, 103), (108, 102), (109, 101)
의 8개이다.
(i), (ii)에 의하여 구하는 순서쌍의 개수는
$380 + 8 = 388$

24 a□□□□□ 꼴의 문자열의 개수는
$5! = 120$
b□□□□□ 꼴의 문자열의 개수는
$5! = 120$
ca□□□□ 꼴의 문자열의 개수는
$4! = 24$
cb□□□□ 꼴의 문자열의 개수는
$4! = 24$

cda□□□ 꼴의 문자열의 개수는
$3! = 6$
cdb□□□ 꼴의 문자열의 개수는
$3! = 6$
이때, $120 + 120 + 24 + 24 + 6 + 6 = 300$이므로
300번째 배열되는 문자열은
cdb□□□ 꼴의 문자 중 가장 마지막으로 오게 되는
cdbfea이다.

25 서울 지역 사원을 기준으로 나머지 지역 사원을 일렬로 배열하면

	1조	2조	3조	
서울:	a	b	c	→ 기준
부산:	x_1	y_1	z_1	→ 일렬로 배열: 3!
광주:	x_2	y_2	z_2	→ 일렬로 배열: 3!
대구:	x_3	y_3	z_3	→ 일렬로 배열: 3!

따라서 구하는 방법의 수는
$(3!)^3 = 216$

26 (i) 짝, 홀, 짝, 홀, 짝
3개의 짝수를 나열하는 경우의 수는 3!
그 각각에 대하여 홀수를 나열하는 경우의 수는 ${}_4P_2$
∴ $3! \times {}_4P_2 = 72$
(ii) 홀, 짝, 홀, 짝, 홀
3개의 홀수를 나열하는 경우의 수는 ${}_4P_3$
그 각각에 대하여 짝수를 나열하는 경우의 수는 ${}_3P_2$
∴ ${}_4P_3 \times {}_3P_2 = 144$
(i), (ii)에 의하여 구하는 경우의 수는
$72 + 144 = 216$

27 남학생을 n명이라 하고, 남학생 전체를 한 명으로 생각하여 모두 4명의 학생을 일렬로 세우는 방법의 수는 4!
남학생끼리 자리를 바꾸는 방법의 수는 $n!$
여학생끼리 자리를 바꾸는 방법의 수는 3!
$4! \times n! \times 3! = 17280$
$144 \times n! = 17280$
$n! = 120 = 5!$
따라서 $n=5$이므로 남학생은 모두 5명이다.

28 A와 B 사이에 3개의 문자를 배열하는 경우의 수는 남은 6개의 문자 중 3개를 뽑아 일렬로 배열하는 경우의 수와 같으므로
${}_6P_3 = 120$
이때, A□□□B에서 A와 B의 자리를 바꾸는 경우의 수는
$2! = 2$
A□□□B를 하나의 문자로 생각하여 4개의 문자를 일렬로 배열하는 경우의 수는
$4! = 24$
따라서 구하는 경우의 수는
$120 \times 2 \times 24 = 5760$

29 서로 다른 6개의 한 자리 자연수를 일렬로 배열하는 경우의 수는
6!
홀수의 개수를 n이라 하면 적어도 한쪽 끝에 짝수가 오는 경우의 수는
$6! - {}_nP_2 \times 4! = 432$

$_n\mathrm{P}_2\times4!=6!-432=288$

$n(n-1)=12$

$\therefore n=4$

따라서 6개의 한 자리 자연수 중에서 짝수의 개수는

$6-4=2$

30 a로 시작하는 단어는 b, c, d, e의 네 개의 문자에서 서로 다른 두 개의 문자를 뽑는 순열의 수이므로

$_4\mathrm{P}_2=12$

마찬가지로 b로 시작하는 단어는 a, c, d, e의 네 개의 문자에서 서로 다른 두 개의 문자를 뽑는 순열의 수이므로

$_4\mathrm{P}_2=12$

즉, 25번째 단어는 c로 시작하고 cab, cad, cae, cba, …의 순서로 배열되므로 27번째 단어는 cae이다.

15 조합

본문 091~095쪽

01 ③	02 6	03 16	04 ⑤
05 ②	06 ④	07 ⑤	08 10
09 ③	10 ④	11 ④	12 ④
13 8	14 ②	15 ①	16 ①
17 80	18 ①	19 ⑤	20 60
21 ⑤	22 ③	23 ②	24 ①
25 ④	26 ⑤	27 ②	28 ②
29 ③	30 ①		

01 $_4\mathrm{P}_2+{_4\mathrm{C}_2}=4\times3+\dfrac{4!}{2!2!}$

$\qquad =12+6=18$

02 $_n\mathrm{C}_2=\dfrac{n(n-1)}{2}=15$이므로

$n(n-1)=30=6\times5$

$\therefore n=6$

03 $_4\mathrm{C}_2+{_5\mathrm{C}_2}=\dfrac{4!}{2!2!}+\dfrac{5!}{2!3!}$

$\qquad =6+10=16$

04 세 자연수의 합이 짝수인 경우는 (짝수, 짝수, 짝수), (홀수, 홀수, 짝수)이다.

(i) (짝수, 짝수, 짝수)인 경우의 수는

$\qquad {_5\mathrm{C}_3}=10$

(ii) (홀수, 홀수, 짝수)인 경우의 수는

$\qquad {_5\mathrm{C}_2}\times{_5\mathrm{C}_1}=10\times5=50$

(i), (ii)에 의하여 구하는 경우의 수는

$10+50=60$

05 A, B, C 3개의 구역에서 2가지 놀이기구를 타는 방법의 수는 각각 $_3\mathrm{C}_2$, $_4\mathrm{C}_2$, $_5\mathrm{C}_2$이므로 각 구역에서 2가지 놀이기구를 타는 모든 방법의 수는

$_3\mathrm{C}_2+{_4\mathrm{C}_2}+{_5\mathrm{C}_2}=3+6+10=19$

06 $a<b$이면 $f(a)<f(b)$이므로

$f(1)<f(2)<f(3)$

즉, Y의 원소 4, 5, 6, 7에서 3개를 택하여 작은 것부터 차례대로 $f(1)$, $f(2)$, $f(3)$에 대응시키면 되므로 구하는 함수의 개수는

$_4\mathrm{C}_3=4$

07 8개의 점 중에서 어느 세 점도 일직선 위에 있지 않으므로 구하는 직선의 개수는

$_8\mathrm{C}_2=\dfrac{8!}{2!6!}=\dfrac{8\times7}{2\times1}=28$

08 서로 다른 5개의 점 중에서 3개의 점을 택하면 그 세 점을 꼭짓점으로 하는 하나의 삼각형이 결정되므로

$_5\mathrm{C}_3=\dfrac{5\times4\times3}{3\times2\times1}=10$

09 9개의 점 중에서 3개를 택하는 경우의 수는

$$_9C_3 = \frac{9 \times 8 \times 7}{3 \times 2 \times 1} = 84$$

이 중 한 직선 위에 있는 4개의 점 중에서 3개를 택하는 경우에는 삼각형을 만들지 못하고, 삼각형을 만들지 못하는 직선이 3개 있으므로

$$3 \times {}_4C_3 = 3 \times {}_4C_1 = 3 \times 4 = 12$$

따라서 구하는 삼각형의 개수는 $84 - 12 = 72$

10 정육각형의 6개의 꼭짓점 중에서 어느 세 점도 한 직선 위에 있지 않으므로 만들 수 있는 사각형의 개수는

$$_6C_4 = 15$$

11 서로 다른 6권의 책을 1권, 2권, 3권으로 나누는 방법의 수는

$$_6C_1 \times {}_5C_2 \times {}_3C_3 = 6 \times \frac{5!}{2!3!} \times 1 = 60$$

12 서로 다른 종류의 과일 7개를 2개, 2개, 3개씩 나누는 방법의 수는

$$_7C_2 \times {}_5C_2 \times {}_3C_3 \times \frac{1}{2!} = \frac{7 \times 6}{2 \times 1} \times \frac{5 \times 4}{2 \times 1} \times 1 \times \frac{1}{2} = 105$$

3개의 비닐팩을 3개의 칸에 보관하는 방법의 수는

$$3! = 6$$

따라서 구하는 방법의 수는 $105 \times 6 = 630$

13 $_nP_3 = 12 \times {}_nC_2$에서

$$n(n-1)(n-2) = 12 \times \frac{n(n-1)}{2}$$

$$n - 2 = 6 \qquad \therefore n = 8$$

14 이차방정식 $_nC_2 x^2 - {}_nC_3 x + {}_nC_3 = 0$에서 근과 계수의 관계에 의하여

$$\alpha + \beta = \frac{{}_nC_3}{{}_nC_2} = 2 \qquad \therefore {}_nC_3 = 2{}_nC_2$$

즉, $\dfrac{n(n-1)(n-2)}{3 \times 2 \times 1} = 2 \times \dfrac{n(n-1)}{2 \times 1}$

이때, $n \geq 3$이므로 등식의 양변을 $n(n-1)$로 나누면

$$\frac{n-2}{6} = 1 \qquad \therefore n = 8$$

$$\therefore \alpha\beta = \frac{{}_nC_3}{{}_nC_2} = \frac{{}_8C_3}{{}_8C_2} = \frac{\frac{8 \times 7 \times 6}{3 \times 2 \times 1}}{\frac{8 \times 7}{2 \times 1}} = 2$$

15 $_{n-1}C_r + {}_{n-1}C_{r-1}$

$$= \frac{(n-1)!}{r!\{(n-1)-r\}!} + \frac{(n-1)!}{(r-1)!\{(n-1)-(r-1)\}!}$$

$$= \frac{(n-1)!}{r!(n-1-r)!} + \frac{(n-1)!}{(r-1)!(n-r)!}$$

$$= \frac{(\boxed{n-r}) \times (n-1)!}{r!(n-r)!} + \frac{\boxed{r} \times (n-1)!}{r!(n-r)!}$$

$$= \frac{\{(n-r)+r\} \times (n-1)!}{r!(n-r)!}$$

$$= \frac{\boxed{n} \times (n-1)!}{r!(n-r)!}$$

$$= \frac{n!}{r!(n-r)!} = {}_nC_r$$

$$\therefore {}_nC_r = {}_{n-1}C_r + {}_{n-1}C_{r-1}$$

따라서 ㈎: $n-r$, ㈏: r, ㈐: n이므로

$$x + y + z = (n-r) + r + n = 2n$$

16 A주머니에서 파란 공 2개를 뽑는 방법의 수는

$$_5C_2$$

B주머니에서 빨간 공 2개를 뽑는 방법의 수는

$$_nC_2$$

즉, $_5C_2 \times {}_nC_2 = 30$이므로

$$10 \times \frac{n(n-1)}{2} = 30 \ (\because n \geq 2)$$

$$n(n-1) = 6 = 3 \times 2$$

$$\therefore n = 3$$

17 서로 다른 5개의 학교 중에서 3개를 택하는 경우의 수는 $_5C_3$
선택된 세 학교에서 각각 2명의 학생 중 한 명을 택하는 경우의 수는 $(_2C_1)^3$
따라서 구하는 경우의 수는 $_5C_3 \times (_2C_1)^3 = 80$

18 특별 주문한 2대의 차를 제외한 8대 중에서 6대를 택하는 방법의 수는

$$_8C_6 = 28$$

특별 주문한 2대의 차 중에서 한 대만 택하는 방법의 수는

$$_2C_1 = 2$$

따라서 구하는 방법의 수는

$$28 \times 2 = 56$$

19 빨간 구슬과 파란 구슬이 반드시 한 개 이상씩 들어 있어야 하므로 전체 방법의 수에서 모두 빨간 구슬을 뽑는 방법의 수와 모두 파란 구슬을 뽑는 방법의 수를 빼면 된다.

$$\therefore {}_{10}C_3 - {}_6C_3 - {}_4C_3 = \frac{10 \times 9 \times 8}{3 \times 2 \times 1} - \frac{6 \times 5 \times 4}{3 \times 2 \times 1} - 4 = 96$$

20 $f(3) = 5$이므로 집합 $\{1, 2\}$에서 집합 $\{1, 2, 3, 4\}$로의 함수 중에서 조건 ㈎를 만족시키는 함수의 개수는 $_4C_2$이고
집합 $\{4, 5\}$에서 집합 $\{6, 7, 8, 9, 10\}$으로의 함수 중에서 조건 ㈎를 만족시키는 함수의 개수는 $_5C_2$이므로 구하는 함수의 개수는

$$_4C_2 \times {}_5C_2 = \frac{4 \times 3}{2 \times 1} \times \frac{5 \times 4}{2 \times 1} = 60$$

21

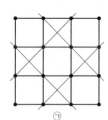
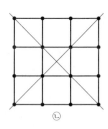

ㄱ   ㄴ

16개의 점 중 3개를 택하는 방법의 수는

$$_{16}C_3 = \frac{16 \times 15 \times 14}{3 \times 2 \times 1} = 560$$

이때, 삼각형을 만들 수 없는 경우를 살펴보면

(ⅰ) 세로 방향으로 일직선 위에 있는 4개의 점 중에서 3개를 택하는 방법의 수는

$$4 \times {}_4C_3 = 4 \times 4 = 16$$

(ⅱ) 가로 방향으로 일직선 위에 있는 4개의 점 중에서 3개를 택하는 방법의 수는

$$4 \times {}_4C_3 = 4 \times 4 = 16$$

(iii) 그림 ㉠과 같이 대각선 방향으로 일직선 위에 있는 3개의 점 중에서 3개를 택하는 방법의 수는
$$4 \times {}_3C_3 = 4 \times 1 = 4$$

(iv) 그림 ㉡과 같이 대각선 방향으로 일직선 위에 있는 4개의 점 중에서 3개를 택하는 방법의 수는
$$2 \times {}_4C_3 = 2 \times 4 = 8$$

(i)~(iv)에 의하여 구하는 삼각형의 개수는
$$560 - (16 + 16 + 4 + 8) = 516$$

22 일직선 위에 있는 세 점을 연결하면 삼각형이 만들어지지 않으므로
$${}_7C_3 - {}_3C_3 \times 3 = \frac{7 \times 6 \times 5}{3 \times 2 \times 1} - 3 = 32$$

23 (i) 서로 다른 상자 4개에 넣은 공의 개수가 3, 1, 0, 0인 경우
서로 다른 4개의 공을 3개, 1개로 나누는 경우의 수는
$${}_4C_3 \times {}_1C_1 = {}_4C_1 \times {}_1C_1 = 4 \times 1 = 4$$
3, 1, 0, 0을 일렬로 나열하는 경우의 수
$$\frac{4!}{2!} = 12$$
따라서 서로 다른 공 4개를 서로 다른 상자 4개에 넣은 공의 개수가 3, 1, 0, 0인 경우의 수는
$$4 \times 12 = 48$$

(ii) 서로 다른 상자 4개에 넣은 공의 개수가 2, 1, 1, 0인 경우
서로 다른 4개의 공을 2개, 1개, 1개로 나누는 경우의 수는
$${}_4C_2 \times {}_2C_1 \times {}_1C_1 = 6 \times 2 \times 1 = 12$$
2, 1, 1, 0을 일렬로 나열하는 경우의 수
$$\frac{4!}{2!} = 12$$
따라서 서로 다른 공 4개를 서로 다른 상자 4개에 넣은 공의 개수가 2, 1, 1, 0인 경우의 수는
$$12 \times 12 = 144$$

(iii) 서로 다른 상자 4개에 넣은 공의 개수가 1, 1, 1, 1인 경우
서로 다른 공 4개를 서로 다른 상자 4개에 넣은 공의 개수가 1, 1, 1, 1인 경우의 수는
$$4! = 24$$

(i)~(iii)에 의하여 구하는 경우의 수는
$$48 + 144 + 24 = 216$$

24

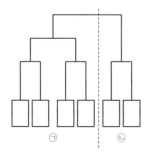

먼저 6명을 위의 그림처럼 ㉠, ㉡으로, 즉 4명, 3명으로 나누는 방법의 수는
$${}_6C_4 \times {}_2C_2 = {}_6C_2 \times {}_2C_2 = \frac{6 \times 5}{2 \times 1} \times 1 = 15$$
㉠에서 4명을 2명, 2명으로 나누는 방법의 수는
$${}_4C_2 \times {}_2C_2 \times \frac{1}{2!} = \frac{4 \times 3}{2 \times 1} \times 1 \times \frac{1}{2} = 3$$
따라서 구하는 방법의 수는 $15 \times 3 = 45$

25 ${}_nC_2 + {}_{n+1}C_3 = 2 \times {}_nP_2$ 에서
$$\frac{n(n-1)}{2} + \frac{(n+1)n(n-1)}{6} = 2n(n-1)$$
$n \geq 2$이므로 $n(n-1) \neq 0$
양변에 $\dfrac{6}{n(n-1)}$을 곱하면
$$3 + (n+1) = 12$$
$$\therefore n = 8$$

26 ㄱ. ${}_nC_2 = \dfrac{n!}{2!(n-2)!} = \dfrac{n(n-1)}{2}$
$${}_nC_{n-2} = \frac{n!}{(n-2)!2!} = \frac{n(n-1)}{2}$$
이므로
$${}_nC_2 = {}_nC_{n-2} \ (n \geq 2) \ (\text{참})$$

ㄴ. ${}_nC_r = \dfrac{{}_nP_r}{r!}$이므로
$${}_nP_r = {}_nC_r \times r! \ (\text{참})$$

ㄷ. ${}_nC_r = {}_nC_{n-r}$이므로 n 대신 $n+1$을 대입하면
$${}_{n+1}C_r = {}_{n+1}C_{n-r+1} \ (\text{거짓})$$

ㄹ. ${}_nC_r = {}_{n-1}C_r + {}_{n-1}C_{r-1}$에서
n 대신 $n+1$을 대입하고, r 대신 $r+1$을 대입하면
$${}_{n+1}C_{r+1} = {}_nC_{r+1} + {}_nC_r \ (\text{참})$$
따라서 옳은 것은 ㄱ, ㄴ, ㄹ이다.

27 남학생의 수를 x명이라 하면 여학생의 수는 $(8-x)$명이므로 남학생 2명과 여학생 1명을 선발하는 방법의 수는
$${}_xC_2 \times {}_{8-x}C_1 = \frac{x(x-1)}{2} \times (8-x) = 30$$
$$x(x-1)(8-x) = 60$$
$$x^3 - 9x^2 + 8x + 60 = 0$$
$$(x+2)(x-5)(x-6) = 0$$
$x > 0$이므로
$x = 5$ 또는 $x = 6$
따라서 여학생의 수는 3명 또는 2명이므로 여학생의 수의 최솟값은 2이다.

28 남학생의 수를 x명이라 하면 적어도 한 명의 여학생을 뽑아야 하므로 전체 방법의 수에서 모두 남학생을 뽑는 방법의 수를 빼면 된다.
$${}_{15}C_3 - {}_xC_3 = \frac{15 \times 14 \times 13}{3 \times 2 \times 1} - {}_xC_3 = 455 - {}_xC_3 = 445$$
$${}_xC_3 = \frac{x(x-1)(x-2)}{3 \times 2 \times 1} = 10$$
$$\therefore x = 5$$
따라서 남학생의 수는 5이다.

29 (i) $f(1)$, $f(2)$, $f(3)$이 모두 홀수인 경우
1, 3, 5, 7, 9 중에서 3개를 뽑아 크기가 작은 것부터 차례로 $f(1)$, $f(2)$, $f(3)$에 대응시키면 되므로 함수의 개수는
$${}_5C_3 = 10$$

(ii) $f(1)$, $f(2)$, $f(3)$ 중에서 홀수가 1개, 짝수가 2개인 경우
1, 3, 5, 7, 9 중에서 1개를 뽑고, 2, 4, 6, 8, 10 중 2개를 뽑아 크기가 작은 것부터 차례로 $f(1)$, $f(2)$, $f(3)$에 대응시키면 되므로 함수의 개수는
$${}_5C_1 \times {}_5C_2 = 5 \times 10 = 50$$

(i), (ii)에 의하여 구하는 함수의 개수는

$10+50=60$

30 4개의 가로선 중 2개를 택하고 5개의 세로선 중 2개를 택하면 만들어지는 직사각형의 개수는

$a={_4}C_2 \times {_5}C_2 = 6 \times 10 = 60$

한 변의 길이가 1인 정사각형 12개로 분할한 것이므로

(i) 한 변의 길이가 1인 정사각형의 개수는

$\qquad 4 \times 3 = 12$

(ii) 한 변의 길이가 2인 정사각형의 개수는

$\qquad 3 \times 2 = 6$

(iii) 한 변의 길이가 3인 정사각형의 개수는

$\qquad 2 \times 1 = 2$

(i)~(iii)에 의하여 정사각형의 개수는

$b = 12 + 6 + 2 = 20$

$\therefore a - b = 60 - 20 = 40$

아름다운 샘 BOOK LIST

개념기본서 수학의 기본을 다지는 최고의 수학 개념기본서

❖ 수학의 샘

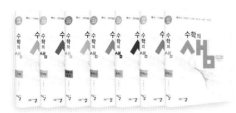

- 수학(상)
- 수학(하)
- 수학 I
- 수학 II
- 확률과 통계
- 미적분
- 기하

문제기본서 {기본, 유형}, {유형, 심화}로 구성된 수준별 문제기본서

❖ 아샘 Hi Math

- 수학(상)
- 수학(하)
- 수학 I
- 수학 II
- 확률과 통계
- 미적분
- 기하

❖ 아샘 Hi High

- 수학(상)
- 수학(하)
- 수학 I
- 수학 II
- 확률과 통계
- 미적분

예비 고1 교재 고교 수학의 기본을 다지는 참 쉬운 기본서

❖ 그래 할 수 있어

- 수학(상)
- 수학(하)

단기 특강 교재 유형을 다지는 단기특강 교재

❖ 10&2

- 수학(상)
- 수학(하)
- 수학 I
- 수학 II

수능 기출유형 문제집 수능 대비하는 수준별·유형별 문제집

❖ 짱 쉬운 유형 / 확장판

- 수학 I
- 수학 II
- 확률과 통계
- 미적분
- 기하

- 수학 I
- 수학 II
- 확률과 통계

❖ 짱 중요한 유형

- 수학 I
- 수학 II
- 확률과 통계
- 미적분
- 기하

❖ 짱 어려운 유형

- 수학 I
- 수학 II
- 확률과 통계
- 미적분
- 기하

수능 실전모의고사 수능 대비 파이널 실전모의고사

❖ 짱 Final 실전모의고사

- 수학 영역

내신 기출유형 문제집 내신 대비하는 수준별·유형별 문제집

❖ 짱 쉬운 내신

- 수학(상)
- 수학(하)

❖ 짱 중요한 내신

- 수학(상)
- 수학(하)

중간·기말고사 교재 학교 시험 대비 실전모의고사

❖ 아샘 내신 FINAL (고1 수학, 고2 수학 I , 고2 수학 II)

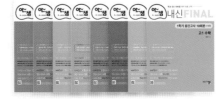

- 1학기 중간고사
- 1학기 기말고사
- 2학기 중간고사
- 2학기 기말고사

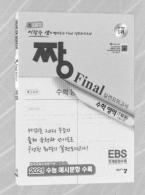

새 교육과정 문제기본서

아름다운샘 A~ssam 샘

Hi 시리즈

(기본+유형), (유형+심화)로 구성된 **수준별 문제기본서!**

[Hi Math] 수학(상), 수학(하), 수학Ⅰ, 수학Ⅱ, 확률과 통계, 미적분, 기하
[Hi High] 수학(상), 수학(하), 수학Ⅰ, 수학Ⅱ, 확률과 통계, 미적분

기본기를 다지는
문제기본서 하이 매쓰
아름다운샘 A~ssam
Hi Math
고등 수학(상)

최상위권 유형별
문제기본서 하이 하이
아름다운샘 A~ssam
Hi High
고등 수학(상)
이창주 지음

[유형+심화]
• 학교 시험 완벽대비 유형편
• 고난도 심화문제 1등급편

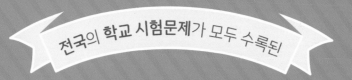